人力资源和社会保障部职业能力建设司推荐
有色金属行业职业教育培训规划教材

重有色金属及其合金
管棒型线材生产

李巧云　等编著

北 京
冶 金 工 业 出 版 社
2009

内 容 简 介

本书是有色金属行业职业教育培训规划教材之一，是根据有色金属企业生产实际、岗位技能要求以及职业学校教学需要编写的，并经人力资源和社会保障部职业培训教材工作委员会办公室组织专家评审通过。

本书详细介绍了重有色金属及其合金管棒型线材生产工艺、技术和设备等，全书共分6章，包括概述、挤压、冷轧管、管棒材拉伸、线材生产、成品验收等。在内容组织和结构安排上，力求简明扼要，通俗易懂，理论联系实际，切合生产实际需要，突出行业特点。为便于读者自学，加深理解和学用结合，各章均附复习思考题。

本书可作为有色金属企业岗位操作人员的培训教材，也可作为职业学校（院）相关专业的教材，同时可供有关工程技术人员参考。

图书在版编目（CIP）数据

重有色金属及其合金管棒型线材生产/李巧云等编著.
—北京：冶金工业出版社，2009.7
有色金属行业职业教育培训规划教材
ISBN 978-7-5024-4644-4

Ⅰ.重… Ⅱ.李… Ⅲ.①重有色金属—管材轧制—技术培训—教材 ②合金—金属型材—管材轧制—技术培训—教材 Ⅳ.TG335.7

中国版本图书馆 CIP 数据核字（2008）第 149738 号

出 版 人 曹胜利
地 址 北京北河沿大街嵩祝院北巷 39 号，邮编 100009
电 话 (010) 64027926 电子信箱 postmaster@cnmip.com.cn
责任编辑 张登科 王 楠 美术编辑 李 新 版式设计 张 青
责任校对 石 静 责任印制 李玉山
ISBN 978-7-5024-4644-4
北京兴华印刷厂印刷；冶金工业出版社发行；各地新华书店经销
2009 年 7 月第 1 版，2009 年 7 月第 1 次印刷
787mm×1092mm 1/16；14.25 印张；373 千字；212 页；1-3000 册
38.00 元

冶金工业出版社发行部 电话：(010)64044283 传真：(010)64027893
冶金书店 地址：北京东四西大街 46 号(100711) 电话：(010)65289081
（本书如有印装质量问题，本社发行部负责退换）

序

有色金属是重要的基础原材料，产品种类多，关联度广，是现代高新技术产业发展的关键支撑材料，广泛应用于电力、交通、建筑、机械、电子信息、航空航天和国防军工等领域，在保障国民经济和社会发展等方面发挥着重要作用。

改革开放以来，我国有色金属工业持续快速发展，十种常用有色金属总产量已连续7年居世界第一，产业结构调整和技术进步加快，在国际同行业中的地位明显提高，市场竞争力显著增强。我国有色金属工业的发展已经站在一个新的历史起点上，成为拉动世界有色金属工业增长的主导因素，成为推进世界有色金属科技进步的重要力量，将对世界有色金属工业的发展发挥越来越重要的作用。

当前，我国有色金属工业正处在调整产业结构，转变发展方式，依靠科技进步推动行业发展的关键时期。随着我国城镇化、工业化、信息化进程加快，对有色金属的需求潜力巨大，产业发展具有良好的前景。今后一个时期，我国有色金属工业发展的指导思想是：以邓小平理论和"三个代表"重要思想为指导，深入落实科学发展观，按照保增长、扩内需、调结构的总体要求，以控制总量、淘汰落后、加快技术改造、推进企业重组为重点，推动产业结构调整和优化升级；充分利用境内外两种资源，提高资源保障能力，建设资源节约型、环境友好型和科技创新型产业，促进我国有色金属工业可持续发展。

为了实现我国有色金属工业强国的宏伟目标，关键在人才，需要培养造就一大批高素质的职工队伍，既要有高级经营管理者、各类工程技术人才，更要有高素质、高技能、创新型的生产一线人才。因此，大力发展职业教育和职工培训是实施技能型人才培养的主要途径，是提高企业整体素质，增强企业核心竞争力的重要举措，是实现有色金属工业科学发展的迫切需要。

冶金工业出版社和洛阳有色金属工业学校为了适应有色金属工业中等职业学校教学和企业生产的实际需求，组织编写了这套培训教材。教材既有系统的理论知识，又有生产现场的实际经验，同时还吸纳了一些国内外的先进生产工艺技术，是一套行业教学和职工培训较为实用的中级教材。

加强中等职业教育和职工培训教材的建设，是增强职业教育和培训工作实效的重要途径。要坚持少而精、管用的原则，精心组织、精心编写，使教材做到理论与实际相结合，体现创新理念、时代特色，在建设高素质、高技能的有色金属工业职工队伍中发挥积极作用。

中国有色金属工业协会会长 康义

2009 年 6 月

前　　言

本书是按照人力资源和社会保障部的规划，参照行业职业技能标准和职业技能鉴定规范，根据有色金属企业生产实际、岗位技能要求以及职业学校教学需要编写的。书稿经人力资源和社会保障部职业培训教材工作委员会办公室组织专家评审通过，由人力资源和社会保障部职业能力建设司推荐作为有色金属行业职业教育培训规划教材。

本书详细介绍了重有色金属及其合金管棒型线材生产工艺、技术和设备等，全书共分6章，包括概述、挤压、冷轧管、管棒材拉伸、线材生产、成品验收等。在内容组织和结构安排上，力求简明扼要，通俗易懂，理论联系实际，切合生产实际需要，突出行业特点。为便于读者自学，加深理解和学用结合，各章均附复习思考题。

本书可作为有色金属企业岗位操作人员的培训教材，也可作为职业学校（院）相关专业的教材，同时也可供有关的工程技术人员参考。

本书由李巧云主持编写，王碧文主持审稿，编者有李巧云（第1、2、6章）；刘雅兰（第3、6章）；雷雨（第4章）；赵万华、曹利（第5章）。本书在编写过程中得到了洛阳有色金属工业学校领导杨伟宏等同志的鼎力支持，同时也得到了中铝洛阳铜业有限公司管棒厂刘永亮高工、卞福国高工以及同事姚晓燕、陈宝勇、余振江、申智华、白素琴等同志的热情帮助和指导，在此表示衷心的感谢。另外，本书参考了一些相关著作或文献资料，对其作者致以诚挚的谢意。

由于编者水平所限，编写经验不足，书中不妥之处，恳请读者批评指正。

作　者
2009 年 5 月

目　录

1 概　述

重有色金属是指密度大于 4500 kg/m³ 的有色金属,如铜、镍、铅、锌、锡、镉、锑、钴、汞和铋。这类金属共同的特点是密度较大、化学性质比较稳定,多数金属被人类发现与使用较早。这些重有色金属通过压力加工的方法,可以制成各种各样的加工材。其中最有代表性,应用最广泛的是铜和铜合金加工材。铜及铜合金管、棒、型、线材是加工材中的重要品种。就数量而论,约占铜加工材的 55% 左右,而品种则为全部品种的 70% ~ 80% 以上。随着我国国民经济的持续发展和国力的增强,重有色金属管、棒、型、线材的应用范围日益广泛。它不仅是航空、航天、船舶制造业、核能及许多国防工业部门中必不可少的材料,而且在电力、电子、电气、仪表、精密仪器、机械制造、交通、能源、建筑、化工、轻工以及装饰业等行业中也得到了日益广泛的应用。

重有色金属管、棒、型、线材生产,是以金属材料与热处理、有色金属压力加工原理、重有色金属熔炼与铸造、金属物理等理论学科为基础,结合一系列的现代化技术装备、先进的生产工艺以及科学的管理知识,还有高技能的技术操作工人,形成了完整的、成套的生产系统和专业化的生产,是重工业的组成部分之一,尤其是在金属加工工业占有重要的地位。

1.1　品种分类及规格

用于生产重有色金属管、棒、型、线材的金属材料大多数是铜及铜合金、镍及镍合金,它们的牌号和化学成分列于表 1-1 和表 1-2 中。

表 1-1　铜及铜合金的牌号和化学成分

名　称	牌　号	主要成分/%
紫铜	T2	Cu≥99.90
	T3	Cu≥99.70
	T4	Cu≥99.50
无氧铜	Tu1	Cu≥99.97
	Tu2	Cu≥99.95
黄铜	H96	Cu 95.0 ~ 97.0,Zn 余量
	H90	Cu 88.0 ~ 91.0,Zn 余量
	H80	Cu 79.0 ~ 81.0,Zn 余量
	H68	Cu 67.0 ~ 70.0,Zn 余量
	H65	Cu 64.0 ~ 67.0,Zn 余量
	H62	Cu 60.5 ~ 63.5,Zn 余量
	H59	Cu 57.0 ~ 60.0,Zn 余量
铅黄铜	HPb60-2	Cu 59.5 ~ 61.0,Pb 2.0 ~ 2.5
	HPb58-2.5	Cu 58.0 ~ 66.0,Pb 2.0 ~ 2.5
	HPb59-1	Cu 57.0 ~ 60.0,Pb 0.8 ~ 1.9
锡黄铜	HSn90-1	Cu 88 ~ 91.0,Sn 0.25 ~ 0.75
	HSn70-1	Cu 69 ~ 71,Sn 1 ~ 1.5
	HSn62-1	Cu 61 ~ 63,Sn 0.7 ~ 1.1

名 称	牌 号	主要成分/%
铝黄铜	HAl77-2	Cu 76 ~ 79, Al 1.75 ~ 2.5
	HAl59-3-2	Cu 57 ~ 60, Al 2.5 ~ 3.5, Ni 2 ~ 3
	HAl66-6-3-2	Cu 64 ~ 68, Al 6 ~ 7, Fe 2 ~ 4, Mn 1.5 ~ 2.5
锰黄铜	HMn58-2	Cu 57 ~ 60, Mn 1 ~ 2
	HMn57-3-1	Cu 55 ~ 58, Mn 2.5 ~ 3.5, Al 0.5 ~ 1.5
	HMn55-3-1	Cu 55 ~ 58, Mn 3 ~ 4, Fe 0.5 ~ 1.5
硅黄铜	HSi80-3	Cu 79 ~ 81, Si 2.5 ~ 4.0
铁黄铜	HFe 59-1-1	Cu 57 ~ 60, Fe 0.6 ~ 1.2, Sn 0.5, Mn 0.6
	HFe 58-1-1	Cu 56 ~ 58, Pb 0.7 ~ 1.3, Fe 0.7 ~ 1.3
镍黄铜	HNi65-5	Cu 64 ~ 67, Ni 5 ~ 6.5
锡青铜	QSn4-3	Sn 3.5 ~ 4, Zn 2.7 ~ 3.3
	QSn4-4-2.5	Sn 3 ~ 5, Zn 3 ~ 5, Pb 1.5 ~ 3.5
	QSn6.5-0.1	Sn 6 ~ 7, Pb 0.1 ~ 0.25
	QSn6.5-0.4	Sn 6 ~ 7, Pb 0.3 ~ 0.4
	QSn7-0.2	Sn 6 ~ 8, Pb 0.1 ~ 0.25
铝青铜	QAl5	Al 4 ~ 6, Zn 余量
	QAl7	Al 6 ~ 8, Zn 余量
	QAl9-2	Al 8 ~ 10, Mn 1.5 ~ 2.5
	QAl9-4	Al 8 ~ 10, Fe 2 ~ 4
	QAl10-3-1.5	Al 9 ~ 11, Fe 2 ~ 4, Mn 1 ~ 2
	QAl10-4-4	Al 9.5 ~ 11, Fe 3.5 ~ 5.5, Ni 3.5 ~ 5.5
特殊青铜	QSi3-1	Si 2.75 ~ 3.5, Mn 1.0 ~ 1.5
	QSi1-3	Si 0.6 ~ 1.1, Ni 2.4 ~ 3.4
	QSi3.5-3-1.5	Si 3 ~ 4, Zn 2.5 ~ 3.5, Fe 1.2 ~ 1.8
	QMn5	Mn 4.5 ~ 5.5
	QCr0.5	Cr 0.4 ~ 1.0
	QCd1.0	Cd 0.9 ~ 1.2
	QZr0.2	Zr 0.15 ~ 0.25
白 铜	B5	Ni + Co 4.4 ~ 5.5, Cu 余量
	B10	Ni + Co 9 ~ 11, Fe 1 ~ 1.5, Mn 0.5 ~ 1, Cu 余量
	B19	Ni + Co 18 ~ 20, Cu 余量
	B30	Ni + Co 29 ~ 33, Cu 余量
	BFe30-1-1	Ni + Co 29 ~ 33, Fe 0.5 ~ 1.0, Mn 0.5 ~ 1.0, Cu 余量
	BZn15-20	Ni + Co 13.5 ~ 26.5, Zn 18 ~ 22, Cu 余量

表1-2 镍及镍合金的牌号和化学成分

名 称	牌 号	主要成分/%
纯 镍	N4	Ni 99.9
	N6	Ni 99.5
阳极镍	NY3	Ni + Cu 99.0, Si 0.15 ~ 0.25

名　称	牌　号	主要成分/%
镍-硅	NSi0.2	Ni 99.4,Si 0.15~0.25
镍-镁	NMg0.1	Ni 99.6,Mg 0.07~0.15
镍-铜-铁-锰合金	NCu40-2-1	Cu 39.0~41.0,Mn 1.25~2.25,Fe 1.0,Ni 余量
蒙耐尔合金	NCu28-2.5-1.5	Cu 27.0~29.0,Fe 2.0~3.0,Mn 1.2~1.8,Ni 余量

重有色金属管、棒、型、线材的品种、规格繁多,以铜和铜合金为例,品种约有 450 多个,规格约有两万余种,其分类不尽统一,也无严格规定。一般可按几何形状来分,也可按合金名称、状态、生产方法、用途等加以分类。

1.1.1 管材

管材是指断面为中空的圆形或其他几何形状的加工材。管材按形状来分可分为圆管和型管。圆管中按外径与壁厚的比值来分,当外径与壁厚比值大于 30 时,称为薄壁管,小于这个比值的称为厚壁管。型管中有椭圆管、方管、矩形管、六角形管、三角形管、滴形管、D 形管、外方内圆形管、螺旋管、内外筋管、梅花管、内螺纹管、翅片管等等。按合金成分来分,如铜和铜合金中就有紫铜管、黄铜管、青铜管、白铜管等。按生产方法可分为挤压管、拉伸管、旋压管、冷轧管。按产品状态可分为软管、硬管、半硬管。按用途又可分为空调管、蒸发器管、波导管、冷凝管、航空管、天线管、水管等等。此外还有毛细管、盘管、直条管等各种名称。我国生产管材的规格范围直径从 0.5~420 mm,壁厚从 0.1~50 mm 之间变化。据 2006 年统计,我国铜材产量为 530 万 t,其中铜管产量为 112 万 t,超过美国,居世界第一位,已成为世界上重要的铜管生产、进出口和消费大国。

1.1.2 棒材

棒材是指断面为实心的圆形或其他几何形状的加工材。棒材按形状来分可分为圆棒和型棒,型棒有方形棒、六角形棒、矩形棒、拉花棒、针座棒等。按生产方式和状态分有挤制棒、拉制棒、软棒、硬棒、半硬棒等。

铜及铜合金挤制棒的牌号规格见表 1-3,铜及铜合金矩形棒的牌号规格见表 1-4。

表 1-3　铜及铜合金挤制棒的牌号和规格

牌　号	状　态	直径/mm	
		圆　棒	方、六角棒
T2、T3	热挤(R)	30~120	30~120
Tu1、Tu2、TP2、H80、H68、H59	热挤(R)	16~120	16~120
H96、H62、HPb59-1、HSn62-1、HSn70-1、HMn58-2、HFe59-1-1、HFe58-1-1、HAl60-1-1、HAl77-2	热挤(R)	10~160	10~120
HMn55-3-1、HMn57-3-1 HAl66-6-3-2、HAl67-2.5	热挤(R)	16~160	16~120
QAl9-2、QAl9-4、QAl10-3-1.5、QAl10-4-4、QAl11-6-6、HSi80-3、HNi56-3	热挤(R)	10~160	—

牌 号	状 态	直径/mm	
		圆 棒	方、六角棒
QSi1-3	热挤(R)	20 ~ 100	—
QCd1	热挤(R)	20 ~ 120	—
QSi3-1	热挤(R)	20 ~ 160	—
QSi3.5-3-1.5、BFe30-1-1、BAl13-3、BMn40-1.5	热挤(R)	40 ~ 120	—
QSn7-0.2、QSn4-3	热挤(R)	40 ~ 120	40 ~ 120
QSn6.5-0.1、QSn6.4-0.4	热挤(R)	30 ~ 120	30 ~ 120
QCr0.5	热挤(R)	18 ~ 160	—
BZn15-20	热挤(R)	25 ~ 120	—

注:1. 棒材的化学成分应符合 GB/T 5231 ~ GB/T 5234 中相应合金牌号的规定。

2. 挤制铜及铜合金棒不定尺长规定为:

直径 10 ~ 50 mm,长度为 1 ~ 5 mm;直径大于 20 ~ 75 mm,长度为 0.5 ~ 5 m;直径大于 25 mm,长度为 0.5 ~ 4 m。

表 1-4 铜及铜合金矩形棒的牌号和规格

牌号	制造方法	状 态	规格(a×b)/mm×mm	牌 号	制造方法	状 态	规格(a×b)/mm×mm
T2	拉制	软(M)、硬(Y)	(3~75)×(4~80)	HPb59-1	拉制	半硬(Y₂)	(3~75)×(4~80)
	挤制	热挤(R)	(20~80)×(30~120)		挤制	热挤(R)	(5~40)×(8~50)
H62	拉制	半硬(Y₂)	(3~75)×(4~80)	HPb63-3	拉制	半硬(Y₂)	(3~75)×(4~80)
	挤制	热挤(R)	(5~40)×(8~50)				

注:1. 规格中 a 系指棒材厚度,b 系指棒材宽度。

2. 棒材的化学成分应符合 GB/T 5231、GB/T 5232 中相应合金牌号的规定。

1.1.3 型材

型材是指断面为非圆形的几何形状的加工材。型材按断面形状来分,可分为空心型材和实心型材。按复杂程度来分,可分为简单断面型材和复杂断面型材。按品种还可以分为普通型材和变断面型材。型材生产是一种节约型材料加工方法,具有较高的材料利用率。铜及铜合金相对于铝合金而言,往往只生产一些简单断面型材和均匀变断面型材。

1.1.4 线材

线材是指直径在 6 mm 及其以下的卷状实心材。线材按形状可分为圆线和型线,型线主要有方线、扁线、梯形线、半圆形线等。按用途分主要有铆钉线、导电线、漆包线、焊条线等。美国、日本等国家不以产品尺寸划分,而是以交货形态划分,以直条交货的称为棒材,以盘卷交货的称为线材。棒材直径下限为 φ1 mm,线材直径上限为 φ15 mm。我国铜及铜合金线的牌号和规格见表 1-5。

表 1-5 铜及铜合金线的牌号和规格

牌 号	化 学 成 分	状 态	直径/mm
T2 T3	应符合 GB/T 5231	M,Y	0.02～6.0
Tu2 Tu3	应符合 GB/T 5231	M,Y	0.05～6.0
H62 H68 H65	应符合 GB/T 5232	M,Y_1,Y_2,Y	0.05～6.0
HSn60-1 HSn62-1	应符合 GB/T 5232	M,Y	0.5～6.0
HPb63-3 HPb59-1	应符合 GB/T 5232	M,Y_1,Y_2,T	0.5～6.0
QSi3-1 QSn4-3	应符合 GB/T 5233	Y	0.1～6.0
QCd1 QSn6.5-0.1	应符合 GB/T 5233	M,Y	0.1～6.0
QBe2	应符合 GB/T 5233	M,Y,Y_2	0.03～6.0
BMn40-1.5	应符合 GB/T 5234	M,Y	0.05～6.0
BMn3-12 BFe30-1-1 B19	应符合 GB/T 5234	M,Y	0.1～6.0
BZn15-20	应符合 GB/T 5234	M,Y,Y_2	0.1～6.0

注:M—软;Y—硬;Y_1—$\frac{3}{4}$硬;Y_2—$\frac{1}{2}$硬。

1.2 生产方法

管、棒、型、线材的品种规格繁多,生产方法比较复杂,工序多,流程长。但归纳起来,其基本生产方法不外乎挤压法、轧制法、拉伸法及其不同的组合。

1.2.1 管材生产方法

管材的生产有几种组合,其一,是由非常成熟可靠的挤压法生产管坯,然后由半圆形孔型或环形孔型进行周期式冷轧,再由链式拉伸机或倒立式圆盘拉伸机拉伸到成品管材。其二,由先进、新型的水平连铸法生产出空心管坯,经三辊行星式轧机进行轧制,再由双连拉和倒立式圆盘拉伸机拉伸出成品管材。其他如上引连铸管坯,经拉伸出成品管材的生产工艺逐渐被第二条生产工艺所替代。目前许多新兴的空调紫铜管、制冷散热管企业均选择此种生产线。

上述生产线已成为我国管材生产最具代表性的生产技术,现代化、高性能的生产装备如感应加热、大吨位油压机、水平连续铸管机列、高速长行程的环孔型冷轧管机、三辊行星式轧机、自动化倒立式圆盘拉伸机、联合精整机列、光亮退火和无损探伤已经普遍采用。

管材的生产工艺流程见图 1-1。高精度紫铜盘管生产工艺流程见图 1-2。有缝管材生产工艺流程见图 1-3。

1.2.2 棒材、型材生产方法

棒材和型材生产多采用热挤压法和型材轧制法生产坯料,然后经拉伸法出成品。有相当数量的棒、型材是由挤压直接出成品,尤其是难变形合金和复杂断面的型材只能经挤压法生产出成品。对于中小规格的棒材,可由挤压或轧制法生产成圆盘坯料,经联合拉拔机拉伸成直条棒,这种方法生产的棒材须经过多道辅助工序,尤其经过抛光使得制品表面光洁、尺寸精确。型材轧制法生产适合于品种单一、批量大的制品生产。棒、型材生产技术发展很快,连续铸造—拉伸(圆盘拉伸)、铜线杆连续挤压—拉伸法也普遍应用。棒、型材的生产工艺流程见图 1-4。

铸锭加热
↓
热挤压
↓
矫直
↓
成品(热挤)←锯切
↓
冷轧管
↓
锯切
↓
矫直
↓
中间退火
↓
做头
↓
中间退火←拉伸
↓
切头尾
↓
矫直
↓
成品退火
↓
检查验收(硬、软)
↓
包装入库

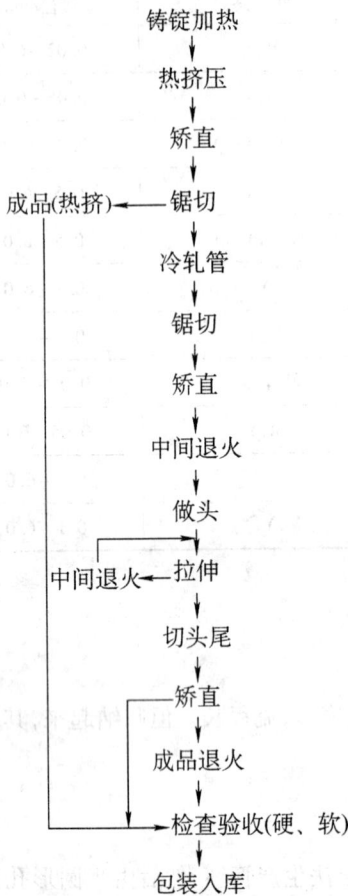

图 1-1 普通管材生产工艺流程

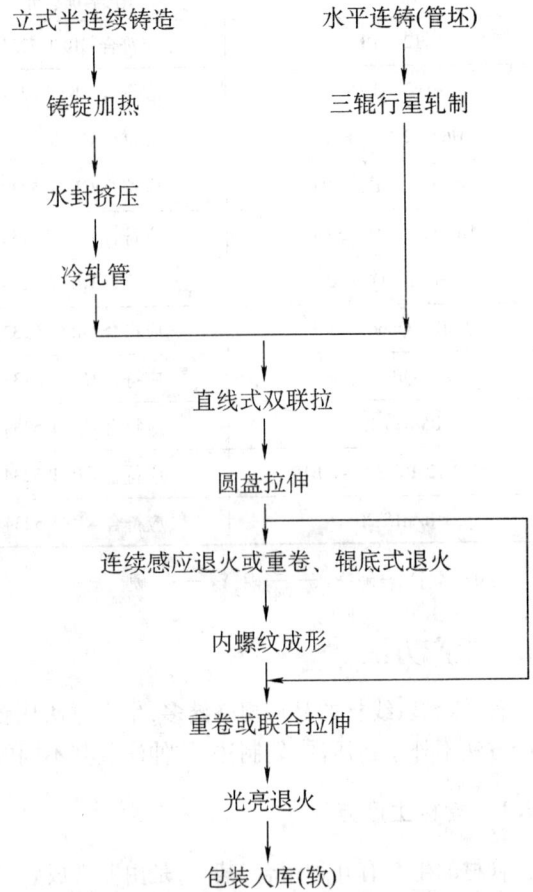

立式半连续铸造　　水平连铸(管坯)
↓　　　　　　　　　　↓
铸锭加热　　　　　三辊行星轧制
↓
水封挤压
↓
冷轧管
↓
直线式双联拉
↓
圆盘拉伸
↓
连续感应退火或重卷、辊底式退火
↓
内螺纹成形
↓
重卷或联合拉伸
↓
光亮退火
↓
包装入库(软)

图 1-2 高精度紫铜盘管(光管、内螺纹管)生产工艺流程

1.2.3 线材生产方法

　　线材的生产过程主要分为线坯生产和成品线材生产两大部分。成品线材的生产方法都采用拉伸法，无论是单模或多模拉伸，生产出来的成品最大的特点是尺寸精确、表面光洁。而线坯的生产方法较多，有挤压法、热连轧、连铸连轧，还有上引连铸法等。挤压法生产线坯适合于多品种的线坯生产，尤其是热塑性差、难变形的合金更适合采用挤压法获得线坯。对于品种单一、数量很大的线材则适合采用连铸连轧和上引铸造法生产线坯，它们的特点是生产效率高、工序少、节省能源。线材的生产工艺流程如图 1-5、图 1-6 所示。

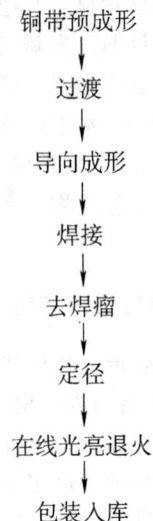

铜带预成形
↓
过渡
↓
导向成形
↓
焊接
↓
去焊瘤
↓
定径
↓
在线光亮退火
↓
包装入库

图 1-3 有缝管材生产工艺流程

铸锭加热

热挤压　　　　　　　孔型轧制

联合拉拔机　矫直　　　扒皮拉伸

成品入库　切头尾　　　拉伸　→　中间退火(或成品退火)

拉伸　→　中间退火　　　成品检验

矫直

锯切　→　成品退火　　　包装入库(硬、软)

成品检验

包装入库(硬、软)

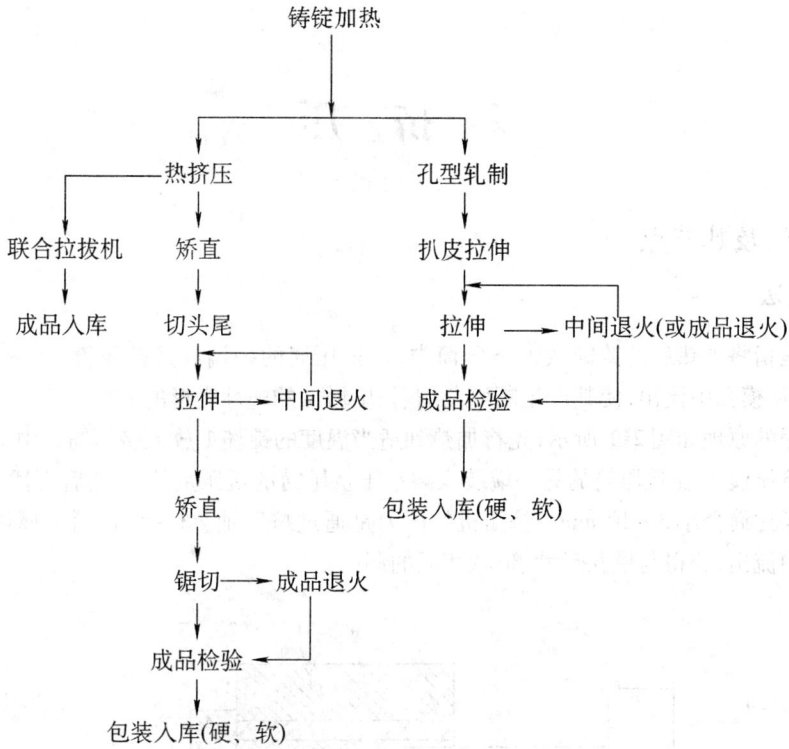

图1-4　棒、型材生产工艺流程

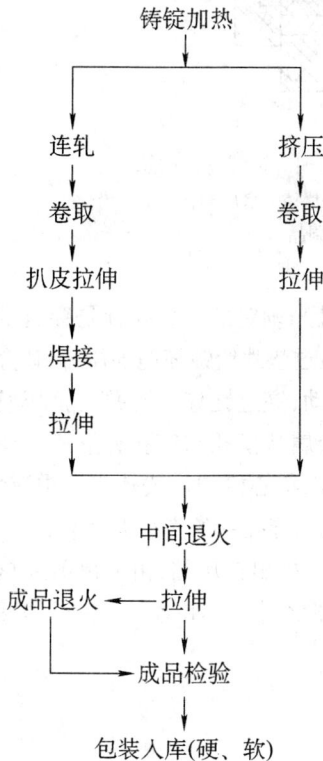

铸锭加热

连轧　　　　　挤压

卷取　　　　　卷取

扒皮拉伸　　　拉伸

焊接

拉伸

中间退火

成品退火　←　拉伸

成品检验

包装入库(硬、软)

图1-5　热连轧、挤压生产线材工艺流程

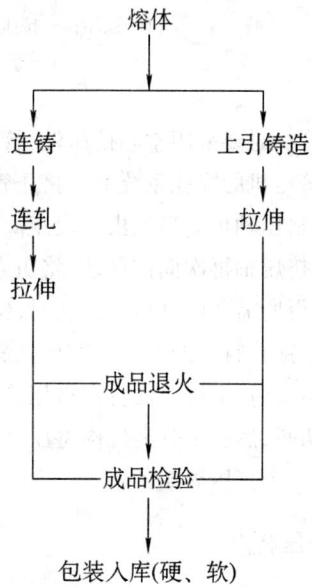

熔体

连铸　　　　　上引铸造

连轧　　　　　拉伸

拉伸

成品退火

成品检验

包装入库(硬、软)

图1-6　连铸连轧、上引法生产线材工艺流程

2 挤 压

2.1 挤压法及其特点

2.1.1 挤压法

挤压法是指将加热后的铸锭放入挤压筒中,在挤压筒的一端放置挤压模,另一端施加以压力,迫使金属从模孔中流出,使其产生断面减缩、长度增加的塑性变形的方法。

挤压过程的原理如图2-1所示,先将加热到适当温度的锭坯1放入挤压筒2中,在挤压筒的一端放置有挤压模3,在挤压筒的另一端装入略小于挤压筒的挤压垫片4,然后再插入挤压轴5,挤压轴的直径比筒径小3~10 mm。挤压机的压力是通过挤压轴、垫片传递给金属锭坯的,迫使金属从模孔中流出,获得与模孔尺寸、形状相同的制品。

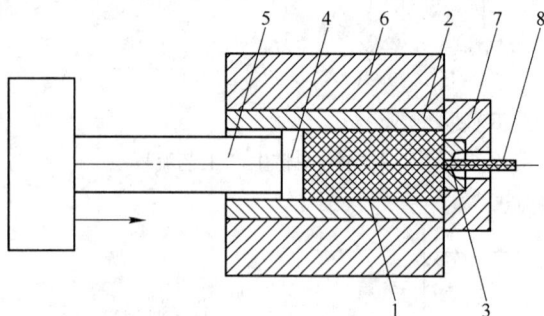

图 2-1 挤压过程示意图

1—锭坯;2—挤压筒;3—挤压模;4—挤压垫片;5—挤压轴;
6—挤压筒外衬;7—模支承;8—制品

挤压管材时要采用空心挤压轴,管材的内径是由穿孔针来确定的。穿孔针是穿过空心挤压轴安装在挤压机的穿孔系统上。挤压管材时,先是挤压轴通过垫片给锭坯施加压力,让金属充满挤压筒后,挤压轴再向后退出一段距离,然后穿孔针向前移动,穿过锭坯中心并与挤压模定径带配合,之后挤压轴再次向前移动,将压力传递给锭坯,迫使金属从模孔与穿孔针形成的环形间隙中流出,获得所需要的管材。穿孔时,锭坯中心的部分金属以实心棒的形式从模孔中流出,形成穿孔料头。穿孔料头的大小与锭坯充满挤压筒的程度、模孔与穿孔针的直径大小有关。

挤压结束时,用挤压轴将在挤压筒内余下的残料即压余,推出挤压筒,由分离剪或热锯将制品与压余切断,然后由分离机构将压余与垫片分离,挤压机的各种工具和各运动部件退回原始状态,进行下一个挤压周期。

2.1.2 挤压特点

挤压法以它独特的加工工艺广泛的应用于重有色金属及合金管棒型材生产。它与其他加工方法相比具有如下特点：

（1）挤压过程中金属始终处于强烈的三向压应力状态，有利于发挥金属的塑性。它不仅可采用较大的变形程度（达90%以上），而且有利于难变形金属的加工，对于脆性及低塑性金属的加工更为突出。

（2）挤压法不仅可生产简单断面制品，如圆、椭圆、扇、方、圆角、D形等管材外，还可生产复杂断面制品，如异形材、变断面制品和多空腔制品。

（3）挤压法除采用锭坯进行热、冷挤压外，还可以采用金属粉末、颗粒作为原料，直接挤压成材，同时还可以用来做双金属及复合材料等制品。

（4）挤压法生产灵活性大，只需要更换少数挤压工具如挤压模或穿孔针，即可改变产品规格和形状，并且更换工具时间短。故而适合小批量、多品种制品的生产。

（5）挤压制品尺寸精确，表面质量较高，表面粗糙度介于热轧和冷轧产品之间。并且有致密的组织和较高的力学性能。

挤压法生产除上述的优点外，还存在以下的缺点：

（1）挤压法生产当中产生的几何废料较多，如挤压管材时的穿孔料头，挤压结束时留下的压余，精整时对制品切去的头、尾部等，所有这些构成的几何废料约占锭重的10%～40%，可使挤压成品率降低。

（2）挤压时由于金属与挤压工具之间存在着摩擦，使挤压制品的组织和力学性能沿其横断面上和长度上分布不均匀。

（3）挤压机需配有许多辅助设备，投资大，挤压工具消耗也大，工具材料价格昂贵（一般工具消耗费用约占成本的35%甚至更高），相应使产品的成本增加。

综上所述，热挤压法是非常适合于生产品种、规格、批量繁多的重有色金属管、棒、型材，以及线坯等。在生产断面复杂或薄壁的管材和型材、变断面型材以及脆性材料方面，挤压法也是唯一可行的压力加工方法。

2.2 挤压法的分类

挤压法有很多种，我们一般可按如下方法分类：

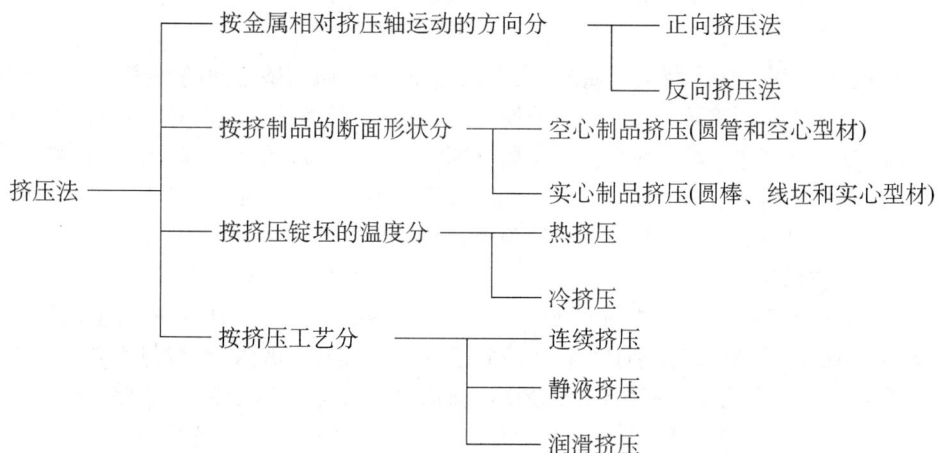

```
                ┌── 按金属相对挤压轴运动的方向分 ──┬── 正向挤压法
                │                                └── 反向挤压法
                │
                ├── 按挤制品的断面形状分 ──┬── 空心制品挤压(圆管和空心型材)
挤压法 ─────────┤                        └── 实心制品挤压(圆棒、线坯和实心型材)
                │
                ├── 按挤压锭坯的温度分 ──┬── 热挤压
                │                       └── 冷挤压
                │
                └── 按挤压工艺分 ──┬── 连续挤压
                                  ├── 静液挤压
                                  └── 润滑挤压
```

下面我们来分析几种有代表性的挤压法。

2.2.1　正向挤压法

挤压时,根据金属的流动方向相对于挤压轴的运动方向不同,可将挤压法分为正向挤压法和反向挤压法。金属的流动方向与挤压轴的运动方向一致的挤压过程,称为正向挤压法,图2-1即为正向挤压棒材的示意图。

正向挤压法生产较灵活、便捷,在生产中应用较多,所以占的比例大。但是它有着明显的缺点,即金属锭坯与挤压筒内壁之间存在着强烈的摩擦,从而导致金属的流动不均匀,在挤压结束而形成挤压缩尾。为了去除此缺陷,在正向挤压棒型材时,经常采用脱皮挤压和润滑挤压。

脱皮挤压是采用直径比挤压筒直径小1~3 mm的挤压垫片进行挤压的,挤压后会在筒中留下一层均匀的铸锭表皮。但是垫片与挤压筒间隙不能过大,否则由于金属流入间隙的阻力减小,将造成在间隙处反流。因此脱皮挤压的目的:一是防止锭坯表面的铸造缺陷、锭坯加热氧化皮及脏物等流入制品中,从而影响挤压制品的表面质量和内部质量;二是在脱皮挤压过程中,金属锭坯表面与挤压筒内壁无相对滑动,使金属流动相对均匀,减少缩尾,同时也提高了挤压筒的使用寿命。脱皮挤压的缺点是每挤压一根制品都要对挤压筒内残留的铜皮清理干净,因而会降低生产效率。脱皮挤压适合于易形成挤压缩尾的青铜和一些黄铜合金的挤压。脱皮挤压如图2-2所示。

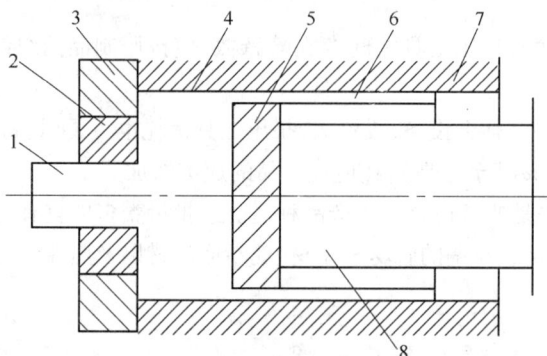

图2-2　脱皮挤压示意图
1—制品;2—挤压模;3—模支承;4—锭坯;5—垫片;
6—残皮;7—挤压筒;8—挤压轴

润滑挤压的目的是为了降低金属与工具尤其是与挤压筒内壁之间的摩擦,降低挤压力,使金属流动均匀,减少挤压缩尾。如采用玻璃润滑时,不仅降低摩擦,还起到隔热的作用。在润滑挤压过程中,玻璃会形成一层层胶质体与金属合理的胶结在一起,使锭坯表面减少温降。挤压结束时,在挤压筒中会留下较薄的压余。但是润滑挤压要求锭坯的表面质量要高,并且加热后的锭坯表面不得有氧化皮存在,否则锭坯表面缺陷流入制品当中,影响制品质量。

正向挤压管材如图2-3所示,正向挤压管材时一般都采用随动针挤压。挤压时必须先进行充填,当金属锭坯充满与挤压筒之间的间隙后,再进行穿孔,这样可保证制品的同心度。但在穿孔时会产生穿孔废料即料头,特别是生产大直径管材时穿孔料头较大,使成材率降低。为此,可采用联合挤压法。即在充填和穿孔时,使金属反向流动,之后将堵板去掉,放上挤压模,再进行正向挤压。这样可以大大减少穿孔料头损失,提高成材率。正向挤压小规格管材时,可选用瓶式针挤压,防止针体过细而被拉断。瓶式穿孔针挤压时穿孔针不会随挤压轴移动,而是相对固定不动,如图2-4所示。

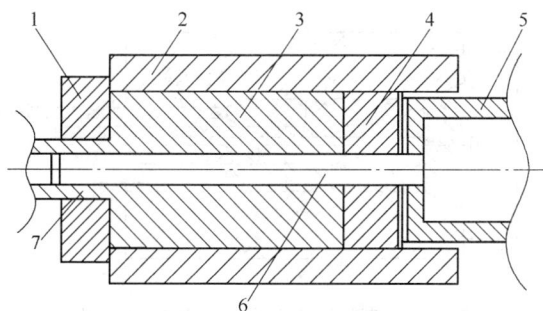

图 2-3　正向挤压管材示意图

1—挤压模;2—挤压筒;3—锭坯;4—挤压垫片;
5—挤压轴;6—穿孔针;7—挤压管材

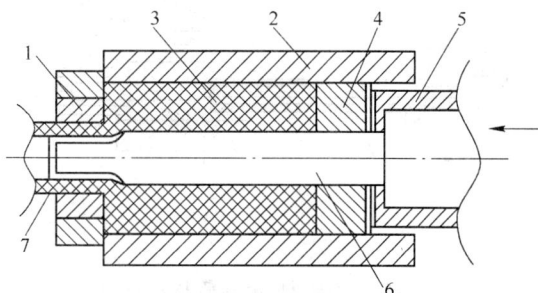

图 2-4　正向固定穿孔针挤压管材示意图

1—挤压模;2—挤压筒;3—锭坯;4—挤压垫片;
5—挤压轴;6—穿孔针;7—挤压管材

　　正向挤压管材时,还可以采用水封挤压。如在挤压容易氧化的紫铜和单相铜合金管材时,当挤压制品流出模孔之后,随即进入水封槽进行冷却,杜绝了易氧化制品与空气中氧的接触,可减少金属的氧化损失,提高制品表面质量,减少酸洗工序,降低能耗。水封挤压的制品晶粒细小,有利于继续加工。

2.2.2　反向挤压法

　　挤压时金属的流动方向与挤压轴的运动方向相反的挤压过程,称反向挤压法。在 20 世纪 70 年代美国、联邦德国和日本已经把反向挤压法用于工业生产,近期国内的一些企业也在购买反向挤压机或将正向挤压机改造为反向挤压机,用来生产铜棒、铜线材并取得了可观的效益。反向挤压法的特点是金属锭坯与挤压筒内壁之间基本上无相对滑动,挤压力比采用正向挤压时降低 30% ~40%;金属流动较均匀;可以减少挤压缩尾和压余,提高成材率。由于金属流动比较均匀,使制品的组织和性能也较均匀。反向挤压法还可以挤压大直径管材,直径可达 φ300 mm 以上。但是反向挤压时,制品规格会受到工具强度的限制。

　　反向挤压棒材如图 2-5 所示,在挤压筒的一端放置封闭板 1 并锁紧,由挤压筒 2 的另一端放入加热好的锭坯 3 和挤压模垫 4。挤压力 P 通过挤压轴 5 传递给模垫,又相继传递给金属,迫使金属由模垫中间的模孔中流出,流入挤压轴的中心。

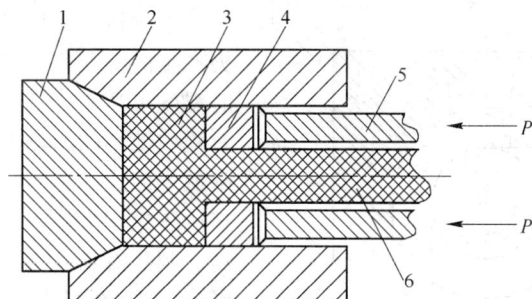

图 2-5　反向挤压棒材示意图

1—封闭板;2—挤压筒;3—锭坯;4—模垫;5—挤压轴;6—棒材

　　反向挤压中小规格管材时,可在双轴挤压机上,采用直接穿孔的方法,通过模垫反挤管材。或采用空心锭坯,利用装在堵板上的穿孔针通过模垫,进行反向挤压,如图 2-6、图 2-7 所示。

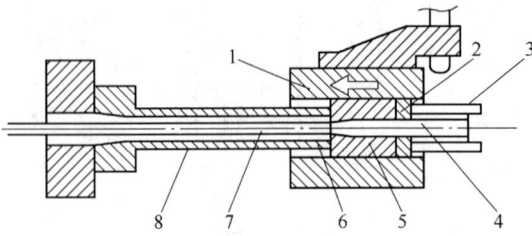

图 2-6 双轴反向挤压管材示意图
1—挤压筒;2—挤压垫;3—挤压轴;4—穿孔针;
5—锭坯;6—模垫;7—管材;8—模轴

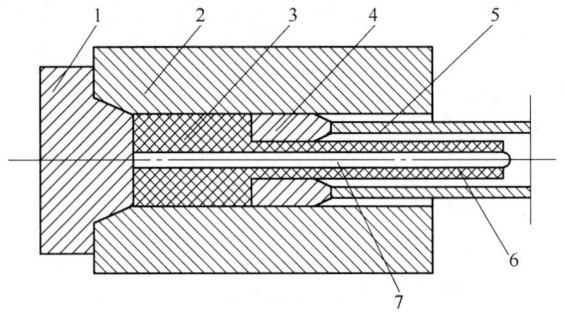

图 2-7 带封闭板反向挤压管材示意图
1—封闭板;2—挤压筒;3—锭坯;4—模垫(挤压垫);
5—挤压轴(模轴);6—管材;7—穿孔针

反向挤压大直径管材如图 2-8 所示。管材的外径是由挤压筒内径来决定的。而管材内径则是由垫片直径所决定的。金属是从由挤压垫片与挤压筒之间形成的环形间隙中流出,就像放倒的一个杯状,制品套在挤压轴上,故而制品长度会受到挤压轴长度的限制。这种反向挤压的大直径管材其表面质量较差,作为拉伸加工的坯料时一般要安排车皮工序。

2.2.3 Conform 连续挤压法

连续挤压是指连续不间断的挤压过程,如图 2-9 所示。在可旋转的挤压摩擦轮(槽轮)6 的表面上刻有方形凹槽,其 1/4 周长与被称为挤压靴的导向块 3 相配合,形成一个正方形空腔。模子 2 被固定在导向块的一端。挤压时将圆形坯料 7 的端头碾细,送入正方形空腔(坯料断面积大于正方形空腔的横断面积),依靠挤压槽轮与坯料间摩擦力的作用不断从模孔中被挤出,形成挤压制品。

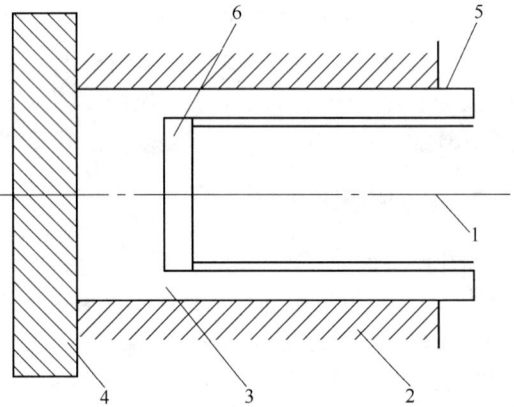

图 2-8 反向挤压大直径管材示意图
1—挤压轴;2—挤压筒;3—金属锭坯;4—封闭板;
5—反挤压管材;6—反挤压垫片

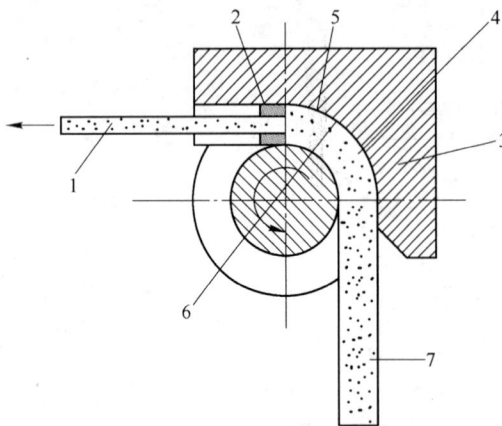

图 2-9 Conform 连续挤压示意图
1—制品;2—模子;3—导向块;4—初始咬入区;
5—挤压区;6—槽轮;7—坯料

连续挤压的特点是金属靠摩擦力和摩擦力产生的温升作用引起变形,在挤压铜制品时温度可达 400 ~ 500℃,可以节省在热挤压过程中锭坯的加热工序,减少加热设备投资,降低生产成本和能耗。由于连续生产可减少挤压余、切头尾等几何废料损失,成品率高。制品沿长度方向组织和性能均匀,设备紧凑,占地面积小,投资费用低,适合于小规格的盘卷制品生产。但是在连续挤压时,由于挤压槽轮、导向块、模子等长期处于高温摩擦状态,故而对工具材料的耐热、耐磨性能要求高。模具更换比常规挤压机困难。连续挤压生产高精度产品和大规格产品受限,对坯料预处理要求高,对设备液压系统、密封和控制系统要求高。

2.2.4 静液挤压法

  静液挤压是指在挤压筒内通过高压液体将金属锭坯挤出模孔形成制品的过程,如图2-10所示。高压液体的压力是通过增压器或用挤压轴压缩挤压筒内的液体建立起来的,其压力不小于1500 MPa。静液挤压一般是在常温下进行,如果需要也可以在较高温度下甚至高温下挤压,比如挤压耐热合金时的温度为1000~1300℃。

  目前,静液挤压技术已经应用于生产中,最大静液挤压机能力可达63 MN,液体压力为3000 MPa,挤压筒直径为200 mm,锭坯长度为300~1500 mm。

  静液挤压与其他挤压法方法相比其优点是:金属锭坯与挤压筒壁无直接接触,无摩擦,模子的润滑条件好,所以金属流动均匀,制品的组织、性能在断面和长度方向都很均匀;制品的尺寸精度高,表面质量好;可采用较长的锭坯挤压,并可实现高速挤压;挤压力小,一般比正向挤压时挤压力小20%~40%;可采用大挤压比,一般挤压比可达400以上;还可以挤压断面复杂的型材和复合材料,并可挤压高强度、高熔点和低塑性的金属材料。但是在静液挤压时采用的锭坯需要进行预先加工,对于采用挤压工具的强度、高压液体的选择以及高压液体的密封等问题需要进一步解决。

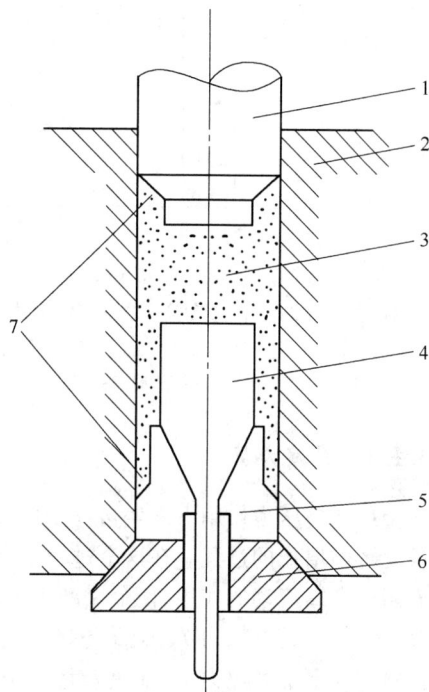

图2-10 静液挤压示意图
1—挤压轴;2—挤压筒;3—高压液体;4—坯料;
5—模子;6—模座;7—密封装置

2.3 挤压过程中金属的变形特点

  了解挤压过程中金属受到外力以及在外力作用下锭坯所处的应力状态和变形状态,掌握金属流动的规律和变形特点,对提高挤压制品的质量,提高制品的组织和性能有着十分重要的意义。

2.3.1 挤压变形中金属所受到的外力

挤压变形过程中金属所受的外力有三种,如图2-11所示。

2.3.1.1 正压力 P

  正压力 P 称作用力,也称挤压力,如图2-11所示,它是挤压轴传递给金属的压力,是金属锭坯产生塑性变形的主动力。

2.3.1.2 反作用力 N

  反作用力 N 是金属在挤压力作用下发生塑性变形时,挤压工具限制金属流动方向而产生的力。即有挤压筒内壁垂直作用于金属锭坯圆周上的反作用力和挤压模端面垂直作用于金属锭坯端面上的反作用力,如图2-11所示。

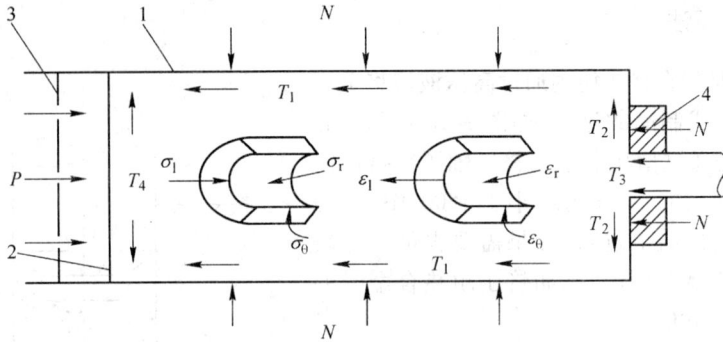

图2-11　挤压过程中金属所受的外力、应力和变形状态
P—正压力;N—反作用力;T—摩擦力
1—挤压筒;2—挤压垫片;3—充填挤压前垫片的原始位置;4—模子

2.3.1.3　摩擦力 T

金属在挤压力作用下发生塑性变形,即是金属锭坯在挤压筒里流动而锭坯长度逐渐缩短,制品长度逐渐增长的过程。在这个过程中,金属与挤压工具的接触表面就产生了摩擦力。摩擦力有着阻碍金属流动的作用,使金属产生不均匀变形。挤压时的摩擦力包括:金属锭坯与挤压筒内壁接触表面上的摩擦力 T_1;金属与挤压模端面接触表面上的摩擦力 T_2;金属流出模孔时与定径带接触表面上的摩擦力 T_3;金属锭坯与挤压垫片接触表面上的摩擦力 T_4;在挤压管材时,金属与穿孔针圆周接触表面上的摩擦力 T_5 等。上述摩擦力的方向均与金属的流动方向相反。

2.3.2　挤压变形过程中金属所受到的应力和变形状态

挤压筒内的金属在外力的作用下,其内部的原子结构被迫偏离了平衡位置,便产生了内力和应力。所谓内力是金属受外力作用产生与之平衡的力。应力即为金属内部单位面积上的内力,记作 $\sigma = P_{内}/F(\mathrm{Pa})$。那么挤压筒内的金属受到正压力、反作用力和摩擦力的作用,便处于三向压应力状态。即径向压应力 σ_r、周向压应力 σ_θ 和轴向压应力 σ_1,在这三向压应力综合作用下,金属便产生了塑性变形,形成二向压缩,一向延伸的变形状态,即在径向上受压缩变形 ε_r、周向上受压缩变形 ε_θ 和在轴向上受延伸变形 ε_1,如图2-11中的小单元体所示。根据塑性变形理论,可知:挤压圆形制品是属于轴对称的,因此径向压应力和周向压应力相等,即 $\sigma_r = \sigma_\theta$;径向主变形与周向主变形相等,即 $\varepsilon_r = \varepsilon_\theta$。

2.3.3　挤压过程中金属的变形特点

挤压时金属的变形特点是通过金属的流动规律总结得来的。金属流动的是否均匀对产品的表面质量、内部组织和性能,以及尺寸精度等,都有着最直接的影响。研究挤压时金属内部流动规律有许多试验方法,如坐标网格法、低高倍组织法、插针法、观测塑性法、光塑性法及硬度法等等。其中最直观最常用的是坐标网格法。

坐标网格法是将圆柱形锭坯沿子午面纵向剖分成两半,取其一,在剖面上刻画出均匀的正方形网格,在刻画的沟槽内填入石墨、高岭土等耐热物质,然后将水玻璃涂在剖面上,用螺栓固定试件如图2-12所示。之后将锭坯放入加热炉中进行加热、挤压。在挤压的不同阶段观察其坐标网格的变化,总结金属的流动规律及其挤压力的变化情况。通常把挤压过程分为三个变形阶段:充填挤压阶段、平流挤压阶段、紊流挤压阶段。

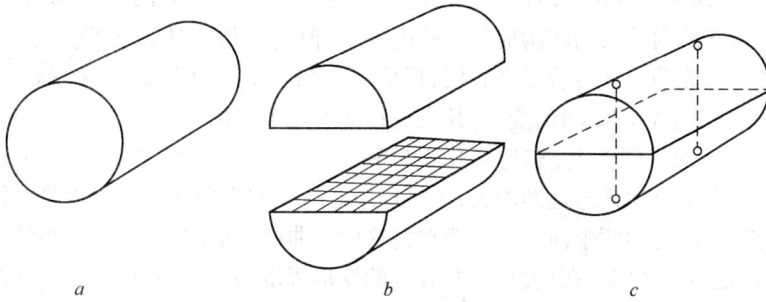

图 2-12 锭坯剖面网格图
a—实心锭坯;b—剖面上刻出正方形网格;c—固定试件

2.3.3.1 充填挤压阶段

充填挤压阶段即开始挤压阶段。为了便于将加热之后的锭坯放入挤压筒中,锭坯的直径设计小于筒径约 2 ~ 10 mm,锭坯直径越大,筒径与锭坯直径之间的间隙也越大。开始挤压时,根据最小阻力定律,金属锭坯在挤压力作用下,首先充满此间隙,即充满挤压筒,且有部分金属流出模孔,这一阶段我们称为充填挤压阶段。此阶段金属的变形特点为,金属锭坯受压缩发生镦粗变形,其长度缩短,直径增加,直至充满挤压筒。挤压力的变化曲线是呈直线上升的。如图 2-13 中 I 区的线形特征。

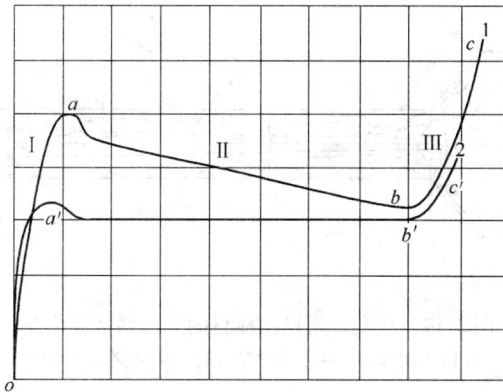

图 2-13 挤压力随挤压过程变化示意图
I—充填挤压阶段(oa、oa');II—平流挤压阶段(ab,$a'b'$);
III—紊流挤压阶段(bc,$b'c'$)

挤压棒材时的充填挤压阶段,首先流出模孔的部分金属,几乎没有发生塑性变形,仍然保留了铸造状态组织,在精整时是要切除掉的。在采用实心锭坯挤压管材时,必须先充填而后穿孔,否则穿孔针将由于金属向间隙流动而被带动偏离中心线位置,导致管材偏心。在充填挤压阶段要求变形量应尽量小些,若太大易形成大料头,降低成品率。尤其是在挤压某些高温塑性差的合金时,如 HSn70-1、QSn7-0.2、QSi3.5-3-1.5 等,易在镦粗变形时出现裂纹,该裂纹则因氧化而不能被压合时,将直接暴露在制品表面,严重影响其表面质量。

2.3.3.2　平流挤压阶段

平流挤压阶段即为基本挤压阶段。该阶段金属的变形特点为锭坯的内外层金属基本上不发生交错流动，即锭坯的内外层仍然构成制品的内外层，但由于与工具的摩擦作用，在金属的同一断面上，外层金属的流动速度滞后于中心层，形成不均匀变形。由图 2-14 中坐标网格的变形可以看出平流挤压阶段金属的不均匀变形，其表现在如下几个方面：

（1）在金属锭坯的纵剖面上，靠近模孔入口和出口处，其纵向线发生了方向相反的两次弯曲，其弯曲的角度由中心向边缘逐渐增大，而挤压中心线上的纵向线不发生弯曲。分别连接纵向线的两次弯曲折点，可得到两个曲面。一般都将这两个曲面所形成的区域称为挤压时的变形区。如图 2-14 中 AB 之间的区域。在变形区中，金属的变形程度最大。但是变形很不均匀，即变形程度在纵向上由变形区入口端到出口端逐渐减小，在径向上则由锭坯中心向边缘逐渐增大。

（2）变形之前垂直于挤压中心线的直线在挤压之后变成了向前弯曲的弧线，从制品的前端向后端弧线的弯曲程度逐渐增大。这说明制品中心层金属的流动速度大于周边层，而且这种流速差会由前端向后端逐渐增大。

（3）从锭坯和制品的坐标网格变化来看，中心层的正方形网格变成了矩形或近似的矩形。而周边层的正方形网格则变成了平行四边形，这说明在挤压过程中心层金属受到的是径向压缩和轴向上延伸变形。而周边层金属除了受到径向压缩、轴向延伸变形之外，还承受了附加的剪切变形。

（4）在挤压筒与挤压模的结合部存在着一个难变形区，又称为死区，死区内聚合了一些锭坯的表面缺陷、氧化皮及其他夹杂物等，死区内金属基本上是不参与流动的。因此死区的存在对于提高制品的质量是极为有利的。

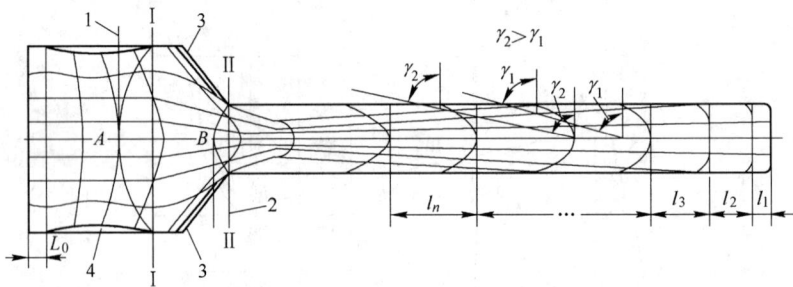

图 2-14　单孔锥模挤压棒材的坐标网格变化图
1—开始压缩部位；2—压缩终了部位；3—死区；4—堆聚区

综上所述，在平流挤压阶段金属流动是不均匀的。在该变形阶段中，挤压力的变化是逐渐下降的，因为挤压力会随着挤压筒内锭坯长度的缩短、摩擦面积和摩擦阻力的减小而下降。

2.3.3.3　紊流挤压阶段

紊流挤压阶段是指在挤压筒内的锭坯长度减小到变形区压缩锥高度时的金属流动阶段。其变形特点为，由于垫片与模子间距离缩短，中心层金属出现流量不足现象，而边缘层金属的流动由于受阻则向中心做剧烈的横向流动，同时难变形区中的金属也向模孔做回转交错的紊乱流动，形成挤压所特有的缺陷——挤压缩尾。挤压缩尾会严重影响制品质量，因此在操作当中应采取相应的措施，尽量来减少和消除它。

在该变形阶段中，随金属不均匀变形的逐渐加剧，挤压力变化是逐渐回升的，如图 2-13 中 Ⅲ

区的线形特征。

2.3.4 影响金属流动的因素

根据上述挤压过程中金属的流动特点,我们知道,挤压生产中金属的变形是很不均匀的。它会严重影响产品的质量。我们作为挤压生产的操作者,应该掌握挤压过程中影响金属流动的因素,改善挤压条件,促使金属流动相对均匀,提高产品质量。

2.3.4.1 摩擦与润滑的影响

挤压时,金属与工具间作用的摩擦力中,唯有挤压筒壁上的摩擦力对金属的流动影响最大,严重阻碍锭坯外层金属的流动,尤其是使用内表面粗糙或粘有铜皮的挤压筒,会加剧金属的不均匀流动,形成较长的挤压缩尾。因此在生产当中,要保持挤压筒内光洁干净,及时清理筒壁或采用润滑挤压,以便有效提高金属的流动均匀性。但在挤压管材时,锭坯中心部分金属受穿孔针表面的摩擦力和冷却作用,而降低了流动速度,因此挤压管材要比挤压棒材时的金属流动均匀,形成的缩尾也短,压余也相对缩短。

2.3.4.2 锭坯温度与挤压筒温度的影响

将加热均匀的锭坯由供锭机构送往挤压筒时,经空气冷却以及工具的冷却作用,会使其表面温度降低,挤压时金属外层变形抗力高于内层,必然导致流动不均匀。因此要尽量提高工具的预热温度,缩小表里温差,提高流动均匀性,一般筒的预热温度为 $350 \sim 400\,^\circ\mathrm{C}$。

金属的导热性能不同也会影响到金属的流动性,如图 2-15 所示。由于紫铜的导热性比黄铜好,沿锭坯径向上温度和硬度分布便相对均匀,而两相黄铜温度及硬度分布则很不均匀,故流动不均匀程度要比紫铜严重得多。

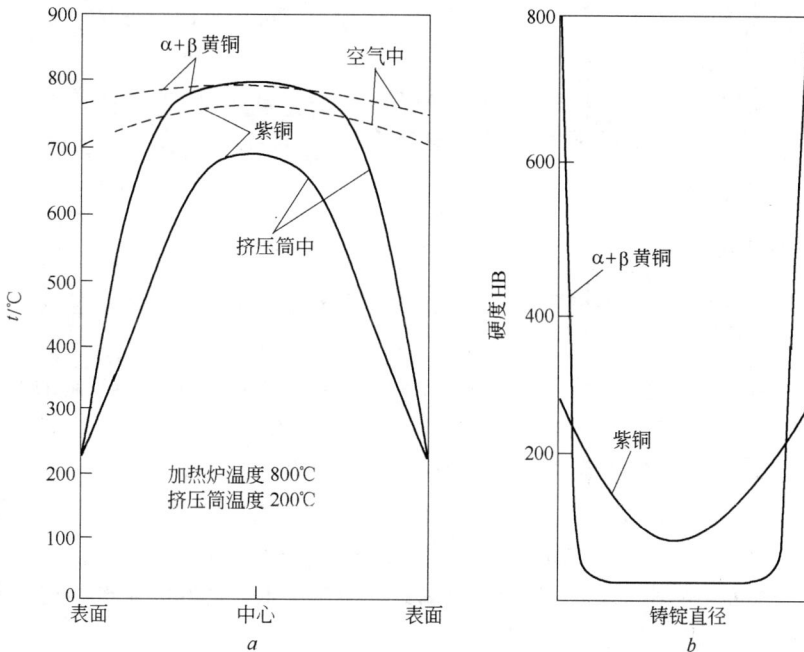

图 2-15 紫铜与黄铜锭坯断面上温度和硬度分布

a—断面上温度差;b—断面上硬度差

对于在高温下易发生相变的合金,挤压温度最好选择在使金属流动较均匀的相区,可以减少缩尾,提高其质量。如 HPb59-1 黄铜应选择在摩擦系数较小、流动较均匀的单相(β 相)区域,H62应选择在塑性好,且强度也不低的 α + β 的两相区。

2.3.4.3　金属及合金本身特性的影响

金属及合金本身特性对流动的影响体现在两个方面:一是金属在高温下的黏性,它通过黏结工具增大摩擦来影响其流动。黏性越大的金属挤压过程中流动越不均匀。如铝青铜、白铜、镍及镍合金等,在高温下的黏性都是比较大的。二是金属在高温下的变形抗力。变形抗力大的金属,强度高,与工具间摩擦阻力作用相对减少,内外流速趋于一致。变形抗力小的金属,强度低,与工具间摩擦阻力作用相对显著,内外层流速差较大。也就是说变形抗力大的金属阻碍不均匀变形的能力大,变形抗力小的金属阻碍不均匀变形能力小。因此,高温强度大的金属要比高温强度小的金属流动均匀;一般纯铜、磷青铜、H96 黄铜等合金流动较均匀,而 α 黄铜、H68、H80、HSn70-1、白铜、镍合金等流动则不均匀。

2.3.4.4　工具结构形状的影响

挤压工具结构形状对金属流动的影响主要是挤压模,生产中常用的挤压模主要是锥模和平模两种。锥模模角小于 90°,平模模角为 90°,模角越大 金属的流动性越不均匀。当模角增大到90°时。由于死区的面积增大,金属的流动均匀性越差。同时在金属进入模孔时,会发生急转弯流动,而产生非接触变形。因此为改善产品质量,在特定的条件下可采用锥模挤压,其合理模角设计为 45° ~ 65°之间。

对于小规格的棒型材可以采用多孔模挤压;当挤压只有一个对称轴的异形管材时,可采用平衡模孔的方式进行挤压,这是增加金属流动均匀的有效措施。

对于挤压宽度较大的型材,可采用扁椭圆形挤压筒挤压,比采用圆形挤压筒使金属流动均匀,同时还可以降低挤压力。

采用凹面型挤压垫工作时,会使挤压筒周边层的金属首先流动,从而缩小了锭坯在横断面上的流速差。但是会增加挤压力,处理压余较麻烦,因此生产中广泛采用的还是平面挤压垫。

2.3.4.5　变形程度的影响

变形程度的大小与选择的挤压比有关。减少模孔直径或增大挤压筒直径都可以增大挤压比,从而增大变形程度。如图 2-16 可以看出,当变形程度在 60% 左右时,挤压制品内外层的强度和延伸率差别最大,但是当变形程度增大到 90% 时,由于剪切变形深入到制品中心部位,使得挤压制品横断面上内外层的性能趋于一致。因此在挤压生产中,变形程度一般都选择在 90% 以上,即挤压比等于或大于 10,以保证制品在横断面上的力学性能均匀一致。

归纳上述影响金属流动的因素,属于外部因素的有外摩擦、温度、工具形状及变形程度等,属于内部因素的有合金成分、金属的高温强度,导热性能和相变等,在实际生产当中随挤压条件的变化,它们之间相互影响相互转化,其中属金属锭坯与挤压工具之间的摩擦影响最大。图 2-17所示为挤压棒材时金属流动的四种模式。

(1)模式 A。金属流动均匀,只有在反向挤压时才可获得,因为反向挤压时金属锭坯与挤压筒之间是不发生滑动摩擦的。

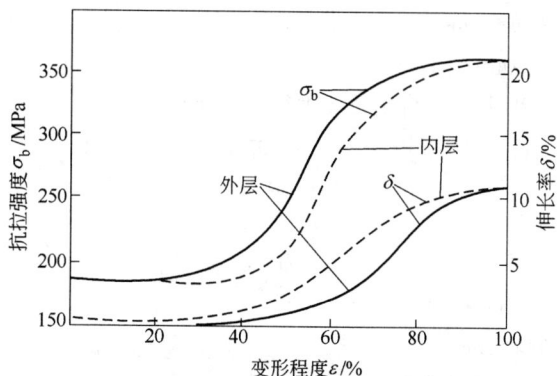

图 2-16 挤压制品力学性能与变形程度的关系

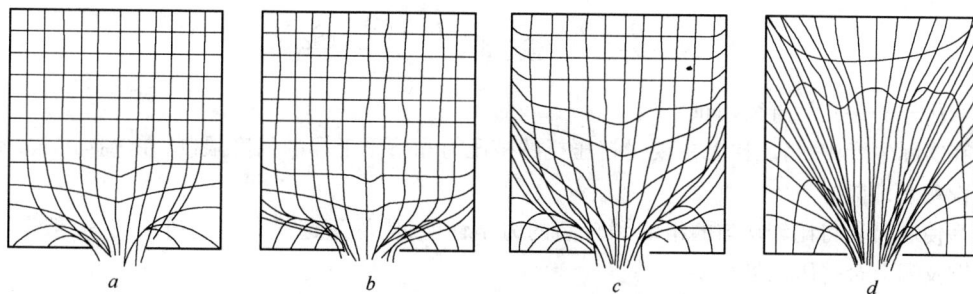

图 2-17 平模挤压棒材时金属流动的四种模式

a—模式 A；b—模式 B；c—模式 C；d—模式 D

（2）模式 B。在正向挤压时，若挤压筒壁与金属锭坯间的摩擦阻力很小，则会获得此模式。金属流动比较均匀，因此不易产生中心缩尾和环形缩尾。如紫铜、H96、锡磷青铜属于该种类型。

（3）模式 C。挤压工具对金属流动摩擦阻力较大时，会得到此流动模式。金属流动不均匀，在挤压后期会产生不太长的挤压缩尾。如 α 黄铜、白铜、镍合金等属于这种类型。

（4）模式 D。当挤压工具对金属流动摩擦阻力很大，金属或合金的高温变形抗力较低，且锭坯内外温差又很明显时，金属流动很不均匀，会获得此种流动模式。如 α + β 黄铜（HPb59-1，H62）、铝青铜等，属于这种类型。

2.4 挤压参数及挤压力

2.4.1 挤压参数

挤压过程中的变形参数主要有挤压比和变形程度，它们反映了挤压过程中金属变形量的大小，对选择合理的挤压工艺有着重要的意义。

2.4.1.1 挤压比

挤压比又称挤压系数，指挤压筒的断面积与挤压后制品断面积的总和之比，用 λ 表示：

$$\lambda = \frac{F_{\mathrm{t}}}{\sum F} \tag{2-1}$$

式中　　λ ——挤压比；

F_t——挤压筒的断面积，mm^2；

ΣF——挤压制品的总断面积，mm^2。

对于圆形挤压制品可采用下列简化公式进行挤压比计算；

圆棒：
$$\lambda = \frac{D_t^2}{nD^2} \tag{2-2}$$

圆管：
$$\lambda = \frac{(D_t - S_t)S_t}{(D - S)S} \tag{2-3}$$

式中　D_t——挤压筒直径，mm；

　　　D——挤压制品直径，mm；

　　　n——挤压制品根数或模孔个数；

　　　S——挤压制品厚度，mm；

　　　S_t——锭坯在挤压筒内经穿孔后环形断面的厚度，mm，其计算式为：

$$S_t = \frac{D_t - D_z}{2} \quad 或 \quad S_t = \frac{D_t - (D - 2S)}{2}$$

式中　D_z——穿孔针直径，mm。

在实际生产中，挤压比 λ 主要受挤压机的挤压力和挤压工具的强度限制，在选择 λ 时，不能超过设备允许能力。

为使制品获得比较均匀的组织和较高的力学性能，应尽量选择大些的挤压比，一般不小于10。铜及铜合金挤压比见表2-1。

表 2-1　铜及铜合金最大挤压比与常用挤压比

合金牌号	挤压温度/℃	最大挤压比	常用挤压比
紫　铜	750~920	400	10~200 T2 线坯 160
黄　铜	670~870	100~300	5~50 H62 线坯 225
铅黄铜	550~680	300	5~50 HPb59-1 线坯 225
铝黄铜	640~800	75~250	5~45
锡黄铜	640~820	300	5~45
铝青铜	740~900	75~100	7~60
锡青铜	650~900	80~100	5~25
硅青铜	850~940	30	5~22
锡磷青铜	660~840	30	4~20
白　铜	900~1050	80~150	10~20
镍及镍合金	920~1200	玻璃润滑 200 石墨润滑 20	5~15
锌	140~250	200	

2.4.1.2　变形程度

变形程度又称加工率，它表示挤压筒的断面积与制品的断面积之差，再与挤压筒断面积之比的百分数，用 ε 表示：

$$\varepsilon = \frac{F_t - F}{F_t} \times 100\% \tag{2-4}$$

式中 ε——变形程度。

挤压圆形棒、管材可用下列简化公式：

圆棒：

$$\varepsilon = \frac{D_t^2 - nD^2}{D_t^2} \times 100\% \tag{2-5}$$

管材：

$$\varepsilon = \frac{(D_t^2 - D_z^2) - (D^2 - D_z^2)}{D_t^2 - D_z^2} \times 100\% \tag{2-6}$$

挤压比与变形程度之间存在如下关系：

$$\lambda = \frac{1}{1 - \varepsilon}$$

$$\varepsilon = \frac{\lambda - 1}{\lambda} \times 100\%$$

在实际生产中，为保证挤压制品横断面上内外层的组织和力学性能均匀一致。其变形程度一般都取90%以上，即$\lambda \geq 10$，而对于需二次挤压的坯料可不受此限制。

2.4.1.3 坯锭直径的确定

挤压棒材的锭坯直径：

$$D_0 = D\sqrt{\lambda n} - \Delta D \tag{2-7}$$

挤压管材的锭坯直径：

$$D_0 = \sqrt{\lambda(D^2 - d^2) + d^2} - \Delta D \tag{2-8}$$

式中 D_0——锭坯直径，mm；

D——挤压制品的外径，mm；

λ——挤压比；

n——模孔个数；

d——挤压制品的内径，mm；

ΔD——锭坯与挤压筒间隙，mm。

在确定锭坯直径时应该满足以下条件：

(1)锭坯直径能够保证变形程度大于90%，满足制品的组织和性能的要求；

(2)挤压力保证在设备允许的范围内；

(3)在挤压塑性差的合金和断面形状复杂的制品时，要保证制品的表面质量和尺寸精度。

在一些企业里，挤压筒直径和锭坯的直径均都已经系列化了，具体尺寸可参见表2-2。

表2-2 坯锭与挤压筒之间的间隙

合　金	挤压机的类型	挤压筒直径 D_t/mm	锭坯与挤压筒直径的间隙 ΔD/mm
铜及铜合金	卧　式	≤100	1~3
		100~300	5
		>300	10
	立　式	75~120	1.0~2

2.4.1.4　锭坯长度的确定

锭坯长度的确定可参见式 2-9：

$$L_0 = K\left(\frac{L + L_1 + L_2}{\lambda} + h\right) \tag{2-9}$$

式中　L_0——锭坯长度，mm；

L——制品长度，mm；

L_1、L_2——制品切头、尾长度，mm；

λ——挤压比；

h——压余厚度，mm；

K——挤压填充系数。

$$K = \frac{F_筒}{F_锭} = \frac{D_1^2}{D_0^2}$$

在实际生产中，锭坯长度的确定还应考虑切定尺和倍尺的锯口裕量、挤压管材时的料头长度等。对于不定尺产品，为提高成品率，根据设备能力和制品规格，可选用已经规格化的常用锭坯，一般不计算锭坯长度。原则上在设备能力许可、产品质量保证的前提下，尽可能采用长锭坯。一般正向挤压棒材 $L_锭 = (2.5 \sim 3)D_0$，管材 $L_锭 = (2 \sim 2.5)D_0$。反向挤压棒材时，锭坯长度可超过挤压筒直径 4 倍。

2.4.1.5　计算举例

[例 2-1]　在 2000 t 油压机上，一次挤压 5 根 ϕ12 mm 的 H68 黄铜棒，采用挤压筒的直径为 ϕ150 mm，试求其挤压比和变形程度。

解：已知　$D_t = 150$ mm，$D = 12$ mm。

求（1）挤压比

$$\lambda = \frac{D_t^2}{nD^2} = \frac{150^2}{5 \times 12^2} = 31.25$$

（2）变形程度

$$\varepsilon = \frac{\lambda - 1}{\lambda} \times 100\% = \frac{31.25 - 1}{31.25} \times 100\% = 96.8\%$$

[例 2-2]　在 3150 t 油压机上，挤压 ϕ67 mm × 7.5 mm 的紫铜管材，采用挤压筒的直径为 ϕ250 mm，试求挤压该产品时的挤压比和变形程度。

解：已知 $D_t = 250$ mm，$D = 67$ mm，$S = 7.5$ mm，$D_z = 52$ mm，$S_t = 99$ mm。

求（1）挤压比

$$\lambda = \frac{(D_t - S_t)S_t}{(D - S)S} = \frac{(250 - 99) \times 99}{(67 - 7.5) \times 7.5} = 33.5$$

（2）变形程度

$$\varepsilon = \frac{\lambda - 1}{\lambda} \times 100\% = \frac{33.5 - 1}{33.5} \times 100\% = 97\%$$

[例 2-3]　在 30 MN 油压机上，挤压规格为 ϕ80 mm × 10 mm × 12000 mm 的 TP2 紫铜管材，采用挤压筒的直径为 ϕ250 mm，试选择锭坯长度。（取切头、尾长度分别为 200 mm、300 mm，压余厚度为 30 mm）

解:已知$D_t = 250$ mm,$D = 80$ mm,$S = 10$ mm,$D_z = 60$ mm,

$S_t = 95$ mm,$L = 12000$ mm,$L_1 = 200$ mm,$L_2 = 300$ mm,$h = 30$ mm。

求(1)挤压比

$$\lambda = \frac{(D_t - S_t)S_t}{(D - S)S} = \frac{(250 - 95) \times 95}{(80 - 10) \times 10} = 21.04$$

(2)锭坯长度

$$L_0 = \left(\frac{L + L_1 + L_2}{\lambda} + h\right)K = \left(\frac{12000 + 200 + 300}{21.04} + 30\right) \times \frac{250^2}{245^2} = 649.07 \approx 650(\text{mm})$$

2.4.2 挤压力

挤压力就是通过挤压轴迫使金属流出模孔的力。挤压力是制定挤压工艺、选择和校核挤压机的能力和检验工具强度的重要依据。挤压力的大小随挤压行程而变化,可参见图2-13。

2.4.2.1 影响挤压力的因素

影响挤压力的因素主要有:挤压温度,变形程度,金属的变形抗力,锭坯与挤压工具接触表面上的摩擦状态,挤压模形状尺寸,模角,制品的断面形状,锭坯长度以及挤压方法等,如图2-18 ~ 图2-22所示。

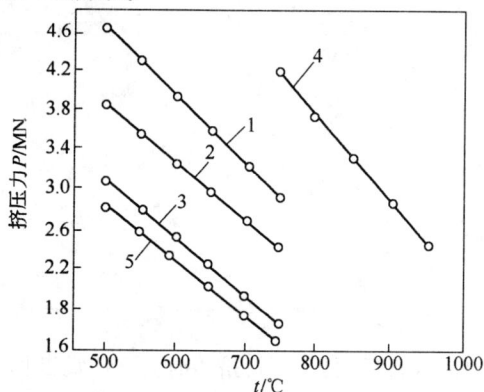

图2-18 不同温度下挤压时挤压力的变化
1—QSn4-0.3;2—H96;3—紫铜;4—B30;5—H62

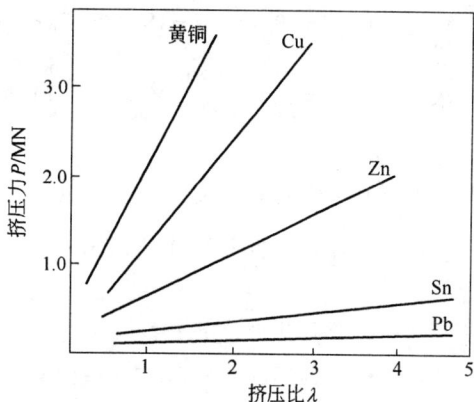

图2-19 变形程度对挤压力的影响

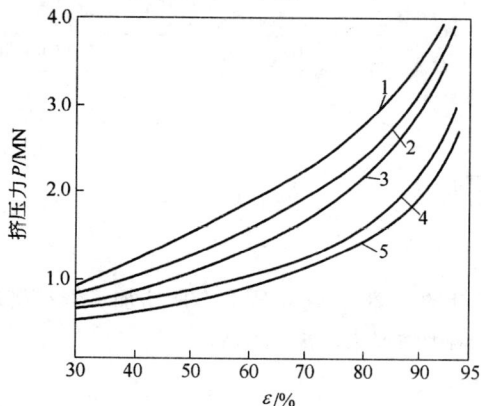

图2-20 加工率对挤压力的影响
1—QSn4-0.3;2—B30;3—H96;4—紫铜;5—H62

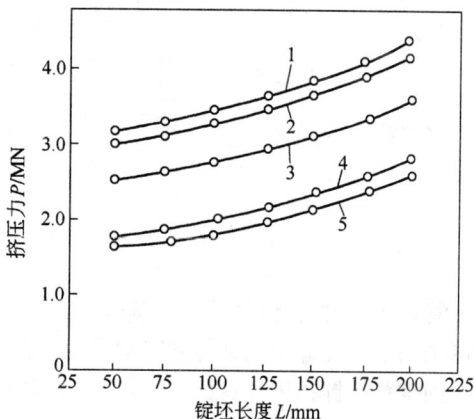

图2-21 锭坯长度对挤压力影响
1—QSn4-0.3;2—B30;3—H96;4—T2 ~ T4;5—H62

2.4.2.2　挤压力的简单计算

挤压力简单的计算方法很多。有简单估算的经验公式,有测量张力柱的弹性变形量的计算式和测量主缸液体压力的计算式。其中最简单可靠的方法是后者。在挤压机的操作台上,安装着测量主缸液体压力的压力表,压力表显示主缸的瞬时压力,利用这个压力可按下列公式计算瞬时挤压力:

$$P = \frac{N}{P_H} M \qquad (2\text{-}10)$$

式中　P——挤压力,MN;

　　　N——挤压机额定压力,MN;

　　　P_H——挤压机额定单位压力,MPa;

　　　M——挤压时压力表瞬时读数,MPa。

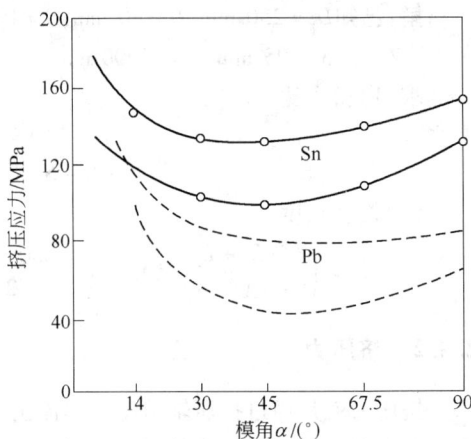

图 2-22　模角对挤压力的影响

[例 2-4]　在 30 MN 油压机上,挤压某种紫铜制品,主缸压力表指示压力为 18 MPa,高压液体的额定单位压力为 31.5 MPa,试求挤压该产品时的瞬时挤压力。

解:已知　$N = 30$ MN,$M = 18$ MPa,$P_H = 31.5$ MPa。

求　　　　$P = \dfrac{N}{P_H} M = \dfrac{30}{31.5} \times 18 = 17.14\,(\text{MN})$

2.4.2.3　挤压力计算公式

挤压力计算公式如式 2-11 所示:

$$P = P_j \times F_t \qquad (2\text{-}11)$$

式中　P_j——挤压应力,MPa;

　　　F_t——挤压筒断面积,mm²。棒型材挤压时为挤压筒断面积,管材挤压时为挤压筒断面积减去穿孔针断面积。

棒材单孔模挤压应力计算公式:

$$P_j = \left[\left(1 + \frac{1}{\sqrt{3}} \times \cot\alpha \right) \ln\lambda + \frac{2L_{定}}{D} + \frac{4}{\sqrt{3}} \times \frac{L_{锭}}{D_t} \right] \sigma_s \qquad (2\text{-}12)$$

多模孔、型材挤压应力计算公式:

$$P_j = \left[\left(1 + \frac{\sqrt[3]{a}}{\sqrt{3}} \times \cot\alpha \right) \ln\lambda + \frac{\sum L_{周} L_{定}}{2\sum f} + \frac{4}{\sqrt{3}} \times \frac{L_{锭}}{D_t} \right] \sigma_s \qquad (2\text{-}13)$$

管材挤压时,在棒材挤压的基础上,增加了穿孔针的摩擦力,使挤压力有所增加。管材挤压时可按固定穿孔针挤压管材和随动穿孔针挤压管材两种情况来考虑。

固定穿孔针挤压管材(瓶式针)时挤压应力计算公式:

$$P_j = \left[\left(1 + \frac{1}{\sqrt{3}} \times \cot\alpha \times \frac{\overline{D} + d}{\overline{D}} \right) \ln\lambda + \frac{2L_{定}}{D - d} + \frac{4}{\sqrt{3}} \times \frac{L_{锭}}{D_t - d'} \right] \sigma_s \qquad (2\text{-}14)$$

用随动穿孔针挤压管材时挤压应力计算公式：

$$P_{j} = \left[\left(1 + \frac{1}{\sqrt{3}} \times \cot\alpha \times \frac{\overline{D} + d}{\overline{D}} \right) \ln\lambda + \frac{2L_{定}}{D - d} + \frac{4}{\sqrt{3}} \times \frac{L_{锭} D_{t}}{D_{t}^{2} - d^{2}} \right] \sigma_{s} \quad (2-15)$$

式中 λ ——挤压比(挤压系数)；

     α ——模角，(°)；

    $L_{定}$ ——挤压模定径带长度，mm；

    $L_{锭}$ ——锭坯未变形部分长度，mm；

$$L_{锭} = L_{坯} - \frac{D_{t} - D}{2\tan\alpha}$$

    $L_{坯}$ ——镦粗后锭坯长度，mm；

    D_{t} ——挤压筒直径，mm；

    D ——挤压制品外径，mm；

    σ_{s} ——挤压坯料变形抗力，MPa；

    a ——经验系数；

$$a = \frac{\sum L_{周}}{1.13\pi \sqrt{\sum f}}$$

   $\sum L_{周}$ ——挤压制品的周长总和，mm；

   $\sum f$ ——挤压制品断面积总和，多孔模型材挤压时用 $\sqrt[3]{a}$ 来修正，根据实践经验进行检验校正；

    $\overline{D}$ ——变形区锭坯平均直径，mm；

$$\overline{D} = \frac{1}{2}(D_{t} + D)$$

    d ——挤压制品内径，mm；

    d' ——瓶式穿孔针针体直径，mm。

挤压力计算公式中金属变形抗力的确定。挤压力的变形抗力 σ_{s} 取决于坯料牌号、变形温度、变形速度。目前关于变形抗力与变形速度关系的资料较少，在实际应用中可用式2-16来近似确定变形抗力。

$$\sigma_{s} = n_{v}\sigma_{静} \quad (2-16)$$

式中 n_{v} ——变形速度系数，按图2-24确定；

    $\sigma_{静}$ ——变形温度下静态拉伸的屈服应力，可按表2-3、表2-4确定。

平均变形速度按式2-17计算：

$$\overline{\omega} = \frac{6\tan\alpha v_{挤} \varepsilon}{D_{t}\left(1 - \frac{1}{\lambda^{\frac{3}{2}}} \right)} \quad (2-17)$$

式中 $v_{挤}$ ——挤压速度，m/s；

    ε ——变形程度，%；

    D_{t} ——挤压筒直径，mm；

    λ ——挤压比。

铜及铜合金在不同温度下屈服强度 σ_s 的曲线如图 2-23 所示。

铜及铜合金的屈服强度 σ_s 值按表 2-3 确定,白铜、镍及镍合金的屈服强度 σ_s 值按表 2-4 确定。

变形速度系数 n_v 与变形温度、平均变形速度 $\bar{\omega}$ 的关系曲线见图 2-24。

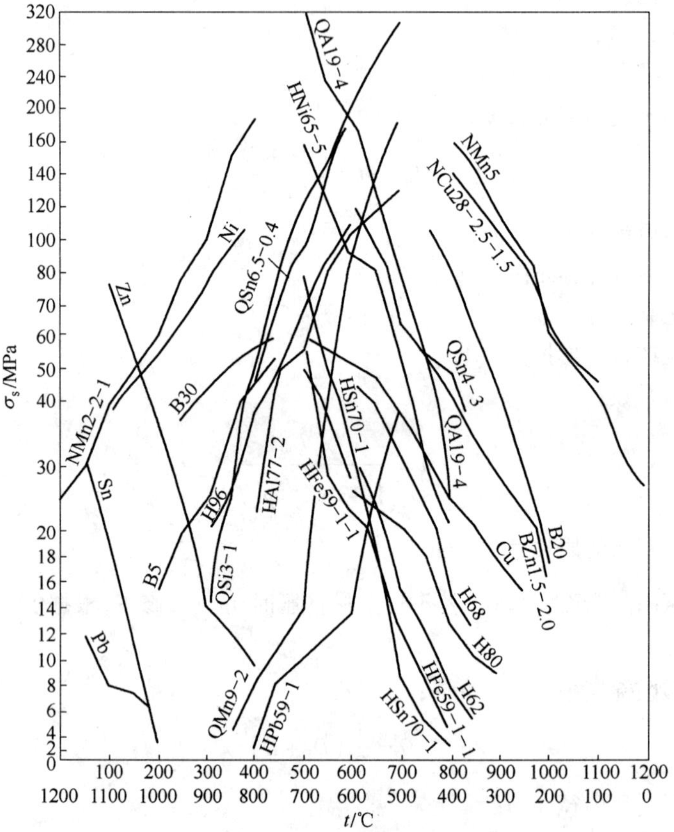

图 2-23　铜及铜合金在不同温度下屈服强度 σ_s 曲线

（图中横坐标 t 的下刻度适用于从左到右递增的曲线）

表 2-3　铜及铜合金的 σ_s 值　　　　　　　　（MPa）

合金牌号	变形温度/℃								
	500	550	600	650	700	750	800	850	900
铜	58.8	53.9	49.0	43.1	37.2	31.4	25.5	19.6	17.6
H96			107.8	81.3	63.7	49.0	36.3	25.5	18.1
H80	49.0	36.3	25.5	22.5	19.6	17.2	12.3	9.8	8.3
H68	53.9	49.0	44.1	39.2	34.3	29.4	24.5	19.6	
H62	78.4	58.8	34.3	29.4	26.5	23.5	19.6	14.7	
HPb59-1			19.6	16.7	14.7	12.7	10.8	8.8	
HSn70-1	80.4	49.0	29.4	17.6	7.8	4.9	2.9		
HFe59-1-1	58.8	27.4	21.6	17.6	11.8	7.8	3.9		

合金牌号	变形温度/℃								
	500	550	600	650	700	750	800	850	900
HNi65-5	156.8	117.6	88.2	78.4	49.0	29.4	19.6		
QAl9-2	173.5	137.2	88.2	38.2	13.7	10.8	8.2	3.9	
QAl9-4	323.4	225.4	176.4	127.4	78.4	49.0	23.5		
QAl10-3-1.5	215.6	156.8	117.6	68.6	49.0	29.4	14.7	11.8	7.8
QAl10-4-4	274.4	196.0	156.8	117.6	78.4	49.0	24.4	19.6	14.7
QBe2.0					98.0	58.8	39.2	34.3	
QSi1-3	303.8	245.0	196.0	147.0	117.6	78.4	49.0	24.5	11.8
QSi3-1			117.6	98.0	73.5	49.0	34.3	19.6	14.7
QSn4-0.3			147.0	127.4	107.8	88.2	68.6		
QSn4-3			121.5	92.1	62.7	52.9	46.1	31.4	
QSn6.5-0.4			196.0	176.4	156.8	137.2	117.6	35.3	
QCr0.5	245.0	176.4	156.8	137.2	117.6	68.6	58.8	39.2	19.6

表2-4 白铜、镍及镍合金 σ_s 值　　　　　　　　（MPa）

合金牌号	变形温度/℃								
	750	800	850	900	950	1000	1050	1100	1150
B5	53.9	44.1	34.3	24.5	19.6	14.7			
B20	101.9	78.9	57.8	41.7	27.4	16.7			
B30	58.8	54.9	50.0	42.7	36.3				
BZn15-20	53.4	40.7	32.8	27.4	22.5	15.7			
BFe5-1	73.5	49.0	34.3	24.5	19.6	14.7			
BFe30-1-1	78.4	58.8	47.0	36.3					
Ni		110.7	93.1	74.5	63.7	52.9	45.1	37.2	
NiMn2-2-1		186.2	147.0	98.0	78.4	58.8	49.0	39.2	29.4
NiMn5		156.8	137.2	107.8	88.2	58.8	49.0	39.2	29.4
NiCu28-2.5-1.5		142.1	119.6	99.0	80.4	61.7	50.0	39.2	

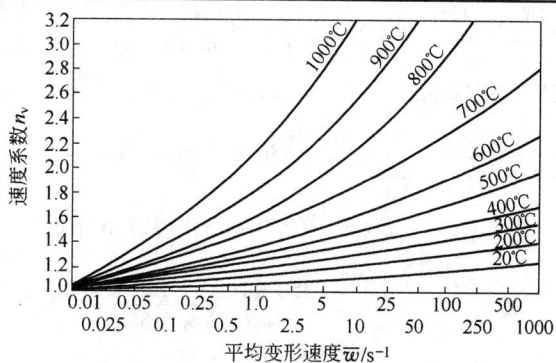

图2-24 铜及铜合金变形速度系数曲线

2.4.2.4 挤压力计算举例

[**例 2-5**] 采用单孔模挤压紫铜棒材,其规格为 $\phi 50$ mm,挤压筒直径为 $\phi 200$ mm,锭坯尺寸为 $\phi 195$ mm $\times 550$ mm,挤压温度为 $860℃$,挤压速度 45 mm/s,挤压模角 $60°$,挤压模工作带长度 8 mm,计算挤压力。

解:首先计算挤压应力 P_j(选用单孔模挤压棒材公式):

$$P_j = \left[\left(1 + \frac{1}{\sqrt{3}} \times \cot\alpha \right) \ln\lambda + \frac{2L_{定}}{D} + \frac{4}{\sqrt{3}} \times \frac{L_{锭}}{D_t} \right] \sigma_s$$

式中,$D_t = 200$ mm,$D = 50$ mm,$\alpha = 60°$,$L_{定} = 8$ mm,$L_{坯} = 523$ mm(锭坯充填后长度)。

$$L_{锭} = L_{坯} - \frac{D_t - D}{2\tan\alpha} = 523 - \frac{200 - 50}{2\tan 60°} = 479.7 (mm)(锭坯未变形部分长度)$$

计算挤压比:

$$\lambda = \frac{D_t^2}{D^2} = \frac{200^2}{50^2} = 16$$

计算变形程度:$\varepsilon = \frac{\lambda - 1}{\lambda} \times 100\% = \frac{16 - 1}{16} \times 100\% = 93.8\%$

计算平均变形速度:$\overline{\omega} = \frac{6\tan\alpha v_{挤} \varepsilon}{D_t \left(1 - \frac{1}{\lambda^{\frac{3}{2}}} \right)} = \frac{6 \times \tan 60° \times 45 \times 0.938}{200 \left(1 - \frac{1}{16^{\frac{3}{2}}} \right)} = 2.2$

根据 $t = 860℃$、$\overline{\omega} = 2.2$,查图 2-24 得速度系数 $n_v \approx 2.1$

查表 2-3 得 $\sigma_{静} = 19.8$ MPa

$$\sigma_s = n_v \sigma_{静} = 2.1 \times 19.8 = 41.58 (MPa)$$

将上述各参数代入式中:

$$P_j = \left[\left(1 + \frac{1}{\sqrt{3}} \times \cot 60° \right) \ln 16 + \frac{2 \times 8}{50} + \frac{4}{\sqrt{3}} \times \frac{479.7}{200} \right] \times 41.58 = 227.41 (MPa)$$

计算挤压力 P: $\quad P = P_j \times F_t = 227.41 \times \frac{\pi}{4} \times 200^2 = 7.14 (MN)$

[**例 2-6**] 在 30 MN 卧式正向油压机上采用水封挤压,生产规格为 $\phi 65$ mm $\times 7.5$ mm 的紫铜管材,采用挤压筒的直径为 $\phi 250$ mm,锭坯规格为 $\phi 245$ mm $\times 500$ mm,挤压温度为 $850℃$,挤压速度 $v_{挤} = 40$ mm/s,挤压模模角 $\alpha = 65°$,挤压模工作带长度 $L_{定} = 10$ mm,计算挤压力。

解:首先计算挤压应力 P_j(选用随动穿孔针挤压管材公式):

$$P_j = \left[\left(1 + \frac{1}{\sqrt{3}} \times \cot\alpha \times \frac{\overline{D} + d}{\overline{D}} \right) \ln\lambda + \frac{2L_{定}}{D - d} + \frac{4}{\sqrt{3}} \times \frac{L_{锭} D_t}{D_t^2 - d^2} \right] \sigma_s$$

式中,$D_t = 250$ mm,$D = 65$ mm,$d = 50$ mm,$L_{定} = 10$ mm,$\alpha = 65°$,$L_{坯} = 480$ mm(锭坯充填后长度)。

$$L_{锭} = L_{坯} - \frac{D_t - D}{2\tan\alpha} = 480 - \frac{250 - 65}{2\tan 65°} = 436.88 (mm)(锭坯未变形部分长度)$$

$$\overline{D} = \frac{1}{2}(D_t + D) = \frac{1}{2}(250 + 65) = 157.5 (mm)$$

计算挤压比: $\quad \lambda = \frac{(D_t - S_t) S_t}{(D - S) S} = \frac{(250 - 100) \times 100}{(65 - 7.5) \times 7.5} = 34.78$

计算变形程度: $\quad \varepsilon = \frac{\lambda - 1}{\lambda} \times 100\% = \frac{34.78 - 1}{34.78} \times 100\% = 97\%$

计算平均变形速度：$\overline{\omega} = \dfrac{6\tan\alpha v_{挤}\varepsilon}{D_t\left(1 - \dfrac{1}{\lambda^{\frac{3}{2}}}\right)} = \dfrac{6\times\tan65°\times40\times0.97}{250\left(1 - \dfrac{1}{34.78^{\frac{3}{2}}}\right)} = 2.01$

根据 $t = 850℃$、$\overline{\omega} = 2.01$，查图 2-24 得速度系数 $n_v \approx 2$。

查表 2-3 得 $\sigma_{静} = 19.6\ \text{MPa}$。

$$\sigma_s = n_v\sigma_{静} = 2\times19.6 = 39.2\,(\text{MPa})$$

将上述各参数代入式中：

$$P_j = \left[\left(1 + \frac{1}{\sqrt{3}}\times\cot65°\times\frac{157.5+50}{157.5}\right)\ln34.78 + \frac{2\times10}{65-50} + \frac{4}{\sqrt{3}}\times\frac{436.88\times250}{250^2-50^2}\right]\times39.2$$

$$= 405.8\,(\text{MPa})$$

计算挤压力 P：$P = P_j\times F_t = 405.8\times\dfrac{\pi}{4}\times(250^2 - 50^2) = 19.11\,(\text{MN})$

2.5 挤压工艺

2.5.1 挤压温度

铜及铜合金在室温下强度较高，如紫铜在常温下抗拉强度为 170 MPa，而加热到 750℃ 时便降低到 30 MPa，因此铜及铜合金在高温时具有较低的变形抗力和良好的塑性，能采用较大的变形程度进行塑性加工。挤压温度范围，应根据金属及合金的高温塑性图、再结晶图、相图等为依据，结合生产实际情况及设备性能而定，同时还要考虑如下几方面因素。

2.5.1.1 金属及合金的塑性

金属挤压应尽量考虑在高温塑性区范围内的温度条件下进行挤压，以免制品产生横向裂纹。同时还应考虑到金属及合金在高温下的表面性质，防止锭坯表面过度氧化和黏结。因此考虑挤压温度时，还需要考虑挤压机能力。在采用较低的挤压温度时，应该使用大吨位挤压机。

图 2-25 所示为铜及铜合金的高温塑性图。

2.5.1.2 挤压温度的上下限值

锭坯的加热温度一般是合金熔点的绝对温度的 0.7 ~ 0.9 倍，可以根据金属及合金熔点和该成分合金在相图上固相点的温度，确定挤压温度范围的上限，一般挤压温度的上限比该合金的熔点低 100℃ 以上。当加热温度接近熔点时，金属容易出现过热、过烧。过热使金属的晶粒过分长大，造成挤压后的制品晶粒粗大，金属强度偏低。过烧使金属晶粒之间的低熔点物质开始熔化，晶粒之间失去了联系，挤出的制品容易产生裂纹或断裂。所以应该避免挤压时的热脆性即过热过烧现象。

挤压温度的下限，应该考虑合金在高温时的良好塑性和较低的变形抗力。一般挤压温度的下限要比金属的再结晶温度高出 100℃ 以上，保证挤压终了温度在金属的再结晶温度以上。

2.5.1.3 在挤压温度范围内合金有相同的组织

对于在高温下易发生相变的合金，在选定的挤压温度范围内，合金不应发生组织改变，保证在选定的挤压温度下组织统一，否则会引起制品力学性能的差异。

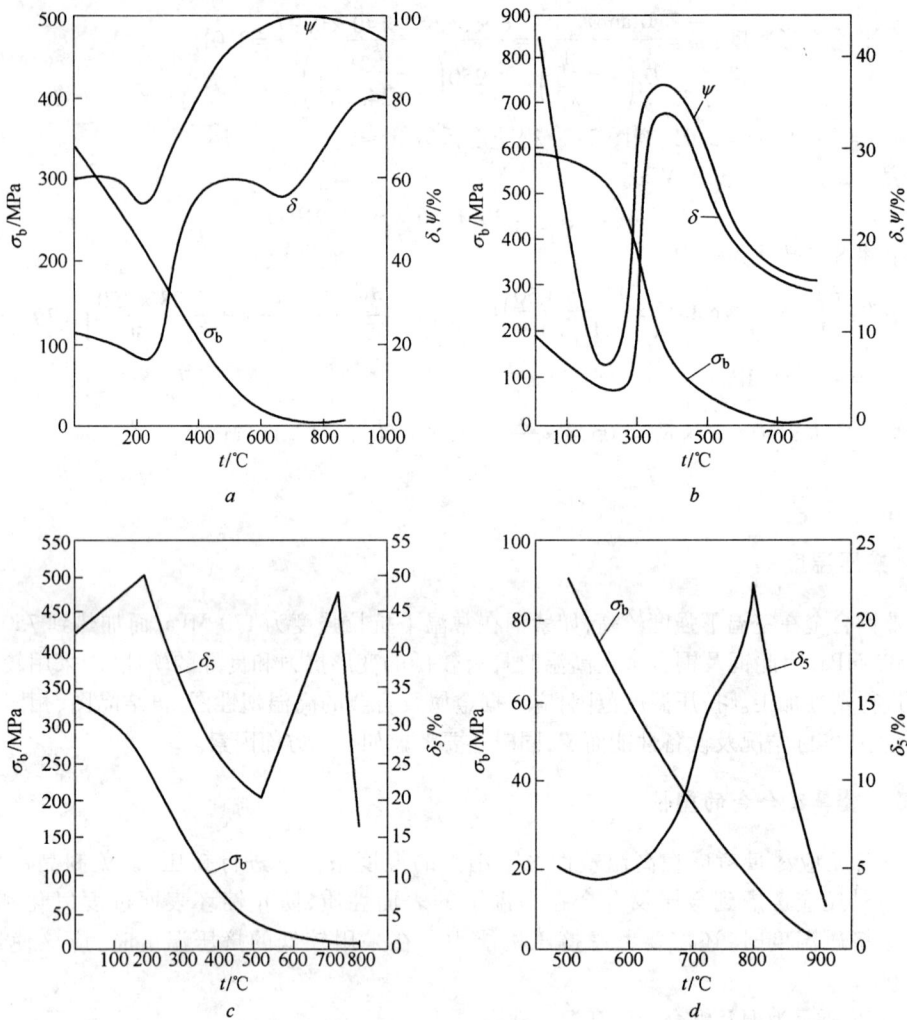

图 2-25　铜及铜合金的高温塑性图

a—铜高温塑性图；b—H62 高温塑性图；c—HPb59-1 高温塑性图；

d—HSn70-1 高温塑性图（半连续铸造圆锭）

2.5.1.4　挤压时的变形热

挤压时一次变形量很大，变形速度快，挤压时摩擦产生热量等，这些可以引起挤压过程中锭坯温度的升高，挤压变形热效应很大，金属在塑性变形时 90% ~ 95% 的变形能转化为热量。因此在制定加热温度时，尽量采用下限温度挤压。

2.5.1.5　金属及合金工艺性能和力学性能

金属及合金在不同温度下进行挤压，可以获得不同的力学性能，在选择挤压温度时，应保证挤压制品的力学性能符合标准或用户要求。某些金属及合金如紫铜、白铜等在高温下易氧化，铝青铜合金对工具的黏性会随温度的升高而增加，这些合金应尽量采用较低的温度挤压。某些合金在较高的温度下挤压会使缩尾太长，压余增加，如 HPb59-1 等。挤压黄铜时若温度太低，会使制品尾端形成条状组织。

在确定挤压温度时,除考虑上述因素外,制品形状、变形程度、工具的预热温度、润滑条件等,对挤压温度都有一定的影响。不同合金牌号的锭坯加热温度见表2-5。

表2-5 不同合金牌号锭坯的常用加热温度

合金牌号	加热温度/℃	合金牌号	加热温度/℃
锌	140~180	QMn5	770~840
HPb59-1	550~680	H96;BZn15-20	790~970
HMn58-2	560~630	QCr0.5;QCd1.0;QZr0.2	800~870
HMn57-3-1	580~670	QAl9-4;	800~890
HPb63-3;HAl60-1-1	600~670	QAl5;QAl7	
H59;HNi56-3	620~690	QAl10-4-4;QAl10-5-5;	820~910
H62;HSn62-1;HFe59-1-1	640~800	QNi65-5	
HAl59-3-2;HAl66-6-3-2	660~800	QSn4-3	770~860
QSn6.5-0.4;QSn6.5-0.1;	660~840	QSi1-3	850~940
QSn7-0.2;QSn4-0.3;QSi3-1		H80;H90;QAl13-3	840~940
QBe2.0;QBe2.5	710~810	B30;B10;	900~1050
H68;HSn70-1;HAl77-2	700~850	BFe30-1-1	
HSi80-3;QAl9-2;	740~840	BMn40-1.5	920~1100
QAl10-3-1.5;QSi3.5-3-1.5		N6	920~1250
紫铜	750~900	NCu28-2.5-1.5	950~1250

铜、镍及其合金的加热时间应根据其性质、导热系数、锭坯尺寸的大小来考虑。一般紫铜的导热性能好,可采用快速加热以减少氧化程度。铝青铜导热性能差,加热时间可适当长一些。锭坯加热时间的长短应该能够保证整个锭坯温度的均匀性。

2.5.2 挤压速度

挤压时的速度有两种,一种是主柱塞推动挤压轴的移动速度,称挤压速度,用 $v_{挤}$ 表示;另一种是金属流出模孔的速度用 $v_{流}$ 表示,二者之间的关系为:$v_{流} = \lambda v_{挤}$。挤压生产中一般都比较注重金属的流出速度,这是因为金属流出速度的范围取决于金属在挤压温度下的塑性,使挤压制品不产生裂纹,保证其制品质量。

确定挤压速度应考虑如下因素。

2.5.2.1 金属的高温塑性

金属的高温塑性区范围宽时,可以采用较高的流出速度,如紫铜高温塑性区范围宽,在600~900℃时均可顺利进行挤压,一般紫铜的挤压温度控制在800℃左右,采用快速挤压是不会出现质量问题的。因此纯金属的流出速度较合金的流出速度要高些。

金属在高温塑性区范围窄或存在低熔点成分时,其挤压流出速度必须控制。如锡磷青铜、HSn70-1、HAl77-2、QSi3-1等合金,高温塑性差,在挤压过程中,如果速度控制不当,将使变形热效应增大,金属变形区内产生过热过烧现象,在金属流出模口时,由于表面拉付应力的作用而产生制品表面裂纹。因此挤压时必须降低金属的流出速度,保证制品的表面质量。

2.5.2.2 金属的黏性

对于高温下黏性高的金属,挤压时应合理控制其流出速度。如铝青铜一类合金,高温时容易黏附挤压工具,挤压速度控制不当,会进一步加剧金属与工具之间的黏结,造成制品表面产生起刺、划伤等缺陷。另外,挤压黏性大的合金,流出速度过快会使不均匀变形进一步加剧,形成较长的挤压缩尾,降低制品的力学性能。

2.5.2.3　制品形状

金属的流出速度与制品形状有关,挤压复杂断面的制品,比挤压简单断面制品金属的流出速度要低一些,避免挤压过程中金属充不满模孔和局部产生较大的拉付应力,造成挤压制品产生纵向上的弯曲、扭拧和裂纹等缺陷。

挤压管材时金属的流出速度可以比挤压棒材高些,但在挤压大直径薄壁管材时,应该采用较低的挤压速度,对于同一种合金来说,较高温度下控制的流出速度比低温时低些。

2.5.2.4　挤压工具形状和温度

在其他条件相同的情况下,使用锥形模的挤压速度比平模高,使用锥形模挤压时金属变形平缓,产生的变形热少,在挤压高温塑性差的合金使用锥形模,有利于提高挤压速度。

挤压模的预热温度应控制在 300 ~ 350℃,温度高了会降低合金的挤压速度。挤压高温塑性差的合金希望挤压模温度低一些,使变形时金属的表面热被挤压模吸收并扩散出去。在先进的挤压技术中,采用液氮来强冷挤压模,这样做既可提高工具的使用寿命,又可以提高金属的流动速度。

2.5.2.5　设备能力限制

挤压速度受挤压机能力的制约。生产过程中挤压速度的提高,将使变形速度升高,金属的变形抗力增大,不允许挤压力超过设备能力。

确定挤压时实际的金属流出速度,可以在挤压温度已知的条件下,考虑挤压金属的特性、金属的变形抗力和塑性、挤压比等工艺参数和设备能力,来选择合理的挤压金属流出速度。一般挤压温度高,金属的流出速度慢;挤压温度低,金属的流出速度可适当增大;加工率大时挤压金属的流出速度可增大。生产中为保证生产效率,在保证挤压制品质量的前提下,一般都尽量采用较大的挤压速度。

铜及铜合金挤压金属的流出速度见表 2-6。

表 2-6　铜及铜合金正向挤压金属的流出速度

金属与合金	金属的流出速度/m·s^{-1}					
	$\lambda < 40$		$\lambda = 40 \sim 100$		$\lambda > 100$	
	管材	棒材	管材	棒材	管材	棒材
紫铜;无氧铜;H96	1 ~ 2	0.3 ~ 1.5	3 ~ 5	0.5 ~ 2.5	3 ~ 5	1 ~ 3.5
H90;H85;H80	0.2 ~ 0.8	0.2 ~ 1.0				
H62;HPb59-1;两相黄铜	0.7 ~ 0.8	0.4 ~ 1.5	2 ~ 4	0.6 ~ 3		1 ~ 4
QAl9-2;QCd1.0;QAl9-4;QCr0.5;QZr0.2;QAl10-3-1.5;QAl10-4-4	0.15 ~ 0.25	0.1 ~ 0.2	0.5 ~ 0.8	0.3 ~ 0.8		
QSi3-1;QBe2.0;QSi1-3;QBe2.5;QSn4-3		0.04 ~ 0.1	0.07 ~ 0.15			

金属与合金	金属的流出速度/m·s^{-1}					
	$\lambda < 40$		$\lambda = 40 \sim 100$		$\lambda > 100$	
	管材	棒材	管材	棒材	管材	棒材
QAl13-3		0.5 ~ 1.0		0.8 ~ 1.5		
BZn15-20	0.5 ~ 1.1	0.5 ~ 1.0	1 ~ 2	0.8 ~ 1.5		
H68;HSn70-1;HAl77-2	0.04 ~ 0.1		0.04 ~ 0.1			
QSn6.5-0.1;QSn7-0.2;QSn6.5-0.4;QSn4-0.3	0.03 ~ 0.06			0.06 ~ 0.12		
BFe30-1-1;B30;N6	0.3 ~ 1.2	0.3 ~ 1.2				
NCu28-2.5-1.5	0.3 ~ 1.0					

2.5.3　挤压润滑

挤压润滑的目的是减少金属与工具间的摩擦,降低挤压力,减少能耗,提高工具的使用寿命,在良好的润滑条件下,可以促使金属流动均匀,提高挤压制品组织的均匀性。从经济观点看,全润滑挤压使用的铸锭长度比一般情况长得多,提高了生产效率和成品率。

2.5.3.1　润滑剂应具有的特性

润滑剂应具有如下特性:

(1)应具有良好的隔热性能、抗氧化性能,对金属和挤压工具有一定的化学稳定性,以免腐蚀工具和变形金属表面。

(2)具有最大的活性,能均匀地附着在工具表面,形成完整连续的润滑层,并具有足够的抗压能力。

(3)具有一定的化学稳定性,具有较高的闪点和较少的灰分,减少对挤压制品内外表面的污染,保持良好的润滑状态。

(4)冷却性能好,对挤压工具有一定的冷却作用,提高金属流动的均匀性和工具的使用寿命。

(5)润滑剂本身产生的气体无毒、无刺激味,对人体和环境无有害作用,改善劳动环境。

(6)使用方便,价格低廉,成本低。

2.5.3.2　挤压常用的润滑剂

挤压常用的润滑剂包括以下几种:

(1)大多数铜及铜合金管、棒、型材的挤压,可采用45号机油加入20%~30%鳞片状石墨调制成的润滑剂;当挤压青铜和白铜时,可将鳞片状石墨含量增加至30%~40%,在冬季为增加润滑剂的流动性,可加入5%~9%的煤油予以稀释;夏季可加入适量的松香使石墨质点处于悬浮状。

(2)在卧式挤压机上,也常采用无毒石油沥青作为挤压工具的润滑剂。在立式小吨位挤压机上也可以采用轧钢机油加30%~40%的鳞片状石墨作为润滑剂,进行全润滑挤压。

(3)挤压高温、高强度合金时,如镍、镍铜合金(NCu28-2.5-1.5)等,可以采用玻璃润滑剂,即玻璃垫、玻璃粉、玻璃布等。

玻璃润滑剂的使用特点如下:

1)采用玻璃润滑可以成功的挤压高温金属,特别是带筋的管材、变断面型材和双金属管材。

2)可以提高挤压速度,一般可高达 10 m/s,有的铜合金其速度可以提高 10 倍左右。

3)用玻璃润滑挤压的制品尺寸精确,表面质量好,它的隔热性能好,可以防止表面冷却,避免横向裂纹产生。常用的润滑剂中含有 MoS_2,特别在挤压镍铜合金 NCu28-2.5-1.5 时,硫渗入易引起晶间破裂,用玻璃润滑可完全避免此缺陷。

4)可采用大挤压比,长锭坯挤压,提高生产率。

5)不腐蚀工具,又有隔热作用,可提高工具使用寿命。

6)可使周围环境清洁,大大改善劳动条件。

缺点是需要增加辅助设备,要求锭坯必须采用无氧加热,成本较高,玻璃从管材内部去除困难。

2.5.3.3　挤压润滑的工艺要求

挤压工具的润滑,要按照工具的润滑部位来选择适当的润滑剂。根据生产工艺要求进行润滑,可减少工具表面的干摩擦,提高挤压工具的使用寿命。

(1)穿孔针润滑。每挤压一根管材都要对穿孔针润滑一次,涂抹要均匀。首次使用新的穿孔针时,要用润滑剂涂抹针体表面,并用净布反复擦拭,确保针体充分润滑。

(2)挤压模润滑。挤压当中可选择性的对挤压模孔进行润滑。模孔润滑时,对于 H62、HPb59-1 等低温合金,涂层要薄而均匀,并且待工具表面润滑剂挥发后才能进行挤压,以免挤压制品产生气泡缺陷。

(3)挤压筒一般不润滑,但对难挤合金、高温、高强度合金有针对性选用合理的润滑剂来润滑挤压筒内壁,如石墨和玻璃润滑剂等。

(4)挤压垫片的润滑。对挤压垫片只润滑外圆部分,是为了减少摩擦和便于分离。但对垫片端面是绝对禁止润滑的,以免挤压缩尾增长。

(5)油质液体润滑剂使用在全润滑挤压时,可以用刷子将润滑剂涂抹在工具的表面。对不含石墨的液体润滑剂也可以用喷嘴喷涂均匀。

(6)润滑方法可以在净布上(石棉布),涂上润滑剂来擦拭挤压工具,也可以采用无毒的石油沥青直接润滑工具表面,还可以用刷子蘸着润滑剂涂抹在工具表面。润滑剂涂抹要均匀,特别是对挤压一些温度较低黄铜合金等,要求涂抹层要薄而均匀,防止出现挤压制品气泡、起皮等缺陷。

现代挤压机采用了喷涂式的自助润滑装置,可以对挤压筒、穿孔针、挤压模进行自动润滑。采用自动润滑装置的挤压机对润滑剂要求严格。润滑剂是半胶体状乳化石墨,在高温 850 ~ 1050℃时,对挤压工具有较好的润滑性、喷涂性和可清除性,不污染工作环境。如荷兰生产的 Dag563/Acheson 润滑剂,使用效果良好。

2.5.4　铜及铜合金的挤压

2.5.4.1　紫铜挤压

紫铜的导热性能好,可采用快速加热减少氧化程度,一般锭坯加热温度超过 650℃后,铜的氧化将剧烈增加,在 700 ~ 750℃范围内氧化程度将是 500℃的 4 ~ 6 倍,温度在 800 ~ 900℃时将增至 12 ~ 16 倍。因此,决定紫铜的挤压温度,可根据设备能力,尽量选择较低的温度挤压。加热紫铜不允许常开炉门或锭坯提前出炉。紫铜加热最好采用工频感应电炉加热,这样会大大降低氧化程度。

紫铜可以采用快速挤压,金属的流动速度可达 5 m/s,棒材的挤压速度稍低于管材。

紫铜一般要求采用平模挤压,以防止氧化皮压入。在挤压过程中要经常采用水冷和清理黏附在模子端面上的氧化皮,以及挤压筒中的残留铜皮,要逐根清理,否则会造成制品的皮下夹层和表面起皮,挤压大直径管材时尤其容易出现这类问题。紫铜管材生产可采用水封挤压,提高其制品表面质量。

2.5.4.2　黄铜挤压

适合于挤压的黄铜牌号很多,其工艺性能差异也很大,根据它们的高温变形抗力和塑性可分为如下三类:

(1)高温变形抗力大、塑性差的黄铜有 H90、H80、HSn70-1、HAl77-2、HNi56-3、HPb63-3 等。

(2)高温变形抗力小、塑性好的黄铜有 H62、HPb59-1、HSn62-1、HMn58-2、HFe59-1-1、HAl66-6-3-2 等。

(3)高温变形抗力适中,塑性好的黄铜有 H96。

单相 α 黄铜的高温塑性温度范围是 700~850℃,而两相 α + β 黄铜的高温塑性温度范围较宽为 500~850℃。因此 α 黄铜如 H68 可以在 700~825℃ 范围内挤压,而 α + β 黄铜一般在 650~850℃ 范围内挤压。如 HPb59-1 的挤压温度为 650~700℃,这种合金在较高温度下挤压缩尾较长,压余增加。挤压黄铜的温度不能太低,容易在制品尾部形成条状组织,引起性能不均匀。在高温变形抗力大、塑性差的黄铜,如 HSn70-1、HAl77-2,挤压这类合金必须严格控制锭坯温度和挤压速度,否则会产生制品的表面裂纹废品。

复杂黄铜中,添加元素对金属的工艺性能有一定的影响,如 α 黄铜中加入铅和锡,使其塑性温度范围大大变窄,但是铅和锡对两相黄铜的塑性温度范围影响却不大。

黄铜在高温下长时间加热会使晶粒迅速长大,因此,黄铜的加热保温时间不得过长,加热温度不应过高,过高会使挤压制品表面脱锌,经冷加工后易产生表面黑麻点缺陷。

2.5.4.3　青铜挤压

挤压加工的青铜可按添加元素分类有:铝青铜、硅青铜、锡青铜、镉青铜和铬青铜等。

铝青铜有较宽的塑性温度区间,热加工性能很好。但是,铝青铜的力学性能与温度有一定的关系,如 QAl10-3-1.5、QAl10-4-4 合金挤压温度低时,会出现制品硬度偏高的废品。如 QAl10-3-1.5、QAl9-2 挤压温度偏高时,会出现抗拉强度偏低的废品。铝青铜对工具的黏性较大,所以要求在生产时对挤压模、穿孔针必须进行很好的润滑。挤压大直径管棒材时,对挤压工具的预热温度应适当高一些,工具温度低会造成挤不动,制品表面起刺或制品内外表面划伤等。铝青铜的挤压缩尾较长,必须进行脱皮挤压或润滑挤压。

锡青铜和硅青铜的高温变形抗力较高,塑性较差。挤压这类合金时,必须严格控制锭坯的加热温度和挤压速度,否则会产生挤压裂纹。挤压锡青铜和硅青铜管材时,一般使用空心锭坯,空心锭坯的内孔比穿孔针直径大 1.5~5 mm。

2.5.4.4　白铜、镍及镍合金挤压

挤压加工白铜、镍及镍合金有:B10、B30、BFe30-1-1、BZn15-20、NCu28-2.5-1.5、N6 等。挤压这类合金时,金属的加热温度高(825~1250℃),变形抗力高,黏性大,因此,挤压这类合金难度较大。对镍及镍合金的挤压要使用玻璃润滑剂,锭坯必须在感应炉内加热,使用煤气炉加热的锭

坯表面会严重氧化。

挤压白铜时要选择好挤压工具,特别是挤压筒和挤压模。白铜挤压生产中,挤压工具磨损和变形很快,选择好工具材料,可提高工具的使用寿命和保证制品的质量。这类合金的管材挤压时,除白铜使用实心锭坯外,其余可使用空心锭坯。

2.5.4.5　铜及铜合金典型的挤压工艺

典型的管材挤压工艺见表2-7和表2-8。

表2-7　挤压管材工艺(一)

合　金	制品规格 (外径×壁厚) /mm×mm	锭坯规格 (直径×长度) /mm×mm	穿孔针 直径 /mm	挤压系数 λ	制品长度 /m
紫铜 H96、H62 HPb59-1 HPb63-0.1 HSn62-1 HFe59-1-1 HAl59-3-2 HAl66-6-3-2 HMn57-3-1 HMn58-2 QAl9-2 QAl9-4 QAl10-3-1.5 QAl10-4-4	(32~56)×3	145×(150~300)	26~50	62.5~31.5	6.2~7.6
	(26~98)×4	(145~195)×(150~300)	18~90	63~21.2	6.0~5.2
	(28~150)×5	(145~295)×(150~300)	18~140	48.2~24.3	4.6~5.8
	(30~172)×6	(145~295)×(150~300)	18~160	38.5~16.1	3.5~3.7
	(34~154)×7	(145~295)×(200~400)	20~140	29.2~17.2	3.9~5.8
	(40~146)×8	(145~295)×(200~400)	22~130	22.9~16.6	3.4~5.6
	(38~278)×9	(195~410)×(250~400)	20~260	33.6~11.3	6.3~3.6
	(38~300)×10	(145~410)×(200~400)	18~280	19.9~8.4	2.8~2.6
	(44~282)×11	(145~410)×(145~400)	22~260	15.1~9.1	3.5~2.8
	(54~284)×12	(195~410)×(350~500)	30~260	19.4~8.3	5.5~3.5
	(56~156)×13	(195~360)×(300~400)	30~130	17.5~16.3	4.2~5.2
	(58~288)×14	(195~410)×(300~500)	30~260	15.8~7.1	3.8~2.8
	(50~300)×15	(195~410)×(200~600)	20~270	18.9~6	2.8~2.9
	(60~246)×18	(245~410)×(300~600)	24~210	20.4~8.1	5.0~4.1
	(58~108)×18	(245~360)×(300~400)	20~70	20.9~19.6	5.2~6.2
	(60~300)×20	(245~410)×(245~600)	22~260	18.8~4.9	4.7~2.4
	(75~300)×25	(295~410)×(300~600)	25~250	17.5~4.1	4.0~2.0
	(91~140)×27	(295~360)×(400~600)	37~86	12.8~10.7	4.3~5.7
	112×29	360×500	54	13.9	5.6
	(100~300)×30	(360~410)×(400~600)	40~240	16.1~3.6	5.4~1.8
	104×32	360×400	40	14.8	4.7
	156×33	360×600	90	7.9	4.0
	153×34	360×600	85	8	4.1
	(125~300)×35	(360~410)×600	55~230	10.6~3.3	5.3~1.6
	(110~300)×40	(360~410)×600	30~220	11.4~3.0	4.6~1.5
	216×43	410×600	130	5.3	2.7
	(135~250)×45	(360~410)×600	45~160	8.3~4.1	4.1~2.0
	162×46	360×600	70	6.2	3.1
	(145~310)×50	(360~410)×(600~700)	45~210	7.0~2.5	3.5~1.5
	(170~300)×55	410×(600~700)	60~190	6.8~2.6	3.4~1.5
	(205~300)×60	410×600	85~180	4.9~2.5	2.4~1.2
	(260~300)×65	410×600	130~170	3.1~2.4	1.6~1.2
	(220~280)×70	410×600	80~140	4.0~2.6	2.0~1.3
	260×75	410×600	110	2.9	1.5

注:1. 对QAl9-2、QAl9-4、QAl10-3-1.5、QAl10-4-4几种合金生产管材最大内径为φ200 mm。φ420 mm挤压筒不生产,如表中为该挤压筒生产的规格,可改为锭坯直径为φ360 mm。管材内径在φ30 mm以下的挤压制品使用钻孔锭坯。

　　2. 铝青铜挤压锭坯长度可减短50 mm。

表2-8 挤压管材工艺(二)

合 金	制品规格 (外径×壁厚) /mm×mm	锭坯规格 (直径×长度) /mm×mm	穿孔针 直径 /mm	挤压系数 λ	制品长度 /m	备注
H80 H68 HSn70-1 HAl77-2 HSi80-3 B30 BFe30-1-1 B10	(100~120)×5	(195~245)×250	90~110	16.8~21.8	3.2~4.1	
	(55~165)×7.5	(195~295)×(250~300)	40~150	14.7~14.3	2.8~4.3	
	61×8	195×250	45	22.4	3.8	
	206×8	360×300	190	15.9	4.1	限于H80
	58×9	195×250	40	21.7	3.6	
	(60~100)×10	(195~245)×(250~300)	40~80	19.2~15.6	4.2~3.7	
	(115~130)×12.5	245×300	90~105	10.6~8.8	2.5~2.1	
	155×15	295×350	125	5.6	1.3	
	155×17.5	360×300	120	12.7	2.6	
	(130~145)×20	360×400	90~105	14.6~12.6	4.3~3.7	
	(240~280)×10	410×300	220~260	13.9~10.1	3.3~2.4	限于H80

注:φ195 mm锭坯仅限于25 MN以上挤压机生产,φ245 mm锭坯仅限于35 MN以上挤压机生产。

棒型材挤压工艺见表2-9~表2-11。

表2-9 挤制方棒、六角棒工艺

合 金	制品规格 外径 /mm	锭坯规格 (直径×长度) /mm×mm	模孔数 /个	方 棒		六角棒	
				挤压系数 λ	制品长度 /m	挤压系数 λ	制品长度 /m
紫铜 H62;HSn62-1 HPb59-1; HPb63-3 HMn58-2 HMn57-3-1 HFe59-1-1 HAl60-1-1 HAl66-6-3-2	10~11	145×200	6	29.5~24.3	4.3~3.5	34~28	4.9~4.1
	12~13	145×200	4	30.7~26.1	4.5~3.8	35.3~30.1	5.1~4.4
	14~21	(145~195)×200	3	30.0~23.8	4.4~3.5	34.6~27.5	5.0~4.1
	22~30	195×(200~300)	2	32.5~17.5	4.9~4.3	37.5~20.2	5.6~4.9
	31~50	195×(200~400)	1	32.7~12.6	4.9~4.3	37.7~14.6	5.6~4.9
	51~70	(245~295)×400	1	18.9~14.4	6.2~4.9	21.8~16.65	7.2~5.6
	75~100	360×(400~500)	1	19.1~10.8	6.1~4.4	22.0~12.5	7.0~5.1
	105~160	410×(500~600)	1	12.6~5.4	5.3~2.8	14.5~6.2	6.0~3.1

表2-10 挤制矩形棒工艺

合 金	制品规格 (宽×长) /mm×mm	锭坯规格 (直径×长度) /mm×mm	模孔数 /个	挤压系数 λ	制品长度/m
紫铜 H62 HPb59-1	(5.8~8.5)×(6.8~13.5)	145×(150~200)	6	74.6~25.6	7.5~3.8
	(10~12)×(14~18)	145×(200~300)	4	31.7~20.5	4.7~4.9
	15×25	145×300	2	23.7	5.7
	(19~20)×(27.5~32)	145×(250~300)	1	33.8~27.7	4.6~6.6
	(25~33)×(42~54)	195×(250~400)	1	30~17.7	5.7~6.0
	45×60	245×400	1	18.2	6.2
	60×80	295×500	1	14.7	6.2
	75×100	360×500	1	14.4	6.0

注:本表适用于15 MN以上挤压机。

表 2-11　挤压异形管、棒工艺

合金	名　　称	制品规格 /mm	锭坯规格（直径×长度）/mm×mm	挤压系数 λ	制品长度 /m	备注
T2	T 形棒	$B \times H$ 60×60	195×400	20	7.7	
		$B \times H$ 100×85	295×300	21.2	4.9	
		$B \times H$ 105×95	295×300	22.7	5.0	
H62 HPb59-1	槽形棒	$A \times B \times C$ 68×33×44	195×300	24.8	5.7	
		$A \times B \times C$ 92×44×68	195×400	18.2	5.8	
		$A \times B \times C$ 120×30×60	245×400	18.2	6.2	
T2	转子棒	$A \times B \times d$ 7×35×ϕ25	145×200	33	4.5	
T2	偏心管	长×宽/内径×壁厚 42×25/ϕ19×3 （辅助孔 ϕ28）	195/(ϕ33)×300	23.2	5.7	空心锭
		47×38/ϕ30×4 （辅助孔 ϕ24）	295/(ϕ55)×550	49.9	23.5	空心锭
T2	双孔管	长×宽×内径×壁厚 32×86×18×7	245/(2×ϕ33)×250	9.3	1.9	二孔空心锭

续表 2-11

合金	名　称	制品规格 /mm	锭坯规格（直径×长度）/mm×mm	挤压系数 λ	制品长度 /m	备注
H62	内筋管 （壁厚　φ　φ外圆）	外圆×壁厚×R 95×9.5×R9	245×400	14.6	4.9	
HPb59-1	外方内圆管	边长×边长×内径 36×36×φ26	145×250	22	4.1	
HPb59-1-1	外椭内圆管	长轴×短轴×内径 78×53×φ18	195/(φ33)×300	9.7	2.3	空心锭

注:1. 本表中挤压异形管采用瓶式针固定挤压。
　　2. 本表适用于 15 MN 以上的挤压机生产。

2.6　挤压制品的组织性能及质量控制

在金属挤压生产当中,锭坯质量的好坏,工艺参数的选择和工艺过程的控制、挤压工模具的选择不当等因素,都会导致挤压制品产生如下几方面的质量问题。

2.6.1　挤压制品内部组织和性能

2.6.1.1　挤压制品横断面上和长度方向上晶粒度的差异

通过对棒材高低倍组织观察,可以清楚地看到,在制品的横断面上,晶粒的破碎程度由中心向边缘层逐渐增大,在制品的长度方向上,晶粒的破碎程度由前端向后端逐渐增大。同时还可以看到,制品头部的晶粒基本上未发生塑性变形,仍保留铸造组织。引起这种制品组织不均匀的原因,主要是由于不均匀变形引起的。根据金属流动的特点分析可知,金属在挤压过程中,由于受到工具的摩擦阻力,造成金属的不均匀变形,才引起制品的组织不均匀。

这种变形与组织的不均匀,必然会引起制品的力学性能不均匀,造成挤压制品沿长度方向后端的强度高于前端,在横断面上周边层的强度高于中心层,伸长率的变化则相反。在实际生产中,我们应选择合理的挤压工艺参数,如采用较大的挤压比和变形程度,即 $\varepsilon > 90\%$, $\lambda \geqslant 10$,使变形深入到中心层,可以保证制品得到均匀的组织和性能。

2.6.1.2　制品的层状组织

制品折断后,呈现出与木质相似的断口,分层的断面凸凹不平,并带有裂纹,裂开部分界面清洁,具有金属光泽,分层方向与轴向平行,这种表现在制品长度上,由尾部向头部逐渐严重的缺陷,称层状组织。在挤压铝青铜 QAl10-3-1.5、QAl10-4-4 和含铅的黄铜 HPb59-1 合金中,容易产生这种层状组织。层状组织在制品的前端多于后端,因为制品后端受连续的冷却和摩擦作用,使金属晶粒受到较大的变形甚至破碎,从而破坏了杂质薄膜的完整性。因此,后端层状组织就较少。

层状组织产生的原因有两个,一是铸锭组织不均匀,晶粒过分粗大,锭坯内部存在有害杂质,在变形后形成杂质薄膜。二是锭坯内部存在大量的微气孔、缩孔、铸造裂纹等缺陷,在挤压后这些铸造缺陷沿挤压轴线方向被压扁、拉长所致。

防止和消除层状组织的措施:应该严格控制铸造组织,减少柱状晶区,扩大等轴晶粒区。严格控制晶间杂质,减少缩孔与组织疏松。如对铝青铜铸造时,适当控制结晶器高度(不超过200 mm),对铅黄铜,可以减小铸造时的冷却强度,以扩大等轴晶区,从而提高其产品质量。

2.6.2　挤压缩尾

在挤压后期的紊流阶段,由于金属流动的不均匀,促使在挤压制品的尾端形成一种特有的缺陷,此缺陷称为挤压缩尾。造成挤压缩尾的原因有:变形时金属流动的不均匀;锭坯的温度不均匀,即内层温度高于外层;锭坯表面质量不好;挤压筒表面不干净,有残留铜皮及润滑油污等;挤压末期速度太快;挤压垫片端面有油污等。

根据挤压缩尾的形状和位置可将其分为三种类型,即中心缩尾、环形缩尾和皮下缩尾,如图2-26 所示。

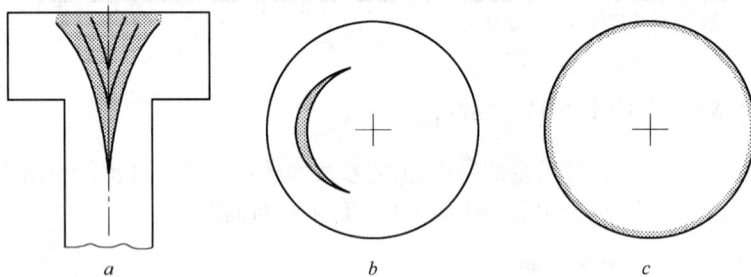

图 2-26　三种类型挤压缩尾形式示意图
a—中心缩尾;b—环形缩尾;c—皮下缩尾

2.6.2.1　中心缩尾

在挤压末期,锭坯中心形成漏斗状的空穴称为中心缩尾。中心缩尾是在挤压过程中,锭坯中心部分金属流速过快,到了挤压末期,中心层金属出现流量不足,而周边层金属流速慢,便开始沿垫片端面向中心做横向流动,以弥补中心流量不足的现象。这样便将锭坯表面的赃物、氧化皮等带入制品当中,形成了中心缩尾。这种缩尾一般不是很长,如图2-26a 所示。

2.6.2.2 环形缩尾

环形缩尾出现在制品横断面的中间部位,形状呈月牙形裂纹或连续的圆环,如图 2-26b 所示。环形缩尾产生是由于堆积在挤压筒和垫片交界角落处的金属脏物,如氧化皮、油污等沿难变形区的周围界面进入金属内部,分布在挤压制品的中间层,并形成环形或部分环形。在挤压黄铜、铝青铜合金时,锭坯表面温度低,清理挤压筒不及时或清理不干净,挤压筒温度偏低等,都会产生环形缩尾。这种缩尾一般延伸较长。

2.6.2.3 皮下缩尾

皮下缩尾出现在制品的表皮内,存在一层使金属径向不连续的圆环缺陷,如图 2-26c 所示。皮下缩尾形成是由于死区与金属塑性流动区界面因剧烈滑移,使金属受到剪切变形而断裂时,锭坯表面的氧化皮、润滑剂和脏物等沿着断裂面流出,同时锭坯剩余长度很小,死区金属也逐渐流出模孔而包覆在制品的表面上,形成了皮下缩尾。在热挤压铜及铜合金时,由于锭坯与挤压筒温差较大,死区金属受到冷却,塑性降低而产生断裂,在挤压过程中很容易产生皮下缩尾。如紫铜、锡青铜挤压时,易形成该种缩尾。这种缩尾在后续的冷加工过程中,会导致表面起皮和大块撕裂。

实际生产中,型材挤压与棒材挤压相比,型材不宜产生缩尾,管材挤压不会产生中心缩尾。另外,管材挤压产生环形缩尾和皮下缩尾的情况比棒材挤压要少。

2.6.2.4 减少和消除挤压缩尾的措施

减少和消除挤压缩尾的措施包括以下几点:

(1)在挤压结束必须留有压余。

(2)采用使金属流动均匀的措施,如挤压工具应干净、光洁;逐根清理挤压筒中残留的铜皮和脏物;保持按制度预热工具;锭坯的加热温度应均匀一致等等。

(3)采取合理的挤压方法,如采用脱皮挤压、反向挤压、润滑挤压等,要保证脱皮挤压后逐根清理干净挤压筒表面。

(4)对易产生缩尾的金属,在挤压末期,速度不易过快。对于黏性较大的金属,要控制加热温度不宜太高,避免黏结工具。

(5)禁止在挤压垫片端面涂抹润滑剂。

防止和消除挤压缩尾的根本措施是改善金属的流动,一切减少流动不均匀的措施,都有利于减少挤压缩尾。

2.6.3 制品的表面质量

挤压制品的表面质量缺陷主要有以下几个方面:挤压裂纹和撕裂缺陷;表面夹灰、压入质量缺陷;气泡、起皮和重皮缺陷;擦伤、划伤的质量缺陷等。

2.6.3.1 挤压裂纹和撕裂缺陷

挤压制品的裂纹主要有:表面裂纹、中心裂纹和型材的边部裂纹,通常称为周期性裂纹。裂纹产生的主要原因是金属流动不均匀,导致出现拉应力。如在挤压锡磷青铜、铍青铜、锡黄铜等合金时,制品表面易出现横向周期性裂纹,如图 2-27 所示。这些裂纹与合金品种、金属内部的应力状态、挤压温度、挤压速度有关。如挤压温度过高,超出了合金的塑性温度范围,使各晶粒之间失去原有的张力,便会使裂纹产生。若挤压速度过快,导致金属流动不均匀,越接近模口,内外层金属流速差越大,附加拉应力也越大。因此,制品在模孔出口处便形成了裂纹。

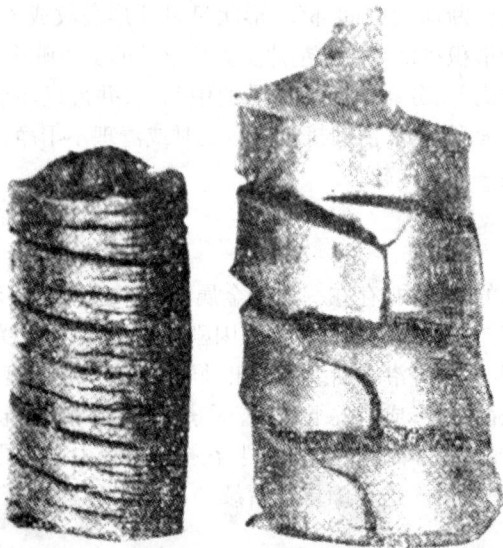

图 2-27　挤制 QSn6.5-0.1 棒的挤压裂纹

有些合金在高温下易黏结工具,可引起挤压制品头部出现裂纹。另外在充填挤压阶段,由于挤压温度过高,容易形成棒材头部开裂缺陷,如图 2-28 所示。这主要与充填挤压时的金属流动和受力特点有关。

图 2-28　挤制 BAl13-3 棒头部开裂

针对挤压裂纹产生的原因,可采取以下工艺措施加以防范:制定合理的挤压温度、速度规程;增强变形区内主应力强度(即增大挤压比);增大挤压模工作带长度;型材挤压时可采用阻碍角和增加附加模孔,使金属流动均匀一致;对挤压工具进行合理预热;采用新的挤压技术,如冷挤压、润滑挤压、等温挤压等。

2.6.3.2　表面夹灰、压入质量缺陷

由于金属锭坯加热过程中严重氧化,锭坯铸造中的缺陷和表面不清洁,脱皮挤压时的脱皮不

完整,挤压筒内残留铜皮和脏物等,都会造成挤压制品的夹灰和压入质量缺陷。夹灰和压入的缺陷形式如图2-29所示。

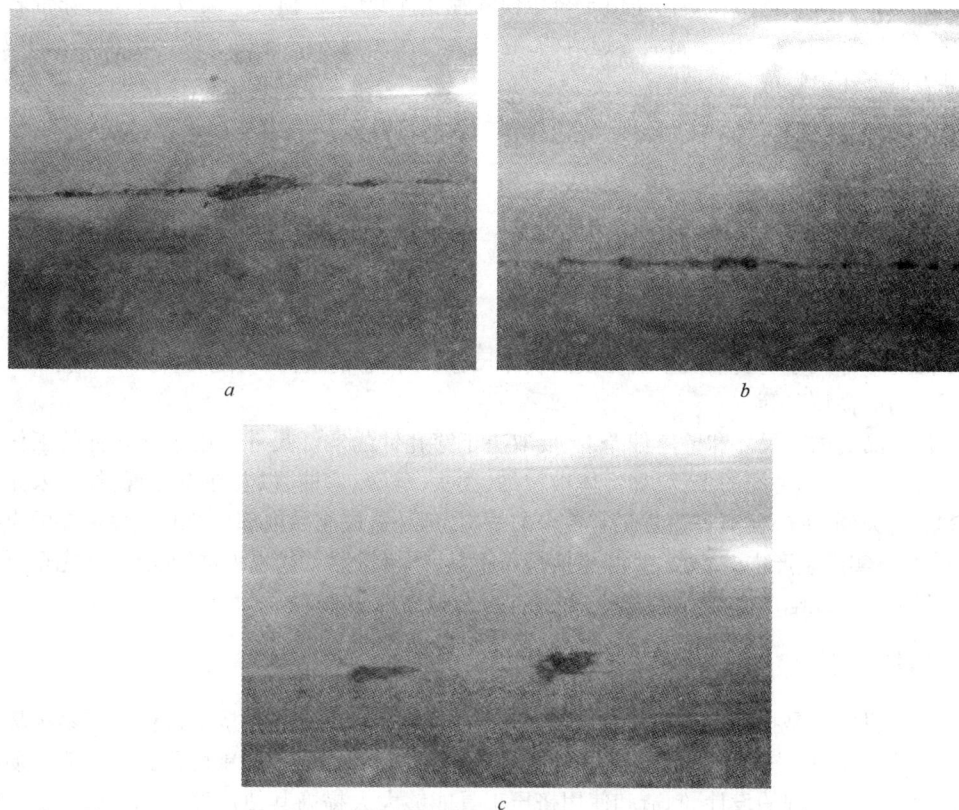

图2-29 挤压制品夹灰和压入的缺陷形式

a,*b*—夹灰;*c*—压入

防范表面夹灰、压入质量缺陷的措施有:严格控制锭坯表面质量,合格锭坯要严格管理,避免在地面上滚动;调整和控制好炉温,防止锭坯严重氧化。现代加热设备已采用气体保护的加热方式来减少锭坯加热过程中的氧化。

2.6.3.3 气泡、起皮和重皮缺陷

挤压制品表面气泡的主要原因是锭坯内部有脏物、气孔、砂眼裂纹等,在挤压过程中不能焊合,便会形成表面气泡。另外挤压筒和穿孔针表面不光洁、粘有铜皮和裂纹、润滑剂过量、筒和针的温度较低、冷却水过多形成气体等,都可使制品表面产生气泡。

挤压过程中,浅表下的气泡被拉破,就形成了制品表面起皮缺陷。另外,由于挤压筒内残留铜皮和脏物过多,脱皮不完整等,在下一根制品挤压中,脏物或残留的铜皮便附着在表面被挤出模孔,形成挤压制品表面重皮缺陷。

根据上述缺陷产生的原因,结合生产实际情况,采取相应的工艺措施,严格遵守工艺规程制度,精心操作,完全可以减少或消除气泡、起皮和重皮的质量缺陷。

2.6.3.4　擦伤、划伤的质量缺陷

挤压制品表面的擦伤和划伤是由于挤压模和穿孔针变形、磨损或有裂纹,以及工作带表面粘铜,导路及受料台上有冷硬金属渣等造成的,它们会在制品内外表面留下纵向沟槽或细小划痕,使制品表面存在肉眼可见的缺陷。

减少擦划伤的措施有:在生产前应及时检查模具,穿孔针是否有裂纹、磨损、粘铜等,并及时更换、修磨或进行修理,还要进行良好的润滑。检查导路、受料台以及辊道等是否清洁,保持光滑的工作表面。

2.6.4　制品的尺寸公差

挤压制品的尺寸公差主要取决于制品的外部尺寸、内部尺寸、壁厚和长度尺寸是否符合标准。制品的外部尺寸主要取决于挤压模的实际尺寸,即模子的设计、装配、选材、预热温度以及生产使用中的磨损情况等。

挤压制品的内部尺寸和壁厚偏差,主要取决于穿孔针的实际尺寸。由于穿孔针的工作条件恶劣,是极易损坏和磨损的工具,如针体被拉细、秃头、劈裂、弯曲,以及在挤压管材时,未充填便穿孔和设备失调、中心偏离等违背工艺要求的情况,都是造成制品内部尺寸和壁厚偏差的直接原因。因此,在实际生产中,及时检查和更换挤压工具,严格按照工艺规程进行操作,是完全可以避免制品尺寸超差缺陷产生的。

2.7　挤压工具

挤压工具一般是指那些与挤压锭坯产生塑性变形直接有关,并在挤压过程中容易损坏而需要经常更换的工具。挤压工具在生产中起到保证挤压制品形状、尺寸、精度及其内外表面质量的重要作用。因此合理的设计、制造和使用挤压工具能够大大提高其使用寿命,对提高生产效率,降低生产成本有着十分重要的意义。

2.7.1　挤压工具的种类

根据挤压设备的结构、用途和生产制品的类别不同,挤压工具的结构形式也不一样。在挤压生产中,挤压工具通常分为三种类型:大型挤压工具、易损工具、辅助工具。

2.7.1.1　大型挤压工具

大型挤压工具的特点是质量重,体积大,加工困难,造价比较高,通用性强,使用寿命较长,生产中不常更换。这些工具包括挤压筒、挤压轴、针支承、滑动式模座等。

2.7.1.2　易损工具

易损工具经常与高温金属接触,工作条件恶劣,容易损坏,消耗量较大。生产中需要经常检查、修理及更换。这类工具包括挤压模、穿孔针(或芯棒)、挤压筒内衬、挤压垫片等。

2.7.1.3　辅助工具

辅助工具包括模支承、连接器、过渡套、紧定垫、导路等。这类工具的工作条件比易损工具要好一些。不需要经常更换。

2.7.2 挤压工具的工作条件

挤压过程中,挤压工具的工作条件是十分恶劣的,它们长时间的承受高温、高压和强摩擦,以及急冷、急热交变作用。如何提高它们的使用寿命,正确使用和维护是很重要的。

(1)承受长时间的高温作用。在挤压铜及铜合金制品时,金属锭坯的温度一般在550～950℃。挤压镍及镍合金时,可以达1250℃,挤压工具与金属接触表面瞬时可以达到600℃以上,加上挤压过程中由于摩擦生热与变形功热效应产生的温升等,容易降低工具材料的强度,加速其破损程度。因此,要求工具材料不但要有足够的高温强度,还要有良好的导热能力。

(2)承受长时间的高压作用。挤压工具不但在高温下还要在承受很高的单位压力下进行工作,一般可达1000 MPa以上。挤压难变形的铜镍及其合金时,承受的单位压力可达1500 MPa以上。同时作用力的方向和大小不断改变,挤压工具承受着巨大的冲击载荷。因此,要求工具有足够高的韧性。

(3)承受强烈的摩擦作用。在高温下有些金属与合金对工具的黏性很大,金属在流动时对工具表面产生强烈的摩擦,使工具受损而变形。因此要求挤压工具要具有足够的硬度和耐磨性能。

(4)承受急冷和急热作用。在挤压时,挤压模、穿孔针、挤压垫片等直接与高温锭坯接触,尤其是穿孔针被高温金属环抱,温度迅速升高,挤压之后需要人工进行强制冷却,这样反复的进行急热和急冷作用使工具内部产生较大的冷热应力,极易产生疲劳损坏。因此,要求挤压工具应具有良好的耐急冷、急热性能。

2.7.3 几种主要挤压工具

2.7.3.1 挤压模

挤压模是用来确定挤压制品外部尺寸、形状及影响外表面质量的重要挤压工具,它的结构形式、各部分的尺寸、材质和热处理方法等,对挤压力、金属流动的均匀性、挤压制品的尺寸精度和表面质量,以及使用寿命都有很大的影响。

挤压模可以按不同的特征进行分类。根据模孔的断面形状可以分为:平模、锥模、平锥模、双锥模、带圆角平模等,如图2-30所示。其中挤压铜及铜合金应用最多的是平模和锥模。根据模孔数目可分为:单孔模和多孔模。还可以根据挤压制品的品种分为:棒材模、管材模、普通实心型材模、壁板模和变断面型材模等。

A 圆形单孔模

a 模角

模角是指模子的轴线与其工作端面间所构的夹角,用 α 表示。它是挤压模最基本的参数之一。平模的模角 $\alpha = 90°$,多用于挤压高温塑性良好的金属和合金。采用平模挤压的特点是,能形成较大的死区,可以阻止锭坯的表面缺陷、氧化皮等流入到制品中去,获得优良的制品表面质量,所以平模在挤压生产中应用广泛。但平模所需的挤压力较大,特别是挤压高温和高强度合金时模孔易产生变形。

锥模的模角 $\alpha = 45° \sim 60°$,挤压铜及铜合金时一般取60°～65°最佳。锥模在实际生产中用于挤压管材较多,用于全润滑挤压、镍及镍合金的挤压等。使用锥模挤压,可使金属流动均匀,降低挤压力,延长模子的使用寿命。但从保证制品的质量来看,由于无法阻止锭坯表面的杂质流入,从而影响挤压制品质量。

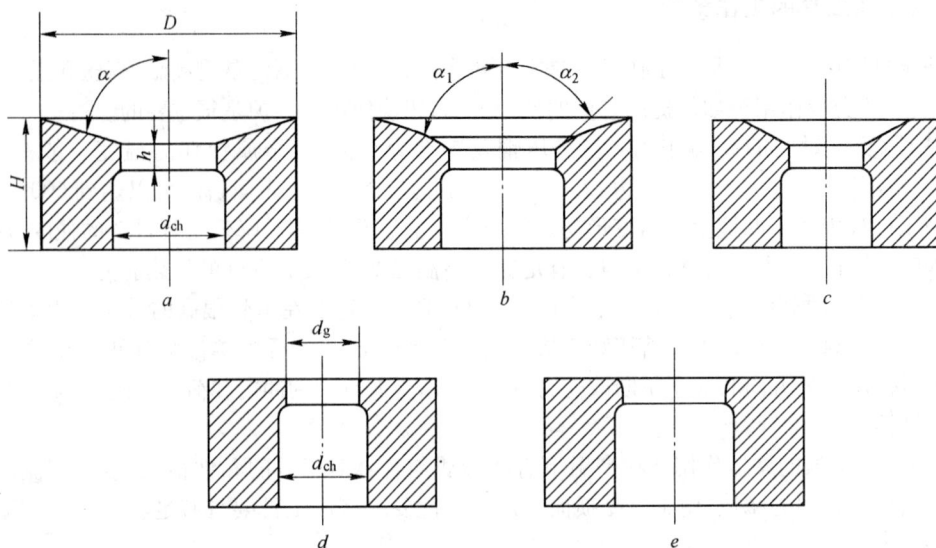

图 2-30　挤压模孔形状示意图

a—锥模;b—双锥模;c—平锥模;d—平模;e—带圆角平模

双锥模和平锥模兼顾了平模和锥模的优点,双锥模的模角 $\alpha_1 = 60° \sim 65°$,$\alpha_2 = 10° \sim 45°$。采用这种锥模挤压铜及铜合金可以提高模具的使用寿命。实际生产中挤压 B30、BFe30-1-1、HSn70-1、HAl77-2、H68 等合金管材中,双锥模的应用获得了较好的效果。

b　工作带直径

挤压时,模子的工作带直径与实际所挤出的制品直径(外径)是不相等的,因为模子的工作带直径与下列因素有关:

(1)挤压制品的合金种类、制品的名义尺寸、断面形状和公差范围,以及挤压制品各个部位的几何形状特点;

(2)挤压制品冷却时的线收缩量和挤压模预热时的线膨胀量,以及制品在矫直时的断面收缩量;

(3)挤压温度、挤压速度和压力等。在选择设计工作带直径 d_g 时,首先要保证制品在冷状态下不超过所规定的公差范围,同时又能最大限度地延长模子的使用寿命。

确定挤压模工作带直径用经验公式 2-18 和式 2-19:

挤压棒材:
$$d_g = Kd \tag{2-18}$$

挤压管材:
$$d_g = Kd + 0.04S \tag{2-19}$$

式中　d_g——挤压模工作带直径,mm;

　　　d——挤压制品名义直径,对于方棒为其边长,对于六角棒为其内切圆直径,mm;

　　　S——挤压管材时的壁厚,mm;

　　　K——模孔裕量系数,见表 2-12。

c　工作带长度

工作带又称为定径带,它的主要作用是稳定制品尺寸形状,保证制品的表面质量。模子工作带的长度主要根据挤压制品的断面尺寸和金属性质来确定。工作带长度过短,挤压时模子容易被磨损,造成制品尺寸超差,同时也容易出现压痕、椭圆、扭曲等质量缺陷。工作带过长,容易在

表 2-12 挤压模孔裕量系数

金属及合金	挤压模尺寸 d_g/mm	模孔裕量系数 K
含铜量不超过65%的黄铜	≤30	1.016 ~ 1.02
	>30	1.014 ~ 1.016
紫铜、青铜、含铜量大于65%的黄铜	≤30	1.018 ~ 1.022
	>30	1.017 ~ 1.02
白铜及镍合金		1.025 ~ 1.03

工作带上黏结金属,使制品表面上出现划伤、毛刺、麻面等质量缺陷,也会使挤压力升高。

根据生产经验,挤压紫铜、黄铜、青铜等合金时,工作带长度一般取 8 ~ 12 mm;挤压白铜、镍合金时,工作带长度一般取 5 ~ 10 mm;挤压黄铜合金线坯时,模孔工作带长度多在 3 ~ 6 mm。模孔工作带长度超过 20 mm 就没有实际意义,因为制品离开模子入口便开始收缩了。

d 入口圆角半径 r

模子的入口圆角半径 r 的作用是:防止低塑性合金在挤压时产生裂纹;减轻金属在进入工作带时所产生的非接触变形;减轻在高温挤压时模子的入口棱角被压颓而改变模孔的形状和尺寸。

模子入口圆角半径 r 的选取,与金属的强度、挤压温度和制品的尺寸有关。如挤压紫铜、黄铜时 $r = 2 ~ 5$ mm,挤压青铜、白铜时 $r = 4 ~ 8$ mm,挤压镍合金时 $r = 10 ~ 15$ mm。

e 出口直径 d_{ch}

模孔的出口直径 d_{ch} 一般比工作带直径大 4 ~ 5 mm,出口直径过小会划伤制品,过大会影响工作带的强度。工作带与出口直径之间可采用45°过渡。$d_{ch} = d_g + (4 ~ 5)$ mm。

f 模子的外形尺寸

模子的外圆直径 D 和厚度 H 必须保证模子在使用中具有足够的强度。一般挤压模的外圆最大直径 D 等于挤压筒内径的 0.8 ~ 0.85 倍;模子厚度一般取 20 ~ 100 mm,挤压机能力大的取上限。

为了安装方便,在卧式挤压机上常用带正锥和倒锥的两种外形结构,如图 2-31 所示。带正锥的挤压模安装时顺着挤压方向放入模支承中,一般锥度为 1°30′ ~ 4°。带倒锥的挤压模安装时逆着挤压方向装入模支承中,锥度为 3° ~ 10°,一般取 6°。

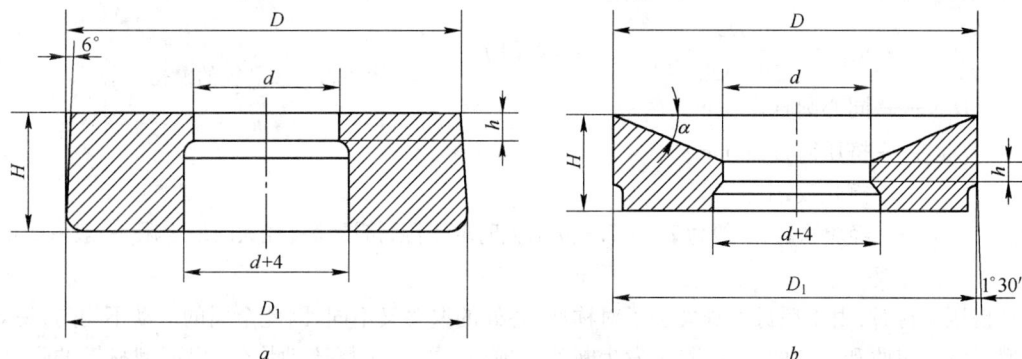

图 2-31 卧式挤压机上的两种模子外形结构
a—带倒锥挤压模;b—带正锥挤压模

B　多孔模

多孔模是指在一个模子断面上设置两个及两个以上模孔的挤压模。主要用于生产小直径棒材和形状简单的小断面型材。在挤压断面较复杂的型材时,为使金属流动均匀,也常采用多孔模挤压。

a　模孔数目

多孔模的孔数一般在 8 个以下,但常采用 4 ~ 6 个孔。因为模孔数目越多,制品出模孔后相互扭拧和擦伤也越多,导致操作困难和废品增多。确定模孔数目,还要考虑模子的强度、挤压筒和制品的断面面积、挤压产品的力学性能要求、挤压机能力和延伸系数等。模孔数目可按式 2-20 确定:

$$n = \frac{F_{筒}}{\lambda F_{制}} \qquad\qquad (2\text{-}20)$$

式中　　n ——模孔数,个;

　　　　$F_{筒}$——挤压筒断面面积,mm^2;

　　　　$F_{制}$——单根制品的断面面积,mm^2;

　　　　λ ——多孔模挤压时的挤压比。

b　模孔布置

模孔的合理布置主要考虑:金属流出模孔的速度尽量相等,否则在挤压时会使多个模孔流出的制品长短不齐,增加金属废料。在设计多孔模时,不宜将模孔过分地靠近边缘或中心。过分靠近边缘会降低模子强度和导致死区金属过早流动,恶化制品表面质量,出现起皮、分层等缺陷。若过分靠近中心,挤压过程中会使锭坯的中心部分金属流量不足,造成挤压缩尾过长,有时会出现内侧裂纹。为使每个模孔中的金属流速相等,应将模孔布置在一个同心圆上,各模孔的直径相等,间距相等,呈对称排列。如图 2-32 所示。多孔模的同心圆直径 $D_{同心}$ 与挤压筒直径 $D_{筒}$ 之间的关系可按式 2-21 确定:

$$D_{同心} = \frac{D_{筒}}{a - 0.1(n-2)} \qquad (2\text{-}21)$$

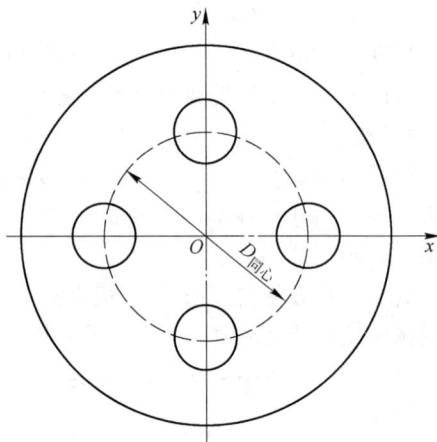

图 2-32　多孔模的模孔示意图

式中　　$D_{同心}$——同心圆直径,mm;

　　　　$D_{筒}$——挤压筒直径,mm;

　　　　n ——模孔数,个;

　　　　a ——经验系数,一般为 2.5 ~ 2.8,n 值大时取下限,挤压筒直径大时取上限,一般取 2.6。

C　型材模

挤压型材时,由于型材本身失去了对称性,各处的壁厚又不同,因此金属的流动不均匀,易导致型材发生扭曲和尺寸的改变,甚至发生断裂等现象。为使金属流动均匀,保证型材模的强度,在设计布置模孔时应采取以下措施:

(1)合理布置模孔。当型材断面有两个对称轴时,通常布置一个模孔,并且将型材断面的重心与模孔中心重合。当型材的对称轴只有一个或没有,且壁厚不均匀时,必须将型材的重心对模孔中心做一定的偏移,使难流动的部分靠近模孔中心,如图 2-33 所示。虚线的位置是不正确的,应该按实线位置来布置模孔,把难流动的壁薄部分向中心偏移一些。

（2）采用不等长的定径带。挤压模工作带对金属的流动起阻碍作用。工作带长,则使该处的摩擦阻力增大,迫使金属向阻力小的部分流动,达到均匀流动的目的。在设计上应该使型材断面厚处的工作带长度大于薄处的工作带长度,以调整金属的流速。一般模子工作带最短为 3 ~ 5 mm,工作带最长不超过 20 mm。

（3）采用阻碍角或促流角。对型材断面处厚度较大的部分,可以采用阻碍角的方法来减缓金属的流动,对于厚度较薄的部分可以采用促流角来增加金属的供给量,从而使整个模子断面上的金属流动均匀。

阻碍角即在型材模孔厚度大的工作带入口处加上一个小斜面,该斜面与模子中心线之间的夹角称为阻碍角。一般阻碍角为 3° ~ 9°,不得大于 15°,否则接近金属的自然流动角,不但不起阻碍作用,反而会起到促流作用。

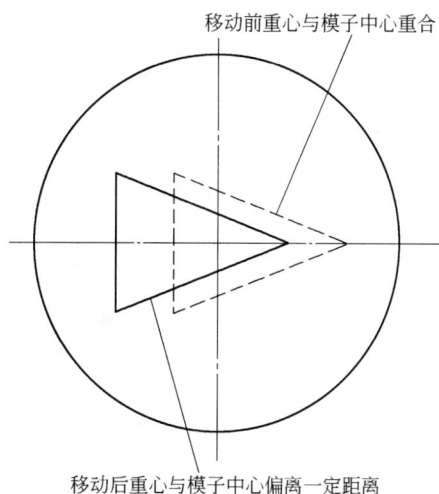

图 2-33 调整型材的重心位置示意图

促流角即倾斜于模子断面与模子轴线垂直面之间的夹角。促使金属由型材厚断面处向薄断面处流动,从而增加薄壁部分的金属供给量。促流角一般情况取 3° ~ 10°。阻碍角与促流角如图 2-34、图 2-35 所示。

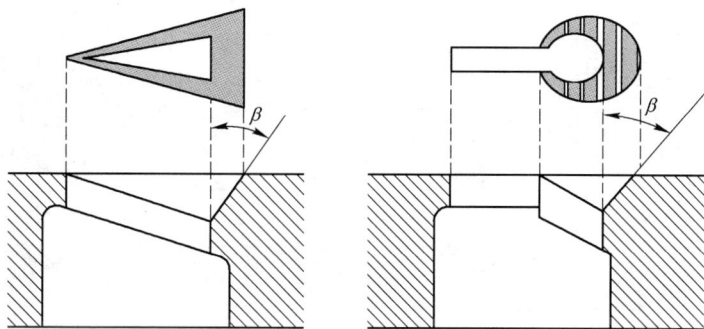

图 2-34 阻碍角示意图

（4）采用对称排列。对于非对称或对称面少的断面型材,可以采用多孔模合理配制模孔来解决金属流动不均匀和挤压型材扭曲等问题。还可以降低挤压比,提高生产效率。在布置模孔时,应将型材壁厚的部分布置在靠近模子的外缘,将壁薄的部分靠近模子中心。另外各模孔之间的间距一般在 15 ~ 50 mm 之间,如图 2-36 所示。

（5）采用平衡模孔。在挤压异形管材时,挤压模断面上只能布置一个模孔,为了增加金属流动的均匀性,保证挤压制品的尺寸和形状,可以加上一个或者两个挤压成棒材的平衡模孔。平衡模孔一般都设计成圆形,以利于从模孔中挤出制品。平衡模孔的直径和位置对穿孔针的位移有很大影响,设计时应当着重考虑。

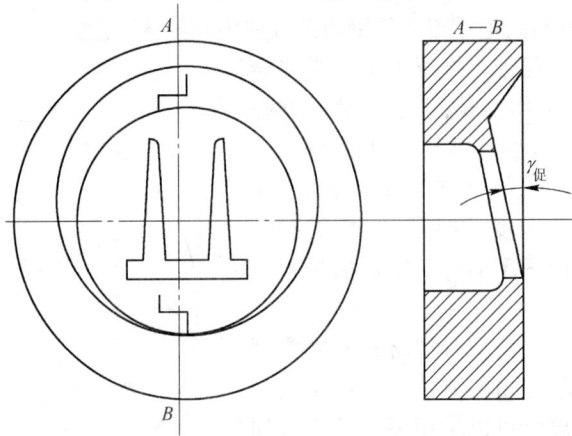

图 2-35　促流角示意图

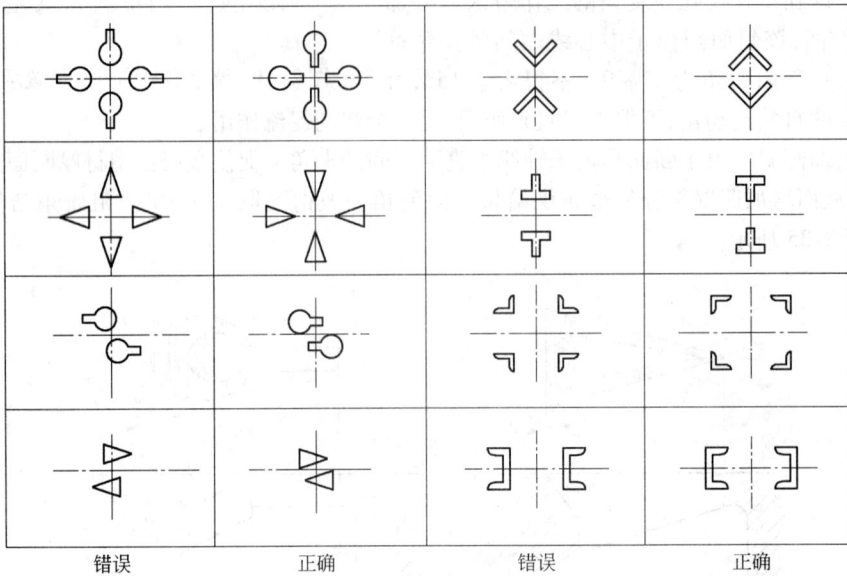

|错误|正确|错误|正确|

图 2-36　多模孔在模子上的合理布置

2.7.3.2　挤压筒

挤压筒是用来容纳加热后的锭坯,使其在内发生塑性变形的工具。挤压筒在工作时要承受高温、高压和强摩擦的作用,工作条件十分恶劣。为改善其受力条件,延长使用寿命,一般将挤压筒制作成两层、三层或三层以上的衬套,以过盈热配合组装在一起,这样可使筒壁中的应力分布均匀和降低应力的峰值。另外在内衬磨损或损坏后还可以更换,从而节省材料降低成本。

　A　挤压筒结构

挤压生产中大多使用两层或三层结构的挤压筒。挤压筒内衬套的外径可以是圆柱形的,也可以是带有一定锥度的圆锥形,或是台阶形,如图 2-37 所示。圆柱形挤压筒内衬加工方便,易测量尺寸,可以调头使用,提高使用寿命。因此圆柱形挤压筒使用广泛。但热装时不好找中心,更换内衬较困难。若公盈量选择不当,挤压闷车时,能将内衬带出。锥形挤压筒内衬更换方便,热装时可自动找中心,能克服内衬松动情况,但是加工难度有些大。带台阶形的内衬与圆柱形内衬相似,热装时可利用止口自动装配,可防止内衬被推出,但不可调头使用。

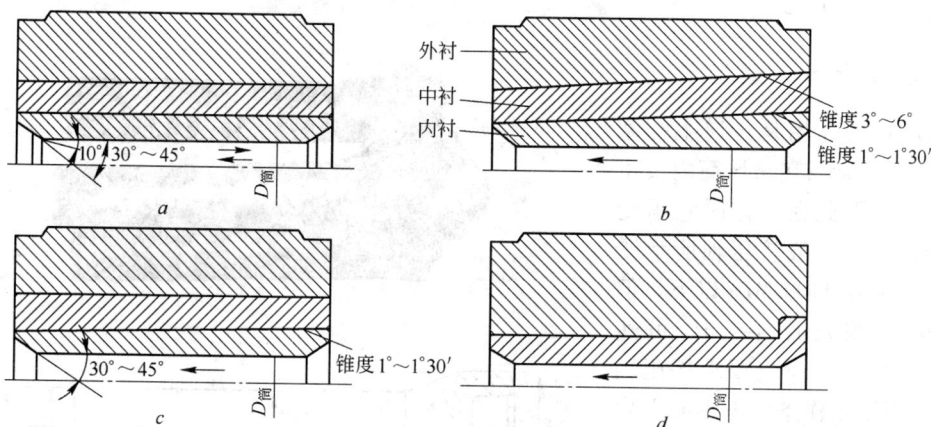

图 2-37 挤压筒衬套的配合方式

a—圆柱形内衬中衬;b—圆锥形内衬中衬;c—圆锥形内衬;d—带台阶的圆柱形内衬

B 挤压筒尺寸

挤压筒尺寸主要包括:挤压筒内径、挤压筒长度和各层衬套的厚度。

(1)挤压筒内径是根据挤压金属及合金的强度、挤压比和挤压机能力来确定的。挤压筒的最大内径应该保证作用在挤压垫片上的单位压力高于被挤压金属的变形抗力。挤压筒的最小内径还应保证挤压轴的强度。在考虑上述情况下,再根据产品品种、规格确定挤压筒的内径尺寸。

每台挤压机上通常都配有 2~4 个不同内径的挤压筒,以满足不同技术要求及合金牌号和不同尺寸规格的挤压制品的需要。

(2)挤压筒长度与挤压筒内径大小、被挤压金属的性能、挤压力大小、挤压机结构以及挤压轴强度等因素有关。筒越长,采用的锭坯也越长,可提高生产效率和成品率。挤压筒长度可按式2-22 计算:

$$L_筒 = (L_{最大} + L) + t + H_厚 \qquad (2-22)$$

式中 $L_筒$ ——挤压筒长度,mm;

$L_{最大}$ ——锭坯最大长度,mm,对挤压棒材取 $(2.5~3.5)D_筒$,对挤压管材取 $(1.5~2.5)D_筒$;

L ——穿孔锭坯时金属向后流动增加的长度,mm;

t ——挤压模进入挤压筒的深度,mm;

$H_厚$ ——挤压垫片的厚度,mm。

(3)挤压筒各层衬套的厚度尺寸,一般根据经验数据确定,然后再进行强度校核修正。

挤压筒各衬套外径、内径尺寸如图 2-38 所示。挤压筒的外径一般取内径的 4~5 倍。

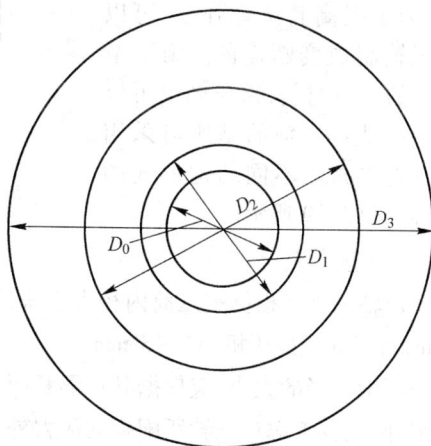

图 2-38 挤压筒各层衬套外径、内径尺寸示意图

挤压筒各衬套外径与内径的比值可在以下范围内选取：

$D_1/D_0 = 1.5 \sim 2.0$

$D_2/D_1 = 1.6 \sim 1.8$

$D_3/D_2 = 2.0 \sim 2.5$

2.7.3.3 挤压轴

挤压轴的作用是传递主柱塞的压力，迫使金属在挤压筒内发生塑性变形。因此在工作时它承受很大的压力。一般挤压轴所承受的单位压力在 1100 MPa 以下。但在挤压铜、镍及其合金时，可达 1500 MPa 左右。所以要求挤压轴在高压、高温工作条件下不能发生弯曲变形，挤压轴端部不能发生压堆、压斜和龟裂等缺陷。

A 挤压轴的结构

挤压轴的结构形式与挤压机的主体结构、挤压筒的形状和规格、挤压方法、挤压产品类型等因素有关。一般常用的挤压轴有实心和空心两种。其形状多为圆形。

实心挤压轴用于正向挤压棒、型材和特殊的反向挤压生产大直径管材。空心挤压轴主要用于正向挤压管材和反向挤压管、棒、型材。但在挤压变形抗力较高的合金时，为了提高其抗弯强度，可以将挤压轴制成变断面的。为了节约昂贵的工具材料，挤压轴也可以制成装配式的。轴的基座可采用廉价钢材制成。不同结构形式的挤压轴如图 2-39 所示。

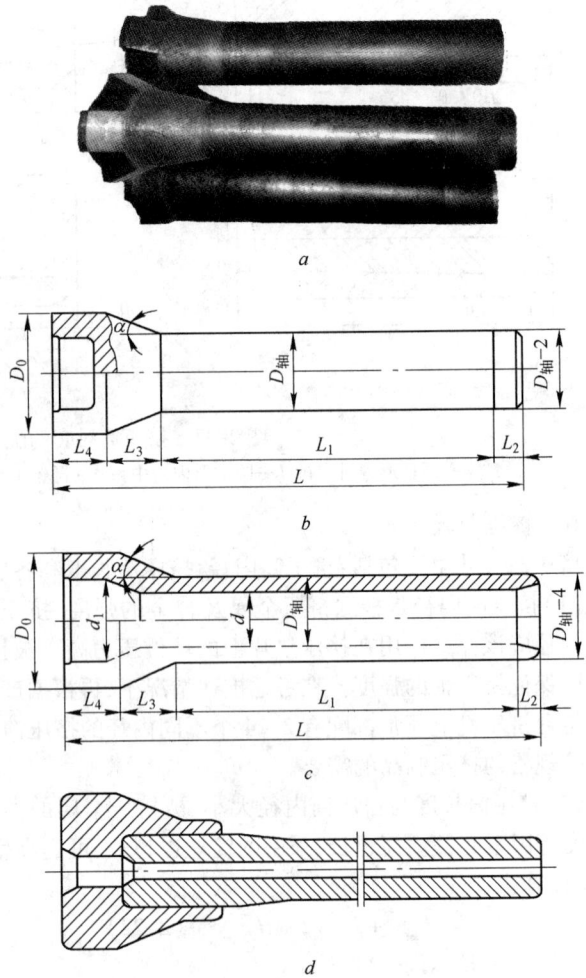

图 2-39 不同结构形状的挤压轴
a—挤压轴照片；b—棒、型材挤压轴；c—管材挤压轴；d—组合挤压轴

B 挤压轴尺寸

挤压轴的外径根据挤压筒内径大小来确定。对于卧式挤压机，其外径比挤压筒内径小 4 ~ 10 mm；对于立式挤压机小 2 ~ 3 mm。

挤压轴内径的大小，应根据其环形断面上所承受的最大压应力不超过材料的允许应力来确定。另外，还要考虑挤压轴所配备的最大外径的穿孔针能否通过。

挤压轴长度与直径之比应小于10。挤压轴的工作长度一般要比挤压筒长度长出 10 mm，以保证能顺利的将压余和垫片推出挤压筒外。

2.7.3.4 穿孔针

穿孔针的作用是进行锭坯穿孔和确定管材内部尺寸、形状。穿孔针的尺寸精度和表面光洁度直接影响着管材的内部尺寸和内表面质量。挤压生产中常用的穿孔针直径,卧式挤压机一般为 30~300 mm,立式挤压机一般为 25~40 mm。在无独立穿孔机构的挤压机上挤压管材时,使用空心锭坯,此时穿孔针仅起到芯棒的作用。

A 穿孔针的结构

穿孔针的结构有许多种,如图 2-40 所示。但常用的是圆柱式针和瓶式针,还有异形针和带润滑槽的内冷式穿孔针等等。

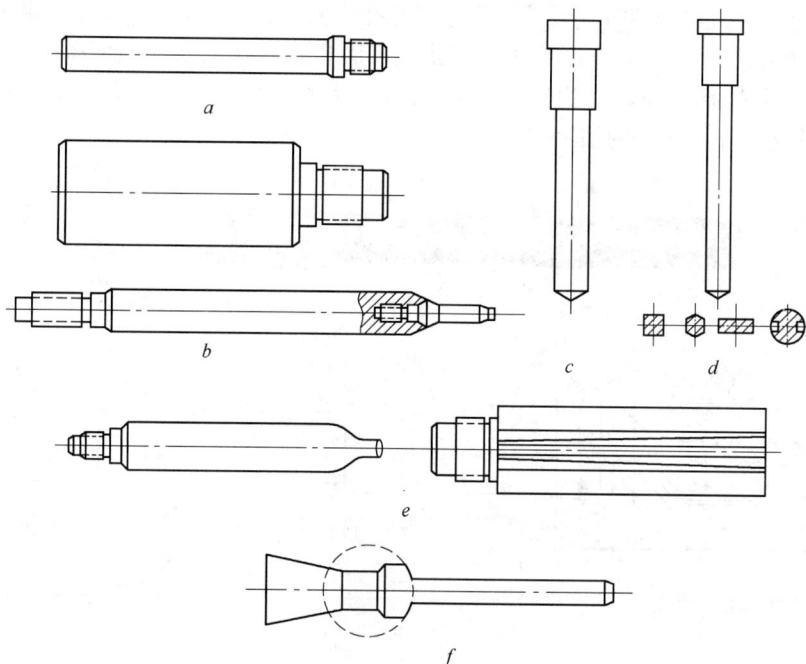

图 2-40 各种结构形式的穿孔针
a—圆柱式针;b—瓶式针;c—立式挤压机用的固定针;d—异形针;
e—变断面型材针;f—立式挤压机用的活动针

a 圆柱式穿孔针

圆柱式穿孔针沿其长度上带有很小的锥度,以减轻穿孔和挤压过程中金属流动作用在针体上的摩擦力,以及方便挤压终了时穿孔针从压余和管材中拔出。在卧式挤压机上采用随动针挤压时,其针的整个长度上都带有锥度。采用固定针挤压时,只在针体前端一段长度上带有锥度。卧式挤压机一般穿孔针的工作段锥度为 1:500 ~1:250,立式挤压机穿孔针锥度为 1:1500 ~1:500,小吨位挤压机使用的针体锥度要小一些。

有个别圆柱式穿孔针采用内冷式,即靠水进行循环冷却,及时降低针体表面温度,延长其使用寿命。

b 瓶式穿孔针

当挤压管材的内径小于 20~30 mm 时,宜采用瓶式针。主要用在有独立穿孔系统的挤压机上。瓶式针的主要特点是穿孔和挤压时有足够的抗弯能力和抗拉强度,挤出的管材同心度好。可延长针的使用寿命,减少料头损失,提高生产率。但该种针要求在挤压过程中是固定不动的。

瓶式针的结构分为两部分:针头和针体。针头部分直径小,决定管材的内径尺寸。针体部分直径较大,直径一般为 50 ~ 60 mm 或更大,以增加其强度。针头和针体可以制成组合式,只需更换针头,便可以改变挤压制品的规格。采用瓶式针生产时,针头伸出挤压模工作带 10 ~ 15 mm 为宜。

　　c　带润滑槽的内冷式穿孔针

带润滑槽的内冷式穿孔针又称为竹节针。是一种新型挤压工具,如图 2-41 所示。它的主要特点是在挤压过程中随着金属的流动,针槽中的润滑剂不断被带出,润滑针体和制品内表面,达到运动中润滑的目的。该种针的寿命比圆柱式穿孔针高出 1.5 倍以上,特别适合紫铜管挤压和难挤压的合金生产,如 HSn70-1 等。带润滑槽的穿孔针内冷是靠循环水冷却,针体温度一般都保持在 300 ~ 350℃,工作中不易被拉细、拉断和出现表面拉毛等,管材的内表面质量较高。但是该种穿孔针的润滑槽为 0.2 mm(单边),生产中管材的外径会发生微小变化,尺寸会稍微减小,但不影响其外径公差和下道工序的加工。

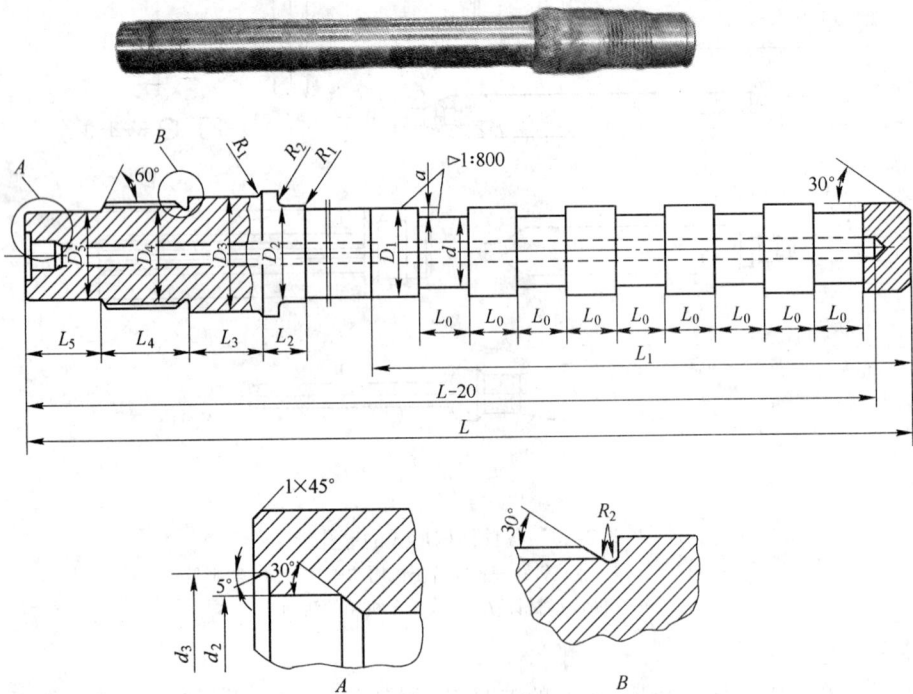

图 2-41　带润滑槽的穿孔针

(穿孔针的润滑槽为 0.2 mm(单边))

　　B　穿孔针的尺寸

穿孔针的直径是根据管材的内径来确定的。穿孔针的工作长度,对于圆柱式穿孔针可按式 2-23 计算:

$$L_{针} = L_{锭} + h_{垫} + h_{定} + L_{出} \tag{2-23}$$

式中　$L_{针}$——穿孔针工作长度,mm;

$L_{锭}$——金属锭坯长度,mm;

$h_{垫}$——挤压垫片厚度,mm;

$h_{定}$——挤压模工作带(定径带)长度,mm;

$L_{出}$——穿孔针伸出模孔工作带长度,一般取 10 ~ 15 mm。

对瓶式穿孔针,定径部分长度可按下式计算:

$$L_{针} = h_{定} + L_{出} + L_{余}$$ (2-24)

式中　$L_{针}$——穿孔针定径部分长度,mm;

$h_{定}$——挤压模工作带(定径带)长度,mm;

$L_{出}$——针头伸出模子工作带长度,mm。

$L_{余}$——余量,一般取 15 ~ 25 mm。

2.7.3.5　挤压垫片

挤压垫片的作用是保护挤压轴前端,避免与高温锭坯接触受热发生变形和磨损。

A　挤压垫片的结构

挤压垫片一般分为棒、型材挤压垫片和管材挤压垫片。挤压垫片外形结构分两种形式,一种为圆柱形,两个端面均可使用;另一种是一端带有凸台形,有利于脱皮的形成,但这种垫片只能单面使用。挤压垫片在工作中受到高温和高压的影响,一般都用 4 ~ 6 个循环使用,防止过热而引起变形,提高使用寿命。挤压垫片的结构形式如图 2-42 所示。

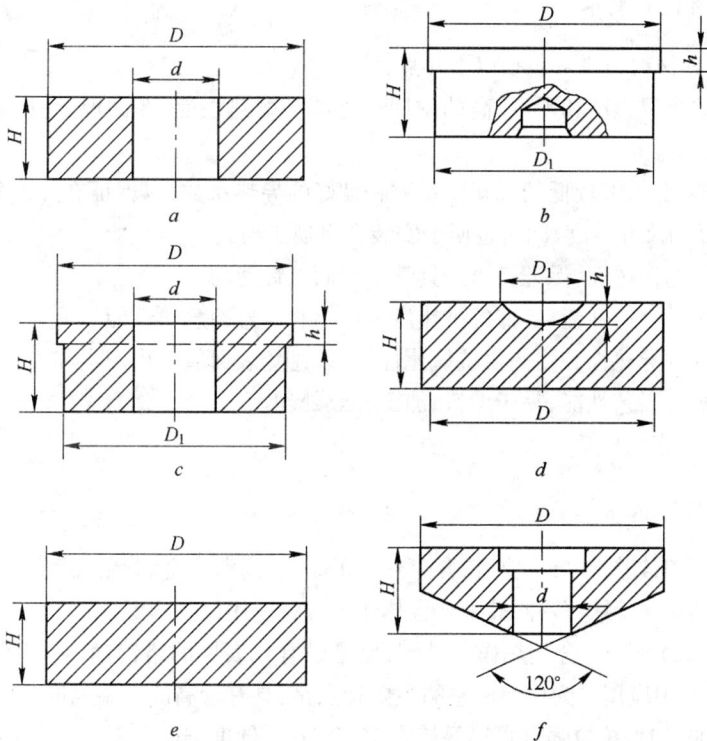

图 2-42　挤压垫片结构形式示意图

a—挤压管材垫片;b—挤压棒材垫片(带凸缘);c—挤压管材垫片(带凸缘也可以作为清理垫);
d—挤压棒材垫片(凹形);e—挤压棒、型材垫片;f—立式挤压机的挤压垫片

B　挤压垫片的尺寸

挤压垫片的外径比挤压筒内径小 ΔD 值。ΔD 值太大,会引起金属倒流,有可能形成局部脱皮,残留在筒内会影响到制品质量,形成起皮和分层缺陷,而且还容易造成管材偏心。ΔD 太小,会使送垫片困难,对挤压筒磨损加剧,若操作失误,会啃伤筒壁,或卡在其中,造成严重事故。ΔD 值可按经验选取,在卧式挤压机上,一般取 0.5 ~ 1.5 mm;立式挤压机上,一般取 0.2 ~ 1.0 mm;脱皮挤压取 2 ~ 3 mm,锭坯质量差时,可选择取大一些,以保证挤压制品质量。

挤压垫片的内径与穿孔针直径之差为 Δd 值,Δd 不能太大,否则对针的位置起不到定心作用,还有可能在挤压时金属倒流,包住穿孔针影响产品质量。一般在卧式挤压机上,取 Δd 为 0.3 ~ 1.2 mm;在立式挤压机上,取 Δd 为 0.15 ~ 0.5 mm。

挤压垫的厚度主要取决于它的抗压强度,太薄会使垫片产生塑性变形。所以一般取其外径的 0.4 ~ 0.56 倍。

2.7.4　挤压工具的材料

挤压生产中,挤压工具的工作条件是极其恶劣的,承受着高温、高压、强摩擦以及急冷急热交替的作用。所以挤压工具的磨损很严重,消耗量也很大,造成挤压工具的成本费用增高。因此,正确选择挤压工具的材料,制定适当的加工工艺,正确合理的使用工具,对挤压工具的使用寿命,具有重要的经济意义。

2.7.4.1　选择材料的要求

选择挤压工具材料的要求包括以下几点:

(1)有足够的高温强度和硬度,高的耐回火性能和耐热性能,在高温、高压条件下工作不变形,不产生回火现象。

(2)有足够的韧性,有较低的线膨胀系数和良好的导热系数,以保证在冲击载荷作用下不发生脆断;保证制品的尺寸精度,同时也便于安装和更换工模具。

(3)具有良好的淬透性,保证挤压工具整个断面上性能均一。

(4)具有良好的耐磨性能,良好的抗热疲劳性能和耐急冷急热性能。

(5)具有良好的导热性和耐高温抗氧化性能,以避免表面氧化皮产生和工具局部过热。

(6)良好的加工工艺性能,易于锻造、加工和热处理。

(7)价格低廉,来源广泛。

2.7.4.2　材料的特点

目前制作挤压工具的材料主要有:合金热作工具钢、高温合金、难熔金属合金,金属加氧化物陶瓷材料和粉末烧结材料等多种,其中合金热作工具钢应用最为广泛。

3Cr2W8V(H21)属于高合金热作工具钢,也是最有代表性的铬钨钢,它使用得最早,在铜及铜合金的挤压生产中应用最为广泛。它的主要特点是:具有较高的高温强度,良好的耐磨性能和热稳定性。在 600℃ 时,抗拉强度可以保持在 1280 MPa,硬度 HB 为 290,有较高的热疲劳强度,但温度超过 650℃ 时,强度和硬度会快速下降。其缺点是:这种钢的韧性和塑性差,脆性大。同时,由于含钨量高,使导电性能差,线膨胀系数高,在工作中易产生很大的热应力导致工具龟裂和破碎。因此,难以用它来制作大型的挤压工具。

5CrNiMo 和 5CrMnMo 属于低合金热作工具钢,生产中被广泛采用,因为它们具有良好的韧性和耐磨性能,在 400℃时的性能与常温下的性能几乎相同,因此,常用于挤压筒衬套、中衬以及模套、模垫和针支承等工具材料。其缺点是淬透性能偏差,一般用于应力不太高的大型挤压工具。

4Cr5MoSiV(H11)、4Cr5MoSiV1(H13)属于中合金热作工具钢,这类铬钼钢作为制作挤压工具材料在欧盟、美国和日本早已被广泛使用,近年来在我国铜、镍及其合金生产中逐渐用它来替代 3Cr2W8V 制作挤压工具。这类钢材的主要优点是导热系数大,工具的温度不易升高,可以长时间在 550℃下工作而不软化,另外它的塑性、韧性也较好,线膨胀系数低,在挤压时可以采用水冷而不开裂,而且黏结金属的倾向较小。

GH2132 是属于高铬(含 Cr 13.5% ~ 16%)、高镍(含 Ni 24% ~ 27%)的耐热合金工具钢,它的特点是高温耐磨性能优异,氧化皮少,使用性能和寿命优于 H13,如用挤压模时,H13 一次挤压 10 ~ 25 根就需要修理,而 GH2132 一次可挤压 30 ~ 40 根。因此,它已普遍用于制作挤压模、穿孔针和挤压筒内衬。但是 GH2132 的价格要比 H13 高出 3 倍多,一次性投入高,但单位成本并不高,而且有利于挤压制品的质量。

用粉末冶金或颗粒冶金制作的金属加氧化物陶瓷挤压模具,一般都具有很高的耐磨性能,高的硬度和高温强度。可以在高温下连续工作,在 1200℃或更高的温度下,仍具有很好的抗氧化性。这类模具的平均使用寿命比 3Cr2W8V 挤压模具高出 20 ~ 30 倍。但是这类材料的缺点是脆性大,不能承受很大的拉应力。该材料制作的模具必须镶入有预应力的钢套中使用。

目前,我国常用的挤压工具材料及其力学性能见表 2-13。

表 2-13　常用挤压工具钢及其力学性能

牌　号	温度 /℃	抗拉强度 σ_b/MPa	屈服强度 σ_s/MPa	伸长率 δ/%	断面收缩率 ψ/%	冲击功 a_K/J·cm^{-2}	硬度 HB (HRC)	线膨胀系数 /℃$^{-1}$
3Cr2W8V	20	1900	1750	7.0	-25	35	481	10.28×10^{-6}
	300						429	13.05×10^{-6}
	400	1520	1400	5.6			402	13.20×10^{-6}
	450	1500	1390			61.9	405	13.20×10^{-6}
	500	1460	1360	8.3	15	51.6	363	13.20×10^{-6}
	550	1340	1230			56.7	325	13.20×10^{-6}
	600	1280				58.1	290	13.20×10^{-6}
5CrNiMo	20	1460	1380	9.5	42	38	418	12.55×10^{-6}
	300	1370	1060	17.1	60	42	368	14.11×10^{-6}
	400	1110	900	15.2	65	48	351	14.11×10^{-6}
	500	860	780	18.8	68	37	285	14.2×10^{-6}
	600	470	410	30.0	74	12.5	109	14.2×10^{-6}

牌　号	温度 /℃	抗拉强度 σ_b/MPa	屈服强度 σ_s/MPa	伸长率 δ/%	断面收缩率 ψ/%	冲击功 a_K/J·cm^{-2}	硬度 HB （HRC）	线膨胀系数 /℃$^{-1}$
5CrMnMo	100	1180	970	9.3	37	38	351	12.17×10^{-6}
	300	1150	990	11.0	47	65	331	13.52×10^{-6}
	400	1010	860	11.1	61	49	311	15.56×10^{-6}
	500	780	690	17.5	80	32	302	15.56×10^{-6}
	600	430	410	26.4	84	38	235	15.56×10^{-6}
5CrNiMoV	400	1200	1000					
	500	1000	750				(43)	
	600	600	480					
5CrNiW	20	1241	1020	12.4	44.4			
	200	1208		9.5	33.5			
	300	1198		7.4	22.2			
	400	1011	942	11.3	45.1			
	500	892	831	13.0	66.3			
4Cr5MoSiV1	20	1960	1240	13.0	46.2	16	(55)	
	425	1625	1000	13.7	50.6		(47)	
	540	1305	825	13.9	54.0	31	(42)	
	650	450		28.9	88.9		(22)	
4Cr5MoSiV	20	1810	1480	9.8	35.4		(54)	
	315	1600	1330	10.3	36.0	42.7	(49)	
	425	1500	1270	11.4	38.8	40.0	(47)	
	540	1240	970	12.2	41.3	41.4	(42)	
	650	590	440	19.0	66.8	80.0	(22)	
4Cr5W2VSi	20	1930	1700	3.8	8.5	30	(50)	
	500	1420		5.4		58		

2.7.5 提高挤压工具使用寿命的途径

影响挤压工具使用寿命的因素很多,为了减少挤压工具损耗,降低成本,提高挤压工具的使用寿命,除了选择优质的材料之外,还可以采用如下措施:

(1)改进挤压工具的结构形状。为了提高挤压工具的使用寿命,除了合理选材,提高挤压工具表面光洁度以及对表面进行特殊处理外,还可以改变工具的结构形状。如采用双锥模可比平模使用寿命提高50%~120%,比一般的锥模提高5%~50%。采用变断面的挤压轴、采用多层挤压筒衬套,改善受力条件,都可以提高其使用寿命。还有采用瓶式针、内冷式针、带润滑槽的穿孔针,均可比圆柱式针的使用寿命长。目前在挤压线坯时,多采用硬质合金作挤压模芯,价格低,而且可以获得高尺寸精度和高表面质量的线坯。

(2)制定和控制合理的挤压工艺参数。锭坯的加热不均、温度过高或过低、表面氧化严重和挤压过程中的润滑或冷却不良、挤压比过大和流出速度太快、导致摩擦力增大等因素,都会使挤压工模具过早磨损、碎裂和塑性变形。因此,在挤压生产中要选取合适的挤压温度,提高加热质量,选择合适的挤压速度和变形程度等,这样都可以显著提高工具的使用寿命。

(3)合理预热和冷却挤压工具。挤压生产中,如果挤压工具的温度过低,会从锭坯中吸收大量的热量,降低了坯料的温度,会使挤压力增高,造成挤压工具的受力负荷增大,并且影响金属流动的均匀性,降低了挤压工具的使用寿命。所以对于挤压筒、挤压模、穿孔针、挤压垫片等工具在使用前按制度进行预热,否则不允许使用。一般挤压筒的预热温度为300~400℃,穿孔针、挤压模的预热温度为300~350℃,预热时间不少于1 h。挤压垫片、清理垫片预热温度为250~350℃,预热时间不少于1 h。挤压铝青铜等一些难挤压的合金,工模具的预热温度可以偏高一些,为350~400℃,时间不少于1 h。

挤压过程中,挤压工具的温度会不断升高,为防止工具温度过分升高而产生回火现象,在使用过程中对工具要进行必要的冷却。冷却工具时要掌握好冷却速度和冷却部位,保证工具的良好使用状态。

(4)合理润滑挤压工具。对挤压工具进行合理的润滑,能降低摩擦,减少工具磨损,使金属流动均匀,降低挤压力,降低工具负荷,延长挤压工具的使用寿命。对穿孔针、挤压模润滑时涂抹要薄而均匀,以防产生气泡。首次使用的新针,要在涂沥青之后用附有石墨的石棉布反复擦拭,确保针体充分润滑。禁止润滑挤压垫片的端面,以免增长缩尾。挤压过程中,为防止模子粘铜,应逐根修理挤压模。

(5)合理安装、使用和修理挤压工具。挤压工具要正确安装和调整,保证挤压轴、挤压筒、穿孔针、挤压模等中心对正,避免出现偏心载荷,造成挤压工具的折断和影响挤压制品的尺寸精度。

按照挤压工具的使用规程合理使用工模具,可以改善工模具的工作条件和工作环境,减轻其工作负担,延长和提高工具的使用寿命。

挤压工具在使用过程中,要经常进行检查和维护,发现问题要及时更换,或进行抛光和修复后再继续使用。对于磨损变形的工模具,可采用堆焊修补的方法进行修补,修补之后的工具使用效果良好,从而延长了挤压工具的使用寿命,降低使用成本。

除上述措施之外,还可以对挤压工具进行表面化学处理,或采用喷涂技术来提高其耐磨性和抗高温能力,都可有效地提高挤压工具的使用寿命。

2.8　挤压设备

2.8.1　锭坯的加热设备

金属及合金在热挤压前都要进行加热,以提高其塑性,降低其变形抗力,保证挤压过程顺利进行。锭坯的加热设备应根据金属的工艺性能、生产能力、加热制度和金属锭坯的尺寸大小等来选择加热炉的类型。加热设备按加热方式分为重油炉、煤气炉和感应加热炉等。目前铜、镍及其合金的加热广泛采用的是煤气加热炉和感应加热炉。

2.8.1.1　重油炉(火焰炉)

重油炉是以重油作燃料,靠油雾燃烧时的辐射热来加热金属锭坯。其特点是发热量大,灰分少,火焰辐射力强,成本低。但炉体占地面积较大,操作环境差,热损失大。当燃料中含硫量超过0.5% 时,会严重影响挤压制品的质量。重油炉按其结构形式分为斜底式加热炉、推料式加热炉和环形加热炉等,前者应用较广泛,生产能力较高。表2-14为连续式斜底加热炉的技术性能。

表2-14　连续式斜底加热炉的技术性能

主要性能	15MN 挤压机用
最高加热温度/℃	1050
外形尺寸/mm × mm × mm	9100 × 3200 × 5600
炉膛尺寸/mm × mm	8700 × 1860
加热炉生产能力/根·h^{-1}	40 ~ 120
加热锭坯尺寸/mm × mm	(145 ~ 205) × (120 ~ 700)
重油预热温度/℃	80 ~ 100
炉底倾斜角度/(°)	6
重油消耗量/kg·h^{-1}	250

2.8.1.2　环形煤气加热炉

环形煤气加热炉的特点是生产能力大,热效率高,可以连续化生产,炉内气氛容易控制,加热温度均匀,劳动条件好等。但不足的是当炉内布料不满时,单位面积的加热效率低,热损高,炉体占地面积大。该炉比较广泛地应用于大批量的铜及其铜合金挤压生产,对于镍及镍合金加热时,当煤气中硫含量大于0.03 g/L 时,会使挤压制品形成蜂窝组织,严重影响制品的质量,因此对于镍及镍合金加热时最好采用感应炉加热。环形煤气加热炉的技术性能见表2-15。

表2-15　铜及铜合金圆锭环形加热炉参数

技术性能	规格		
	ϕ8.8	ϕ10.1	ϕ11.7
配套挤压机/MN		15 ~ 25	35
铸锭规格/mm	ϕ130 ~ 150	ϕ145 ~ 295	ϕ195 ~ 405
加热温度/℃	650 ~ 1300	650 ~ 1250	650 ~ 1250
生产能力/t·h^{-1}	7	8	14.5

技术性能	规格		
	φ8.8	φ10.1	φ11.7
炉底有效面积/m²	9.5	11 ~ 14	15 ~ 27
燃料发热量/kJ·m⁻³	5225	5225	5225
炉膛尺寸/mm			
炉底平均直径	—	7000	7800
炉膛宽度	1392	2200	3000
炉膛高度	975	1360	1465
煤气压力/Pa	12000	12000	12000
煤气最大耗量/m³·h⁻¹	4200	4200	5000
炉底回转方式	机械	机械	机械
回转炉底质量/t	—	160	250
炉底回转速度/m·s⁻¹	—	0.2	0.2
炉底每次回转角/(°)	—	10,15,30	10,15,30
回转30°角的时间/s	—	12	14
装、出料机起重量/kg	150	400	850
装、出料机移动速度/m·s⁻¹	1.1	1	1
装、出料机行程/mm	400	5000	5700

2.8.1.3 感应加热炉

工频感应加热炉是利用低频交流电流(50 Hz)进行感应加热的,与中、高频相比它不需要变频设备,投资少,结构简单;电流透入的深度大,可以进行深层或穿透加热,对锭坯的加热质量好。感应加热炉分为周期式、连续式和步进式。周期式是单个锭坯在感应器中加热,达到要求温度后,再装入下一个锭坯;步进式是在感应器中放入几个锭坯,从入口端向出口端以步进方式推料,通过温度设定,使出口端推出的锭坯恰好达到所要求的加热温度;连续式则为从入口端连续推入冷锭坯,出口端连续推出加热好的热锭坯。一般挤压机配套的感应加热炉多为步进式。感应加热炉的主要特点如下:

(1)加热速度快,比煤气炉加热快10倍以上,从而可将容积缩小到仅装3~5个锭坯的程度,即可满足挤压机生产需要。

(2)加热时间短,烧损小,氧化少,与其他加热方式相比,金属损耗量明显减少。

(3)炉体体积小,占地面积小。

(4)无环境污染,金属锭坯加热质量好。

(5)便于实现自动化,劳动条件好,可减少操作人员。

(6)可同时并排配置两台感应加热炉(交换使用),避免加热炉出现故障时造成停产,提高生产效率。

工频感应加热炉的技术性能见表2-16。

表 2-16　工频感应加热炉的技术性能

主 要 性 能		供 12MN 水压机用	供 30MN 油压机用
锭坯规格(直径×长度)/mm×mm		(ϕ120 ~ ϕ180)×400	(ϕ195 ~ ϕ245)×(300 ~ 650)
加热温度/℃	紫铜、黄铜	650 ~ 900	650 ~ 950
	白　铜		900 ~ 1070
锭坯加热能力/t·h⁻¹	紫　铜	1.8	7.98
	白　铜		4.24
加热炉感应器内径/mm			ϕ200 ~ 250
加热炉感应器工作长度/mm		2510	2800

2.8.2　挤压机的分类

用于重有色金属加工的挤压机种类很多,由于挤压机的用途不同,工艺要求不同,而形式也就各式各样。常用的挤压机可以按工作轴线位置、结构类型、传动方式、挤压方式和挤压制品等来分类。常用的分类方法如图 2-43 所示。

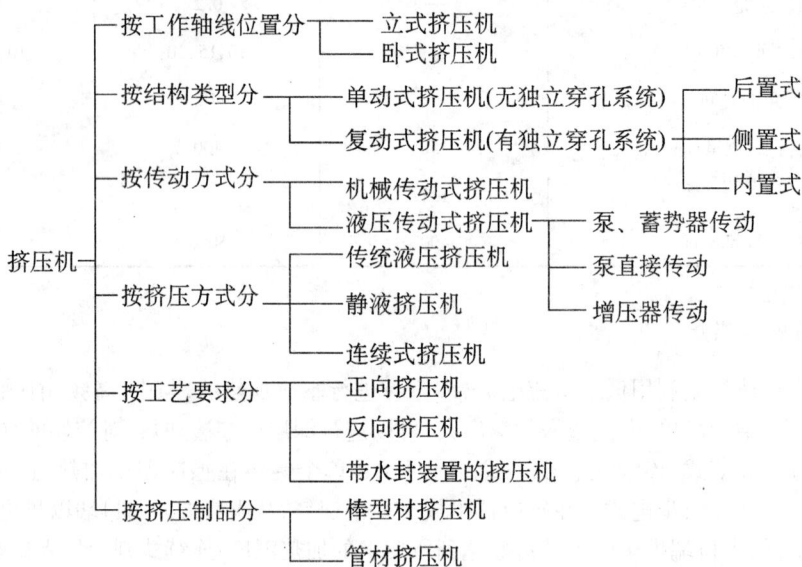

图 2-43　挤压机分类

上述挤压机的分类关系是交叉的,分法不同名称就不一样,例如,卧式挤压机可能是单动式,也可能是复动式,可能是棒型材挤压机,也可能是管材挤压机;可能是泵-蓄势传动,又可能是泵直接传动的等等。

挤压机一般是按主缸的最大压力命名的,也有的是将主缸和穿孔缸压力叠加一起来命名的。目前,卧式挤压机(包括单动式和复动式)的挤压力介于 3.15 ~ 250 MN 之间。单动式卧式挤压机,主要用于棒材和实心型材生产,挤压力集中在 8 ~ 50 MN 之间;复动式挤压机主要用于管材和空心型材生产,挤压力集中在 5 ~ 200 MN 之间,以 8 ~ 50 MN 为多见。立式挤压机挤压力介于6 ~ 20 MN 之间。个别有特殊用途的挤压机,挤压力可达 300 MN。但是常见的立式挤压机的挤压力一般不超过 20 MN。

从传动方式上看,泵-蓄势传动的方式已趋于淘汰。当前,铜及铜合金的挤压机,基本上都选用了泵直接转动方式。特别是随大功率变量泵的发展,采用高压油泵直接传动的方式越来越普遍。

2.8.3 挤压机的类型及特点

生产铜及铜合金管、棒、型、线材的挤压机一般都用液压传动方式。因为液压传动的挤压机运行平稳,无冲击,对于过载适应性强,挤压速度容易调整,适合于各种规格的管、棒、型、线材产品的加工。生产中主要应用的挤压机有卧式正向挤压机,卧式反向挤压机、立式挤压机、静液挤压机和连续挤压机等。

2.8.3.1 卧式正向挤压机

卧式正向挤压机生产中应用最为广泛,因为它的制作技术最成熟,可以制造和安装大型挤压机,同时可以用于挤压铜、镍及其合金的管、棒、型、线材各种产品。挤压机制品的规格不受限制,制作工艺简单、生产灵活性大,容易实现挤压机设备的机械化和自动化控制。设备布置在地面上,且高度较低,有利于对设备的保养、维护和对工作状况的监视。其缺点是:挤压时金属与挤压筒壁之间产生很大的摩擦力,造成金属流动不均匀、影响制品质量。各活动部件易磨损,易偏心,难以保持挤压制品的尺寸精度。另外工具磨损快,挤压能耗大,占地面积大。

卧式正向挤压机根据用途和结构的不同,可分为棒型材挤压机(单动式)和管材挤压机(复动式)两种。这两种挤压机的主要区别是前者无独立的穿孔系统,如图2-44所示,主要用来挤压实心的棒型材,但也可以采用空心锭坯与芯棒配合,挤压管材和空心型材。

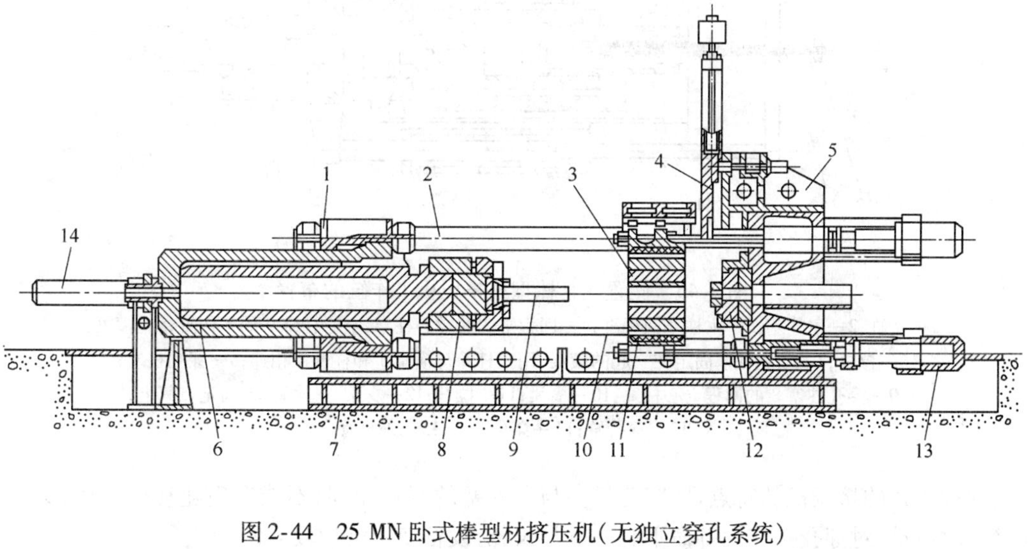

图 2-44　25 MN 卧式棒型材挤压机(无独立穿孔系统)
1—后机架;2—张力柱;3—挤压筒;4—残料分离剪;5—前机架;6—主缸;7—基础;
8—挤压活动横梁;9—挤压轴;10—斜面导轨;11—挤压筒座;
12—模座;13—挤压筒移动缸;14—加力缸(副缸)

卧式管材正向挤压机的结构形式,根据穿孔缸相对主缸的配置位置可分如下三种基本类型:
(1)后置式。后置式即穿孔缸位于主缸之后。它的布置形式如图2-45所示。

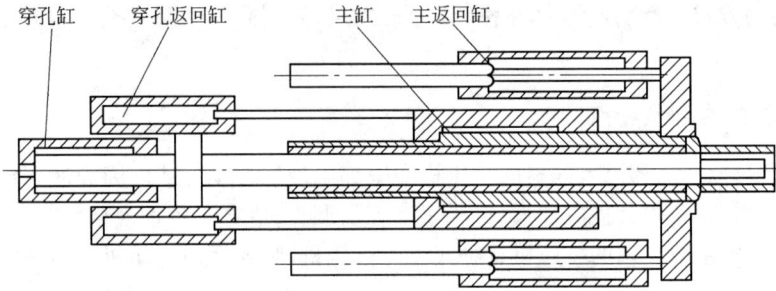

图 2-45　后置式管棒型材挤压机工作缸的布置

　　这种结构形式的挤压机优点是:穿孔系统与主缸之间完全独立,穿孔缸柱塞行程长,可实现随动针挤压,减少针与金属之间的摩擦,延长针的使用寿命;可实现变断面管材挤压;还可以将穿孔缸的压力叠加到挤压轴上,大大增加挤压力。缺点是:机身长,占地面积大。穿孔时易产生弯针,导致管材偏心。

　　(2)侧置式。侧置式的结构特点是穿孔缸有两个,分别安装在主缸两侧,其布置形式如图2-46 所示。

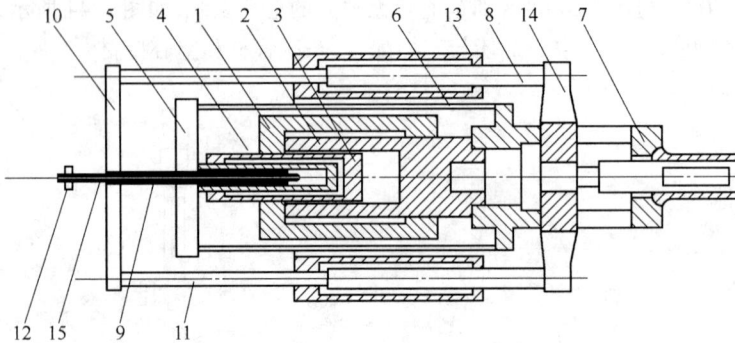

图 2-46　侧置式管棒型材挤压机工作缸的布置
1—主缸;2—主柱塞;3—主柱塞回程缸;4—回程缸 3 的空心柱塞,空心柱塞 9 的工作缸;5—横梁;
6—拉杆;7—与主柱塞固定在一起的横梁,用拉杆 6 与横梁 5 和柱塞 4 相连;8—穿孔柱塞;
9—穿孔柱塞 8 的回程空心柱塞;10—横梁;11—拉杆;12—支架,进水管 15 固定在其上;
13—穿孔缸;14—穿孔横梁;15—进水管

　　这种形式的挤压机的特点是:穿孔柱塞与主柱塞的行程相同,不能实现随动针挤压,穿孔针在挤压时不动,对穿孔针使用寿命不利。机身长,对设备使用维护较方便。

　　(3)内置式。内置式的结构特点是穿孔缸位于主柱塞之内,其布置形式如图2-47 所示。

　　这种形式的挤压机的特点是:机身较短,刚性好,导向精确,穿孔时管材不易偏心,可以实现随动针挤压,通过限位装置也可以实现固定针挤压,目前这种挤压机使用较多。但该挤压机维修、保养困难,且穿孔力受到一定限制。

　　卧式挤压机主要技术参数(油压机)见表2-17。

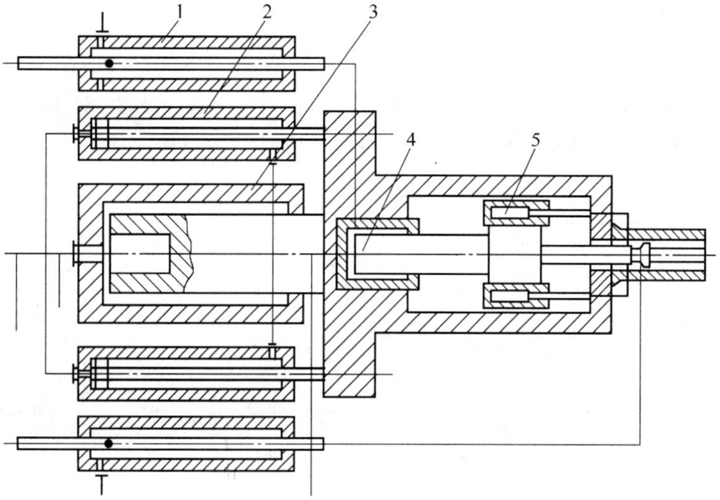

图 2-47　16.3 MN 内置式管棒型材挤压机工作缸的布置
1—进水管;2—副缸及主回程缸;3—主缸;4—穿孔缸;5—穿孔回程缸

表 2-17　卧式挤压机主要技术参数(油压机)

参　数		挤压机能力/MN						
		5	8	16	20	25	30	40
挤压组件	挤压力/MN	5	8	16	20	25	30	40
	回程力/MN	0.4	0.6	0.9	1.2	1.5	2.6	3.0
	挤压速度/mm·s^{-1}	0～30	0～37	0～25	0～25	0～25	0～50	2～55
	空程速度/mm·s^{-1}					400	250	
	回程速度/mm·s^{-1}					400	300～390	250
	最大行程/mm	1000	1250	1730	1840	1950	1700	2100
穿孔组件	穿孔力/MN	0.7	1.2	2.7	3.0	3.8	6.0	6.0
	回程力/MN	0.3	0.5	1.2	1.3	1.5	3.0	2.6
	穿孔速度/mm·s^{-1}					150	0～220	0～200
	回程速度/mm·s^{-1}					495	300	250
	穿孔行程/mm	480	500	800	850	900	950	900
挤压筒	压紧力/MN	0.4	0.6	1.2	1.4	1.6	3.0	3.3
	离开力/MN	0.6	0.9	1.5	2.0	2.4	5.0	5.0
	最大行程/mm	250	300	375	400	425	1000	1600
	长度/mm	450	550	750	800	850	815	815
	内径/mm	85～125	110～160	160～210	180～250	200～270	200～250	200～420
其他	主剪刀能力/MN	0.15	0.25	0.5	0.6	0.75	1.0	1.5
	工作液体压力/MPa	20	20	20	20	20	31.5	28
	机械润滑						集中润滑	
	油压机对中检测						激光对中	

2.8.3.2 卧式反向挤压机

卧式反向挤压机的特点是:消耗的挤压力小,压余小、挤压缩尾少,成品率高。挤压过程中,金属与挤压筒壁之间无相对滑动,金属变形比较均匀。但是反向挤压机操作较为复杂,挤压周期比较长,挤压制品长度受到限度。反向挤压机的主要技术参数见表 2-18。

表 2-18 反向挤压机主要技术参数

参 数	挤压机能力/MN				
	12	18	28	35	35
挤压力/MN	12	18	28	35	35
挤压速度/mm·s^{-1}	40	41	39	33	33
主电机总功率/kW	430	650	950	1000	1000
挤压筒直径/mm	175	215	265	300	300
锭坯长度/mm	650	750	900	1000	1500
生产挤压制品最大外接圆直径/mm	$\phi112$	$\phi140$	$\phi170$	$\phi195$	$\phi195$
生产能力/t·h^{-1}	7.5	11	17	21	25

2.8.3.3 立式挤压机

立式挤压机的特点是:挤压中心线与地平面垂直,所以占地面积小。但是需要建筑较高的厂房和较深的地坑。设备磨损小,挤压中心不易失调,管材不易偏心。立式挤压机的吨位比较小,适合生产小规格的管材和空心型材制品。

立式挤压机按结构可分为有独立穿孔系统和无独立穿孔系统两种。前者可采用实心锭坯进行挤压,管材偏心度小,内表面质量高,但因结构复杂,故应用不广泛。后者可采用空心锭坯挤压管材,具有结构简单,操作方便和机身不高等优点,所以应用较广泛。立式挤压机的结构如图 2-48 所示;主要技术参数见表 2-19。

2.8.3.4 静液挤压机

图 2-49 为普通型静液挤压机的结构。它与传统的液压挤压机不同,区别是挤压轴不与金属锭坯接触,而是通过中间高压介质的静压作用,使锭坯在巨大的压力下产生塑性变形,并通过模孔成型制品。同时金属锭坯也不与挤压筒壁接触,

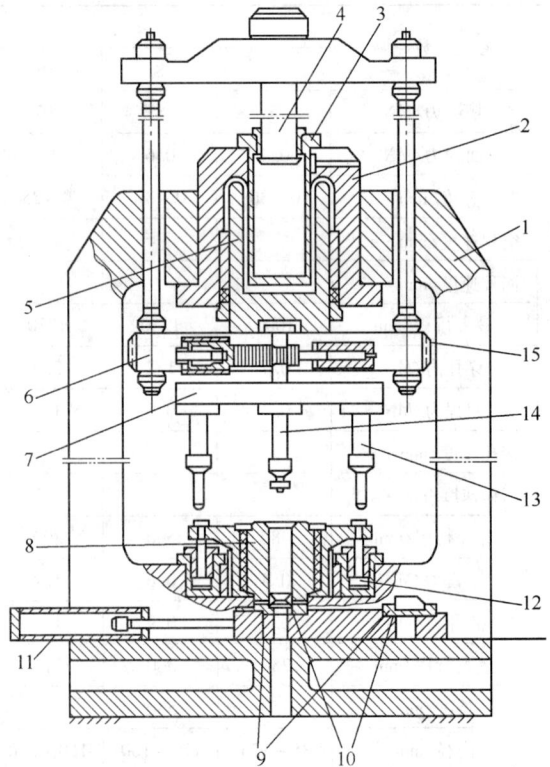

图 2-48 6 MN 立式挤压机

1—机架;2—主缸;3—主柱塞回程缸;4—回程缸3的柱塞;5—主柱塞;6—滑座;7—回转盘;8—挤压筒;9—模支承;10—模子;11—模座移动缸;12—挤压筒锁紧缸;13—挤压杆;14—冲头;15—滑板

所以挤压过程中几乎没有摩擦存在,金属流动均匀。静液挤压适合于各种包覆材料和低温超导材料的成形(如图2-50所示)、难加工材料成形及精密型材成形等。由于静液挤压机使用高压介质,需要进行锭坯的预加工和介质的充填与排放等操作,降低了挤压生产的成材率,挤压周期长,所以应用受到限制。

表2-19 立式挤压机主要技术参数

参 数	挤压机能力/MN	
	6	10
挤压力/MN	6	10
回程力/MN	0.7	0.83×2
挤压速度/mm·s⁻¹	133	5~133
主柱塞行程/mm	1000	1100
主柱塞空程速度/mm·s⁻¹	400	500
主柱塞回程速度/mm·s⁻¹	600	500
挤压筒行程/mm	50	60
挤压筒直径/mm	75~120	100~140
挤压筒长度/mm	400	400
模座行程/mm	400	520
挤压制品长度/mm	2000~7500	1200~7500
挤压制品规格/mm×mm	$\phi20\times2\sim\phi47\times5$	$\phi33\times3\sim\phi58\times10.5$
生产能力/根·h⁻¹	180	180
挤压机地上高度/mm	6285	6250
挤压机地下高度/mm	9500	8000
工作液体压力/MPa	32	32

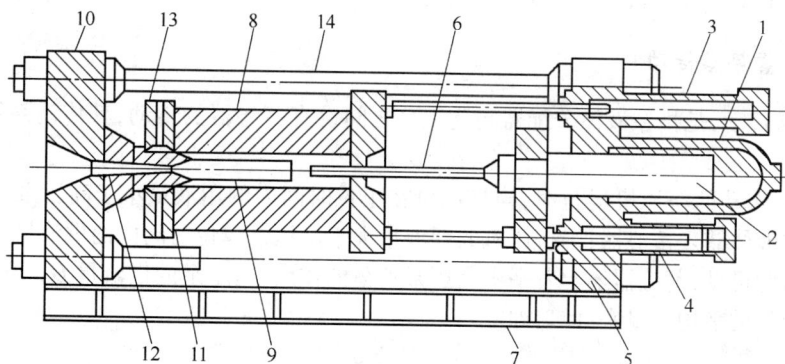

图2-49 普通型静液挤压机的结构

1—主缸;2—主柱塞;3—挤压筒移动缸;4—侧油缸;5—后梁;6—挤压轴;7—机座;8—挤压筒;9—锭坯;10—前梁;11—模具;12—挤压制品;13—压媒交换盘;14—张力柱

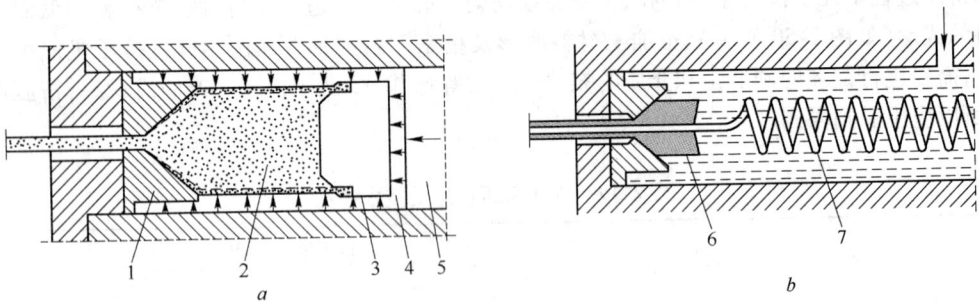

图 2-50 用静液挤压生产包覆材料

a—用复合锭坯进行挤压;b—用包覆金属挤压

1—模具;2—复合锭坯(铝包在铜中);3—钢垫;4—压媒;5—挤压轴;6—空心铝锭;7—铜线

2.8.3.5 Conform 连续挤压机

这种挤压机(见图2-9)与传统的液压挤压机,毫无共同之处。它具有结构简单、能耗小、挤压制品沿长度上组织性能均匀、几何废料少、设备占地面积小等优点。可以用棒料、粉料、溶态料来挤压规格较小的制品,适合于中小企业专业化生产。缺点是对坯料预处理要求高,另外挤压工具如挤压槽轮表面、导向块、模子等始终处于高温、高摩擦状态下工作,对挤压工具材料的性能要求高,模具更换比其他挤压机困难。所以与作为大型企业的主要设备进行大规模生产存在着差距。

由于 Confrom 连续挤压机的问世,接连派生出一些其他的连续挤压方法,如单辊双槽连续挤压法、双辊单槽挤压法、液体金属连铸连挤法、履带式连续挤压法等等。

2.8.4 挤压机的液压传动

液压挤压机的传动系统,按其提供动力的方式可分为三种基本形式:泵-蓄势器传动、泵直接传动、增压器传动。

泵-蓄势器传动、泵直接传动的液体的工作压力,我国定为 20 MPa 和 32 MPa 两级。泵直接传动的液体工作压力国内外一般都采用 20 ~ 31.5 MPa。采用增压器传动的静液挤压机,低压也为上述压力(20 MPa、32 MPa),高压则可达 1500 ~ 3000 MPa。

2.8.4.1 泵-蓄势器传动

泵-蓄势器传动,是指在液体分配器与高压泵之间设有蓄势器的传动,其传动系统如图2-51所示。

泵-蓄势器传动的挤压机运行时,当挤压机在单位时间内的用液量小于高压泵的供液量时,将多余的工作液体储入蓄势器;当挤压机的耗液量大于高压泵单位时间内的供液量时,则由蓄势器来补充。由此可见,蓄势器还起着平衡高压泵负荷的作用,高压泵的供液量 $Q_平$ 可按一个工作循环内高压液体的平均耗量来计算,即

$$Q_平 = \frac{\sum q}{T} \qquad (2-25)$$

式中　$Q_平$——平均液体耗量,m^3/s;

　　　$\sum q$——1 个循环内高压液体消耗量总和,m^3;

　　　T——工作循环时间,s。

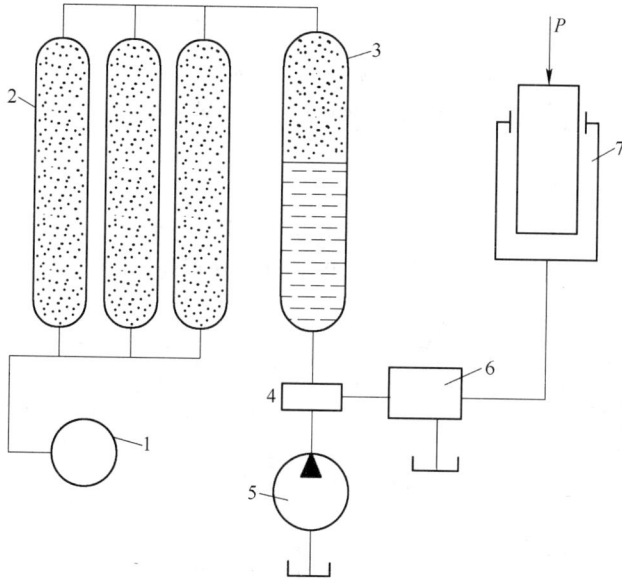

图 2-51 泵-蓄势器传动系统

1—高压空压机;2—空气罐;3—液压罐;4—主截止阀;5—高压泵;6—液体分配器;7—挤压机

泵-蓄势器传动的挤压机的特点是:吨位大、压力高、速度高(主柱塞速度可达400 ~ 500 mm/s),挤压速度与工作阻力无关,多台联用更为经济;高压泵的功率低于泵直接传动的功率;设备维修方便。但是挤压速度难以准确控制;压力损失大;设备一次性投资大;占地面积也大。

2.8.4.2 泵直接传动

泵直接传动是指高压液体由泵通过控制机构直接输入工作缸。其工作原理如图 2-52 所示。

这种传动的特点是高压泵输出的能量随被挤压的金属变形抗力的变化而变化,工作效率较高。挤压速度与工艺特点无关,而只取决于泵的流量,即

$$V = \frac{Q_流}{F_柱} = \frac{4Q_流}{\pi D_柱} \quad (2-26)$$

式中 V ——柱塞的速度, m^3/s;

$Q_流$ ——泵的流量, m^3/s;

$F_柱$ ——主柱塞截面面积, mm^2;

$D_柱$ ——主柱塞直径, mm。

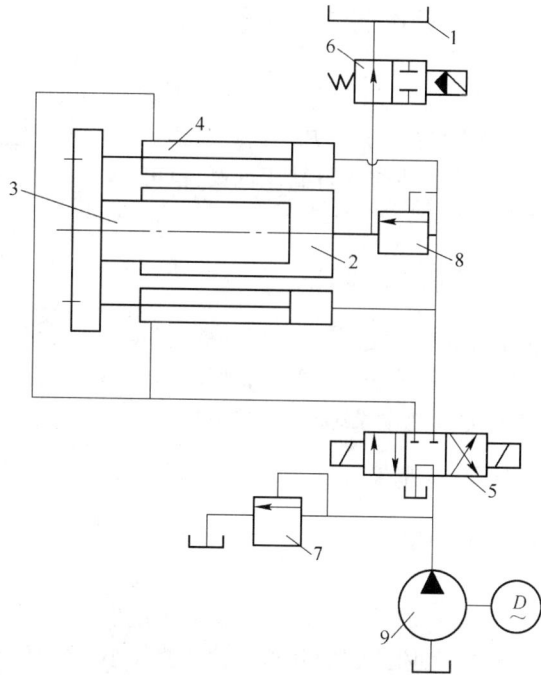

图 2-52 泵直接传动原理

1—填充罐;2—主缸;3—主柱塞;4—侧缸;5—换向阀;
6—填充阀;7—溢流安全阀;8—压力阀;9—油泵

由式 2-26 可见当高压泵的流量恒定时,速度可以保持不变。采用泵直接传动的挤压机的特点是:结构紧凑,占地面积小,投资小,无需庞大的蓄势器;设备磨损小,压力损失少,操作平稳,无冲击,调速准确。缺点是必须按最大速度、最大压力来选择泵的最大功率,而在生产中这种最大功率不能被充分发挥。挤压机速度较低(80 mm/s 以下),适合于单机工作。

2.8.4.3 增压器传动

在普通的有色金属液压机中,工作液体的压力介于 20 ~ 32 MPa 之间,无须采用增压器传动。但在静液挤压机中高压可达 1500 ~ 3000 MPa,就必须建立超高压,增压器则是必备设备。

增压器的原理如图 2-53 所示。在低压侧(左端)活塞 2 的面积为 F_2,则活塞上产生的推力为 P,$P = P_2F_2$。这个力在右端活塞 4 的面积上产生一个压强 P_1,

$$P_1 = \frac{P}{F_1} = \frac{P_2F_2}{F_1} \qquad (2-27)$$

式中 P_1——高压侧压强,MPa;

  P——活塞上产生的推力,μN;

  F_1——高压侧活塞截面面积,mm^2;

  F_2——低压侧活塞截面面积,mm^2;

  P_2——低压侧工作液体压强,MPa。

这种增压器中的压力和阶梯形活塞面积成反比,即 P_1:$P_2 = F_2$:F_1。增压器的高压液体可以直接来自高压油泵,也可以来自泵-蓄势器。

2.8.5 挤压机的基本组成

挤压机的结构类型很多,但多数挤压机的基本组成不外乎三大部分,即挤压机本体部分、液压传动系统和辅助机构。

2.8.5.1 挤压机本体

挤压机本体主要由以下几个部分组成:

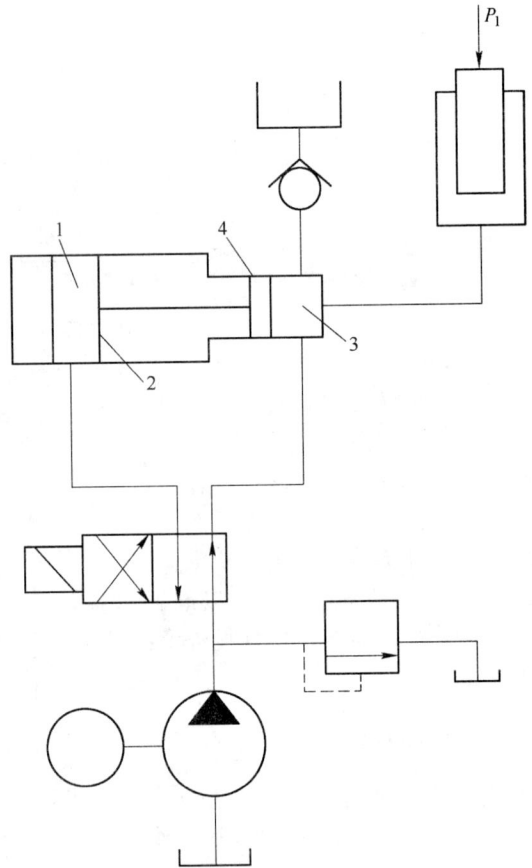

图 2-53 增压器原理
1—低压侧液压缸;2—低压侧活塞;
3—高压侧液压缸;4—高压侧活塞

(1)挤压机的承力框架。挤压机的承力框架是承受挤压力的最基本的构件,它分为整体式和组合式。早期生产的挤压机吨位普遍较小,多采用整体铸钢式。现代生产的挤压机,大多数采用圆柱形张力柱组合式。

张力柱(多为四柱,也有三柱)通过螺母将前、后机架紧固地连接在一起,组成一个刚性的空间框架,承受挤压机的全部载荷。张力柱是主要的支撑受力件,是液压机的关键部件之一。同时,活动横梁又是以张力柱来导向的。

（2）挤压机的缸体与柱塞。挤压机的缸体与柱塞的作用是把液压能转换成机械能。高压液体进入主缸内并作用在柱塞上,经活动梁及挤压轴传递到金属锭坯上,使锭坯产生塑性变形。液压挤压机的缸体很多,有主缸(挤压机的核心部件);主柱塞的返回缸;穿孔缸;穿孔返回缸;挤压筒的移动缸等等。每种缸体都与柱塞相配合,它们都直接或间接地固定在挤压机的前、后机架上。各缸体与柱塞之间用橡胶填料密封,高压液体不会泄漏,柱塞在高压液体的作用下产生压力,使挤压机正常工作。

挤压机液压缸的结构,常见的有三种形式,如图 2-54 所示。

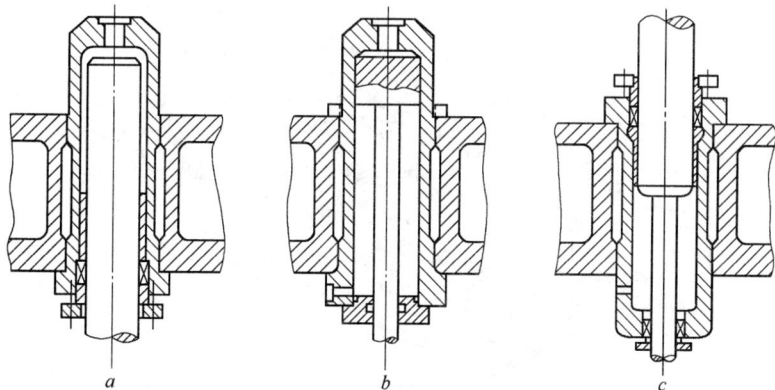

图 2-54　三种液压缸形式
a—柱塞式;*b*—活塞式;*c*—差动式

柱塞式液压缸如图 2-54*a* 所示,此结构在水压机中应用最多,广泛用于主缸。它的结构简单,制造容易,但只能单方向使用,反向运动则需要用回程缸来实现。

活塞式液压缸如图 2-54*b* 所示,此结构要求加工精度和光洁度高,密封较麻烦,结构也比较复杂,在油压机和油压传动的辅助缸应用较多。

差动式液压缸如图 2-54*c* 所示,此结构多用于回程缸,它比上述两种缸体多一处密封,而回程缸安装于后机架上,与活动梁连接比较简单。

（3）穿孔横梁与挤压滑块。穿孔横梁安装在挤压滑块内,它可以在滑块内前后移动,挤压滑块起着支撑穿孔横梁的作用。

（4）返回横梁与拉杆。返回横梁与拉杆是把主返回柱塞与挤压滑块、穿孔返回柱塞与穿孔滑块分别连接起来的部件,由于横梁与拉杆连接,返回柱塞产生的返回力才能传递给挤压滑块或穿孔回程缸横梁,使它们实现返回动作。

2.8.5.2　挤压机的辅助机构

挤压机通常包括以下几种辅助机构:

（1）模座。是专门装置模具的部件,承受挤压力的作用。模座基本上分为纵向移动式,横向移动式(两位或多位)及回转式三种类型,目前使用横向移动模座的挤压机较多,横向移动模座如图 2-55 所示 。它是利用液压缸在挤压机两侧移动,移动距离短,工作时由挤压筒靠紧后开始挤压,压余的分离装置一般在模座的上方,可用分离剪也可用锯切形式来分离。模子的检查、更换、修理、冷却等较方便,不影响挤压生产时间,效率高。

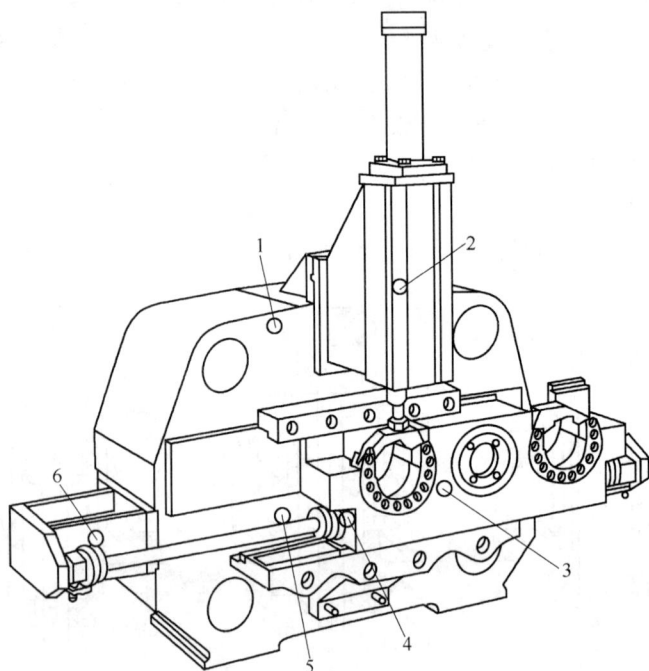

图 2-55　两工位横向移动模座图

1—挤压机前梁;2—剪刀;3—移动模座;4—液压缸;5—活塞杆;6—调位装置

（2）锁键。对纵向式移动模座必须有锁紧装置。

（3）剪刀或热锯。用来将压余与挤压制品分开。

（4）分离剪。分离压余与垫片。

（5）移动台。将制品从前机架中拉出。

（6）冷却台。接受并运送挤压制品。

2.8.6　挤压机的安全操作

挤压机的操作人员应该熟悉本岗位的职责,熟悉挤压设备结构、控制及联锁装置,掌握它的技术性能和工艺参数,能够严格执行安全操作规程、工艺规程,按照作业指导书进行操作。能够处理生产过程中的一般故障,保证设备的正常运行。一般正规企业对挤压设备的操作要求很严格,必须进行规定的培训和技术指导,并通过考试合格发给安全操作证书后,方可上岗。

2.8.6.1　生产前的检查与准备

生产前需要检查和准备以下几项内容:

（1）检查挤压机周围、上、下,不得有障碍物。

（2）检查各连接部件螺丝、防护罩是否牢固可靠、完整齐全。

（3）认真查阅生产计划与《生产卡片》,分清要生产制品的规格、牌号数量及定尺等。

（4）按点检作业卡进行点检,发现问题立即处理。

（5）检查各润滑部位是否清洁,并按润滑卡片进行润滑。

（6）检查液压系统中管道接头、工作缸和控制阀等密封处是否漏油。

(7)检查液压系统中的安全阀是否在相应的调定位置。

(8)检查油箱内的油量(位)是否正常,油温是否在正常的工作范围之内。

(9)检查冷却循环泵进水与排水阀,确认打开,安全可靠。

(10)检查量具确认在使用期限内及校核精度,吊具安全可靠。

(11)检查挤压筒温度是否符合生产需要,以及其他挤压工具满足本班需求并按制度进行预热,挤压垫片可多备几个循环使用。

上述各项准备检查完毕,确认正常时方可开机。

2.8.6.2 启动设备和空荷试车

启动设备和空荷试车的操作步骤如下:

(1)检查设备、系统、供电及控制线路,确认无误方可打开主控电源,并鸣铃通知机组人员各就各位。

(2)打开挤压机控制电压和 PLC 电压。选择手动、半自动、自动周期工作方式。

(3)启动控制系统油泵,调整输出工作压力。

(4)通电启动控制系统油泵电机,并检查,调整工作压力。确认安全阀、溢流阀工作正常。

(5)手动操纵各油缸柱塞(活塞)低速往复运动几次,同时打开各管路及缸体的排气阀,排出系统中及缸体中的气体。

(6)打开冷却水、风系统的阀门。

(7)各机构手动试车正常后,可进行半自动空负荷试车。

(8)空负荷试车正常后,发出呼锭信号,按照工艺制度挤压生产。

2.8.6.3 操作中的注意事项

操作中应注意以下几方面情况:

(1)操作中要对制品进行首料检查和中间检查,中间检查每 20~30 根检查一次。

(2)注意液压系统各部分压力是否正常,当压力达到设定压力仍出现挤不动时,应立即停车检查处理。

(3)注意检查油箱油位,注意油量和冷却循环过滤泵的运转是否正常,如有异常情况应立即处理。

(4)注意各安全装置、连锁装置、电器开关、控制开关、检测装置等是否灵活可靠。

(5)工作中经常注意各部位的连接和密封情况,发现松动泄漏严重时,应及时停机修理。

(6)发现新针断在制品内时,应及时在制品上做好断针标记,以防止锯切时打坏锯齿。

(7)工作中,要注意观察设备,若遇异常情况,应及时停车处理。

2.8.6.4 停机注意事项

停机操作应注意以下几点:

(1)停机时,将油压机各机构停在原始位置。

(2)将所有的操作开关转到零位,切断电源。

(3)停止自动润滑系统。

(4)关闭供压缩空气管路总阀门。

(5)关闭冷却水阀门(油冷却器、穿孔内冷、导轨内冷等)。

(6)挤压筒的加热装置按保温要求进行操作,挤压机长期停止工作时,应切断加热电源。

2.8.6.5　停机后的检查和处理

停机后要对以下几方面内容进行检查和处理：

(1)检查各机构的连接部位是否正常。

(2)检查各润滑表面是否有划伤、压痕等现象。

(3)检查物料工具是否摆放整齐。

(4)打扫设备及其周围卫生。

(5)认真填写各项原始记录、《生产卡片》及交接班记录。

复习思考题

1. 什么是挤压法，它具有哪些特点？

2. 简述挤压方法的种类及其各种方法的主要特点。

3. 试述金属在挤压过程三个阶段中的变形特点及挤压力的变化情况。

4. 简述影响金属流动的各种因素。

5. 为什么说挤压法是最能发挥金属塑性的一种加工方法？

6. 学会如何计算挤压比、挤压变形程度和挤压力。

7. 确定挤压锭坯直径应满足哪些条件，锭坯直径和长度又如何确定？

8. 确定挤压温度应考虑哪些因素？

9. 影响挤压速度的因素有哪些？

10. 简述挤压润滑的目的，按工艺要求如何对挤压工具进行润滑？

11. 为什么对挤压垫片端面不能润滑？

12. 简述各类铜合金的挤压特点。

13. 挤压制品的内部组织不均匀表现在哪几个方面？

14. 防止和消除"层状组织"应采取哪些措施？

15. 什么是"挤压缩尾"，它分几种类型，减少和消除挤压缩尾的措施有哪些？

16. 在挤压生产时为什么要经常清理和检查挤压筒？

17. 挤压制品的表面缺陷有哪些，生产中如何防范？

18. 挤压工具通常分几大类，各包括哪几种？

19. 挤压生产中五种常用工具的作用是什么？掌握他们的结构形状和特点。

20. 应采取什么措施来提高挤压工具的使用寿命？

21. 简述各类挤压机的结构和特点。

22. 试述油压机的安全操作注意事项、停机时的注意事项。

3 冷 轧 管

3.1 冷轧管法及其特点

3.1.1 冷轧管法

周期式冷轧管法是有色金属管材生产中广泛应用的一种基本生产方法。其实质是：内孔套有芯棒的管坯，在周期往复运动的变断面轧槽内，进行外径减缩和壁厚减薄的轧制变形过程。冷轧管法是生产高精度、高表面质量和薄壁管材的主要方法。冷轧管法按轧辊数目分类，分为二辊冷轧管法和多辊冷轧管法。

3.1.2 冷轧管法的特点

冷轧管法与拉伸法相比具有如下特点：

(1)冷轧管法有能发挥金属塑性的三向压应力状态，同时在较长的变断面孔槽中，实现高度的分散变形，因此其最大道次加工率能达到90%以上，亦即最大道次延伸系数可达10以上。而拉伸道次加工率只能达到10%~30%，一次冷轧相当于3~6次拉伸。故冷轧管法特别适合生产加工硬化率高、塑性差和难变形合金的薄壁管材。

(2)由于冷轧管的道次加工率大，缩短了生产工艺流程，减少了用拉伸方法生产加工硬化率高、低塑性和难变形合金管材时不可避免的多次退火、酸洗、制夹头等工序，节省了各种消耗，减少了废品损失，提高了成品率，降低了生产成本。一般用冷轧管法代替拉伸法后，成品率可提高15%~20%。

(3)冷轧管法具有一定的纠正管坯壁厚不均的能力。

(4)冷轧管法可生产小直径薄壁管、以及断面对称的异形管。

(5)冷轧管材具有较高的力学性能。

(6)冷轧管材较挤压管坯尺寸精确，内外表面光洁。

冷轧管法生产除上述的优点外，还存在如下的缺点：

(1)冷轧管机设备结构复杂，投资较高，维护和调整工作量较大，设备运转时噪声大。

(2)工具费用高。孔型块要求采用价格昂贵的特殊钢材制造，需在专用机床上加工，热处理工艺复杂，加工工序长。孔型的工作寿命也较短。

(3)更换工具麻烦，生产辅助时间长，生产效率低于拉伸。因此，冷轧管法对于生产加工硬化率低、塑性良好、管壁较厚的管材不够经济。

(4)冷轧管法易出现环状痕(竹节)、波纹和椭圆度较大等问题，对尺寸精度要求高的产品需经整径拉伸方可出成品。

3.2 冷轧管时金属的变形理论

3.2.1 冷轧管的金属变形过程

冷轧管时金属是这样变形的：如图 3-1a 所示，当工作机架处在原始位置时，由于管坯的送进,工作锥1在轧制方向移动一段距离 m。此时管坯Ⅰ—Ⅰ截面也移动了一段距离 m 到了Ⅰ$_1$—Ⅰ$_1$ 位置,工作锥的Ⅱ—Ⅱ截面也移动到了Ⅱ$_1$—Ⅱ$_1$ 位置。

在管坯送进后,工作锥的内表面与芯棒3脱离,形成了间隙 S。当工作机架向前移动时,轧制开始,工作锥的直径先减小到内表面与芯棒相接触的程度,然后直径和壁厚才同时受到压缩。此时,被送进孔槽2中的这部分金属正在变形,其体积被称为"送进体积",等于管坯截面面积与送进量的乘积。随着工作机架的向前移动和孔型的滚动,工作锥逐渐被孔槽轧制而向前延伸,如图 3-1b 所示,其末端截面Ⅱ$_1$—Ⅱ$_1$ 移动到过渡位置Ⅱ$_x$—Ⅱ$_x$,相当于Ⅱ—Ⅱ截面又移动了一段等于 $m(\lambda_x - 1)$ 的距离。这里 λ_x 为瞬时延伸系数。

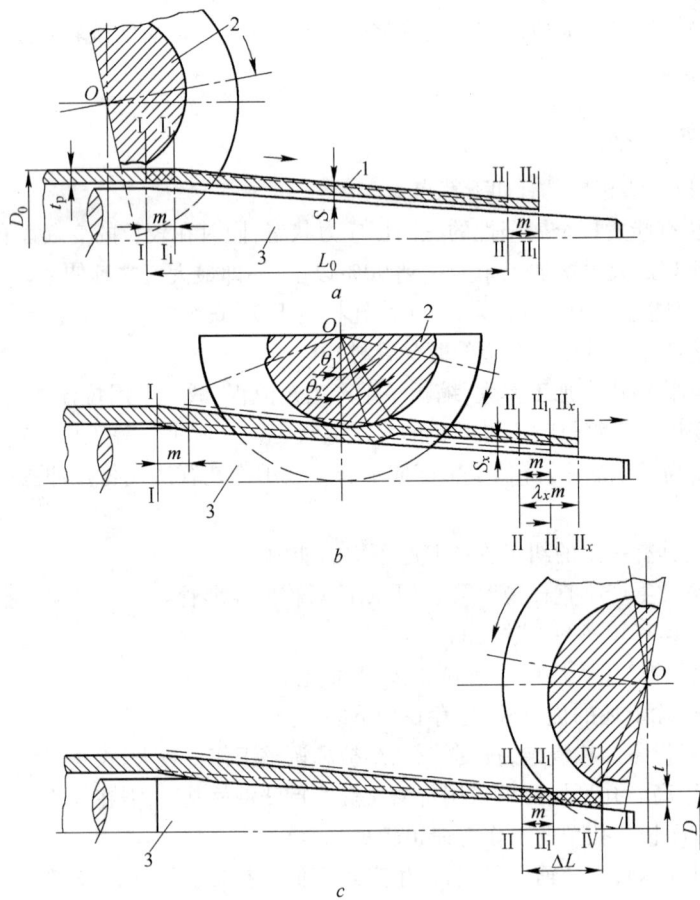

图 3-1 轧管时金属的变形过程

如图 3-1b 所示,在轧制过程中,工作锥内表面与位于孔槽前面的芯棒之间总存在着间隙 S_x,它从管坯端到成品端是逐渐减小的。当轧制过程进行到图 3-1c 所示状态时,工作机架处于前极限位置,孔型的前空转段处于工作位置,完成了正轧行程的轧制,工作锥回转适当的角度后,工作机架返回,孔槽对工作锥体进行返回行程轧制。这样就完成了一个轧制循环,得到了一段长度为 ΔL 的成品管材。

管坯送进体积 V_0：

$$V_0 = \pi S_0 (D_0 - S_0) m \tag{3-1}$$

在一个轧制循环中，由管坯轧制成成品的金属体积为 V：

$$V = \pi S (D - S) \Delta L \tag{3-2}$$

由于 $V_0 = V$，可以确定在一个轧制循环中，得到的成品管长度 ΔL 为

$$\Delta L = \frac{S_0 (D_0 - S_0) m}{S (D - S)} = \lambda_\Sigma m \tag{3-3}$$

式中　S_0, S——管坯、成品管壁厚，mm；

　　　D_0, D——管坯、成品管外径，mm；

　　　m——在一个轧制循环中，管坯的送进量，mm；

　　　λ_Σ——轧制总延伸系数。

3.2.2　冷轧管的应力应变状态

冷轧管过程，是孔型将轧制力周期性地作用在工作锥上，强迫其发生变形的过程。孔型及芯棒对工作锥作用的压力垂直于接触表面，对工作锥作用的摩擦力平行于接触表面。工具对工作锥作用的压力和摩擦力，统称为轧制外力。

如图 3-1b 所示，工作锥在变形时，总是先发生减径，然后再发生减壁。孔型在工作锥的减径和减壁部分上，都作用以压力。芯棒只在减壁部分作用于工作锥压力，这个压力与孔型对工作锥减壁部分作用的压力是一对作用力和反作用力，它们大小相等、方向相反，在轴向和径向上的分力也是如此。这就是芯棒在正轧和回轧时都受到轴向力作用的原因。孔型对工作锥减径部分压力的轴向分力，是引起工作锥在正轧和回轧过程中窜动的原因。

管材工作锥变形区的金属，处于三向不等的压缩主应力状态。主压缩应力 σ_r 是轧制外力在径向的分力引起的，周向应力 σ_θ 则主要是由于工作锥径向发生压缩变形，工作锥周长受孔型形状的限制被强迫缩短而引起的，故 σ_θ 为压缩应力状态，虽然强迫宽展引起的周向摩擦力影响了 σ_θ 的压缩趋势，但并不能改变其压缩的方向。最小主应力 σ_L 由两部分组成，第一部分是轧制外力在轴向上的分力（这是主要的），该分力在正轧和回轧中是变化的，但受到压缩状态是主要的；第二部分是工作锥在轴向受到的摩擦力，它总是与金属延伸的方向相反，因此也是压缩状态的。

由最大剪应力塑性条件 $(\sigma_r - \sigma_L)/2 \geqslant \sigma_k$ 得出：轧制时，金属的延伸方向与最小主应力 σ_L 的方向相反，这样冷轧管变形状态就为两向压缩一向延伸。σ_k 为金属的变形抗力。冷轧管时，主应力的压缩方向阻碍了金属晶粒间的滑移，这种滑移会破坏金属之间的完整性。因此，这样的变形条件就能充分利用金属的塑性，加之轧制变形又是在很长一段孔型展开线上逐步实现的分散变形，所以更有利于金属的塑性得到充分的发挥。

值得提出的是，由于孔槽形状的影响，轧制过程中存在着不均匀变形，由此而引起的附加应力，改变了工作锥上某些部位的应力状态。在变形量较小的部位（孔槽开口角处），会发生二向压缩一向延伸的应力状态，而位于孔槽开口处的金属，通常受到的是单向拉伸应力。当变形不均匀严重时，金属甚至会在此应力状态下发生变形，造成轧制裂纹。轧管应力状态和应变状态如图 3-2 所示，其中图 3-2a 为机架返行程和孔槽开口较大时机架正行程的应力状态图，图 3-2b 为机架正行程及孔型开口较小情况下的应力状态图，图 3-2c 为轧管应变状态图。

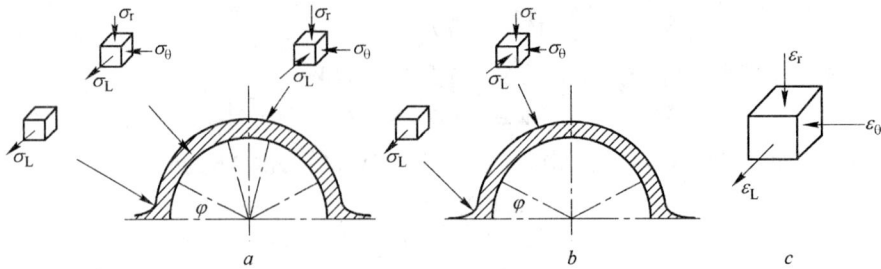

图 3-2　轧管的应力、应变状态图

3.2.3　冷轧管的变形分散性

一个送进体积的管坯，一般要经过 8～15 个轧制周期，才轧制成成品管材。这说明轧制时金属处于分散的变形状态。工作锥就是处于轧制区的管坯，它清楚地记载着管坯的变形过程。表 3-1 为国内某厂二辊冷轧管机常用孔型分段数据，表明工作锥可分为减径、压下、壁厚均整和定径四大段，每一段中金属的变形情况如下：

（1）减径段。管坯直径被压缩，壁厚略有增加。开始时，管坯内表面呈自由状态，直到减径段末端方与芯棒接触。壁厚增量一般为管坯内径减径量的 5%～6%。生产实际证明，过分的壁厚增加，将对以后的变形带来不利影响，一方面因为金属的明显加工硬化而降低了材料的塑性，另一方面使压下段变形量增加，加快了孔型压下段开始处的磨损。同时，管坯内径减缩量越大，越易产生内表面皱折，影响成品内表面质量。管坯内径减缩量一般取 1.5～12 mm，塑性差的合金取 1～2 mm。

（2）压下段。这是孔槽最长的一段，管坯的变形主要集中在此段，管坯的直径和壁厚都发生了很大的减缩，尤以减壁为主。由于设计选择的轧制变形分散系数往往在 5.5～10 之间，轧制总加工率是在 5.5～10 个轧制过程中逐步完成的，因此其变形是高度分散的。而且，在有色金属加工的孔型设计中，将压下段分为 9～30 多个小段，使金属的相对变形程度逐渐减小，以顺应金属的加工硬化规律，使轧制压力在整个孔型展开线上分布均匀，同时能充分利用金属的塑性，保证产品质量，提高孔型的使用寿命。

（3）壁厚均整段。此段主要均整管材的壁厚。管材直径按照芯棒的锥度减缩到成品管的直径，孔型顶部锥度应尽量与芯棒锥度一致。

（4）定径段。此段孔槽断面相等，孔槽顶部锥度为零。管材不与芯棒接触，无明显变形，只是进一步均整外径，提高制品的尺寸精度。

表 3-1　二辊冷轧管机常用孔型分段数据

轧机型号	机架行程 /mm	后空转段（送进段）/mm	减径段 /mm	压下段/分段数 /mm	壁厚均整段 /mm	定径段 /mm	前空转段（转料段）/mm
LG30（хпт32）	452	25.7	30	234/9	44.4	80	25.7
LG55（хпт55）	625	9.2	40	350/10	50.5	94	6.1
LG80	705	28.5	50	380/10	51.75	120	7.5
SKW75	1023.21	95		675/40		125	128.21

3.3 冷轧管工艺

3.3.1 孔型系列的选择

孔型设计是按给定的管坯和成品管材尺寸进行的,孔型系列用"管坯外径×成品外径"表示。当孔型设计完成后,其管坯外径和成品外径就确定了,只是管坯壁厚和成品壁厚允许在设备技术性能范围内调整。某种规格的轧制管材,经过不同的拉伸工艺,可以生产成不同规格的最终成品;而且冷轧管的坯料多数采用挤压管坯,也有采用轧制和拉伸管坯的。所以,在确定孔型系列时,就应根据轧管机的技术性能、各种合金的变形特点、生产车间其他设备(主要是挤压机和拉伸机)配置状况和本单位生产工艺流程特点,确定出最简化且最具有通用性的孔型系列,从而达到既经济合理又省工省时的目的。

二辊冷轧管机可生产 $\phi 16 \sim 85$ mm 的各种规格的管材,为保证最终产品达到技术条件的要求,一般应至少留出 $1 \sim 2$ mm 的减径量,以便整径拉伸。表 3-2 为国内某厂二辊冷轧管机轧制铜合金的孔型系列及成品规格范围,表 3-3 为某厂多辊冷轧管机轧制铜合金的孔型系列及成品规格范围。

表 3-2 某厂二辊冷轧管机轧制铜合金的孔型系列及成品规格范围 (mm)

轧 机 型 号	孔型系列 $D_0 \times D$	成品尺寸 $D \times (t_{min} \sim t_{max})$
LG30 (хпт32)	42×30	$30 \times (1.0 \sim 2.5)$
	38×28	$28 \times (0.75 \sim 2.5)$
	26×16	$16 \times (0.4 \sim 0.7)$
LG55 (хпт55)	65×45	$45 \times (1.0 \sim 7.0)$
	65×38	$38 \times (1.0 \sim 7.0)$
	55×32	$32 \times (1.0 \sim 7.0)$
LG80	100×85	$85 \times (1.0 \sim 8.0)$
	100×75	$75 \times (1.0 \sim 8.0)$
	85×60	$60 \times (1.0 \sim 8.0)$
	75×55	$55 \times (1.0 \sim 8.0)$
	75×42	$42 \times (5.0 \sim 13.0)$
	65×45	$45 \times (1.0 \sim 8.0)$
	65×38	$38 \times (1.0 \sim 8.0)$
SKW75	80×38	$38 \times (1.0 \sim 2.5)$
	80×42	$42 \times (1.0 \sim 2.5)$

表 3-3 某厂多辊冷轧管机轧制铜合金的孔型系列及成品规格范围 (mm)

轧机型号	孔型系列 $(D_{0min} \sim D_{0max}) \times (D_{min} \sim D_{max})$	成品尺寸 $(D_{min} \sim D_{max}) \times (t_{min} \sim t_{max})$
LD-8	$(3.5 \sim 9) \times (3 \sim 8)$	$(3 \sim 8) \times (0.1 \sim 1.0)$
LD-12(双)	$(6.5 \sim 14) \times (6 \sim 12)$	$(6 \sim 12) \times (0.1 \sim 1.0)$
LD-15	$(8.5 \sim 17) \times (8 \sim 15)$	$(8 \sim 15) \times (0.1 \sim 1.0)$
LD-30	$(16 \sim 34) \times (15 \sim 30)$	$(15 \sim 30) \times (0.1 \sim 2.0)$
LD-60	$(32 \sim 64) \times (30 \sim 60)$	$(30 \sim 60) \times (0.2 \sim 3.0)$

3.3.2　冷轧管工艺参数的选择

冷轧管的主要工艺参数是送进量、轧机速度、轧制转角和轧制变形程度。这些工艺参数综合影响着管材的质量,轧管生产的目的就是选择好它们的组合,高效优质地轧制出合格管材。

3.3.2.1　送进量的选择

送进量的大小是否合理,直接影响生产率的高低和产品质量的优劣。送进量过大,管材将出现飞边、裂纹、壁厚不均、竹节、棱子和椭圆度超差等缺陷,还可能使孔型、芯棒、安全垫和轧辊轴承因轧制力过大而产生过快磨损或破坏;送进量过小,又降低了轧机的生产效率。因此,应根据合金性质、孔型规格、管材规格和对成品管材表面质量的要求确定送进量。

被轧制合金变形抗力大时,送进量应适当减小,车速也可以放慢些,否则易产生轧制废品,而且因轧机负荷过大易损坏工具。当合金的塑性较差时,送进量也应小些,否则易产生轧制裂纹;反之,送进量可大些。轧制的成品管外径过大或过小、壁厚过薄、对管材表面质量要求高时,送进量都应相应减小。延伸系数大的,送进量应小,反之应适当大些。孔型磨损后,送进量应逐渐减小。总之,应根据生产要求和工具实际情况,结合其他几个工艺参数的选择,来选定送进量的大小。二辊冷轧管机轧制铜合金时送进量的选择参见表3-4。

表3-4　二辊冷轧管机轧制铜合金的送进量选择

合金牌号	送进量/mm		
	LG32	LG55	LG80
紫　铜	4 ~ 15	4 ~ 15	6 ~ 30
黄　铜	4 ~ 15	4 ~ 15	5 ~ 25
青　铜	4 ~ 7	4 ~ 9	5 ~ 10
白　铜	4 ~ 15	4 ~ 10	5 ~ 25

3.3.2.2　轧机速度的选择

轧机速度即冷轧管机工作机架在每分钟内往返运动的双行程次数。其选择的主要原则是:在保证轧机负荷不过于增大的前提下,尽量提高轧机速度,以提高轧机的生产效率。

轧机速度主要取决于冷轧管机主传动装置的结构和机架运动部分的重量。当设备有动平衡装置时,其惯性力和惯性力矩得到了部分和大部分平衡,轧机速度可以大大提高。轧机运动部分的重量越轻,其惯性力和惯性力矩越小,而传动越方便,因此使用环型孔型的轧机和小轧机的速度快些。当送进量小,轧制软合金、厚壁管和小规格管材时,因轧制力和轧制力矩较小可采用上限速度,反之应采用下限速度。冷轧管机轧制铜合金时轧机速度的选择见表3-5。

表3-5　冷轧管机轧制速度选择　　　　　　　　　　　　（双行程次数/min）

二辊轧机型号	设备允许速度	生产采用速度	多辊轧机型号	生产采用速度
LG30(xⅢт32)	80 ~ 120	90 ~ 100	LD30-15	90 ~ 130
LG55(xⅢт55)	69 ~ 90	75 ~ 95	LD15-80	70 ~ 140
LG80	60 ~ 70	60 ~ 65	LD8-3	80 ~ 100
LGC-75[①]	60 ~ 80	60 ~ 80		
SKW75[②]	60 ~ 145	60 ~ 130		

①采用了水平平衡装置。②德国产轧机,采用了水平平衡和垂直平衡装置。

3.3.2.3 回转角度的选择

在轧制过程中,让工作锥转动一定的角度,是为了使处于孔槽开口处的金属转至孔槽顶部变形区内,以便在回轧时被压缩,从而减少壁厚不均和外径椭圆度,防止产生飞边和轧制裂纹。回转角度应大于孔槽开口角(二辊冷轧管机的孔型开口角为44°),一般为57°~90°,或者为(106±5)°,但不能为360°/n,以免因转角的耦合而造成产品缺陷,以及孔型某一部位过早出现严重磨损。

3.3.2.4 变形程度的选择

变形程度是表示金属所承受塑性变形的一种度量,最常用的是延伸系数和加工率(也叫断面收缩率)。冷轧管的最大加工率可达75%~90%,延伸系数可达4~10。在确定延伸系数范围时,应考虑合金的加工性能、设备性能、产品要求的力学性能、产品要求的表面质量和用途。当孔型系列确定后,只能分别改变管坯和轧制成品的壁厚来调整轧制变形程度。生产中,半圆形孔型变形区较短,轧制紫铜一般取延伸系数为3~6时,轧制较为正常;环形孔型变形区较长,延伸系数可取大点。为了避免轧制裂纹,铜合金的延伸系数不能太大。表3-6为二辊冷轧管机轧制铜及铜合金可取的延伸系数。

表3-6 二辊冷轧管机轧制延伸系数

轧机型号	延伸系数	
	紫铜	铜合金
LG30(хпт32)	2~9	2~3.2
LG55(хпт55)	2~10	2~3.2
LG80	2~10	2~3.2
LGC-75	4~11	3~5
SKW75	4~12	3~5.5

3.3.3 冷轧管工艺参数计算

冷轧管工艺计算主要有总延伸系数、加工率、管坯下料长度和轧机生产率等参数的计算。

(1)总延伸系数 λ_Σ 的计算:

$$\lambda_\Sigma = \frac{F_0}{F} = \frac{(D_0 - S_0)S_0}{(D - S)S} \tag{3-4}$$

式中 λ_Σ ——总延伸系数;

F_0, F ——管坯、成品管断面积,mm^2;

D_0, D ——管坯、成品管外径,mm;

S_0, S ——管坯、成品管壁厚,mm。

(2)变形程度 ε 的计算:

$$\varepsilon = \frac{F_0 - F}{F_0} \times 100\% = \frac{\lambda - 1}{\lambda} \times 100\% \tag{3-5}$$

式中 ε ——变形程度;

$\quad\quad\lambda$ ——延伸系数。

(3)管坯下料长度的计算。为了避免短尺和浪费,在轧制前需按成品长度的要求来计算管坯的长度,或者根据管坯的长度计算出轧制后的成品长度。管坯的下料长度计算如下:

$$L_0 = \frac{nL + \Delta L}{\lambda_\Sigma} \quad\quad\quad (3-6)$$

式中 L_0 ——管坯的下料长度,mm;

$\quad\quad n$ ——定尺的成品管材根数;

$\quad\quad L$ ——所需要的轧制成品管材的定尺长度,mm;

$\quad\quad \Delta L$ ——考虑锯切头、尾及中间锯口等留出适当余量,mm。

(4)轧管机生产率 A 的计算:

$$A = \frac{60nm\lambda_\Sigma k\pi\eta}{1000} \quad\quad\quad (3-7)$$

式中 A ——轧管机生产率, m/h;

$\quad\quad n$ ——工作机架每分钟双行程次数,次/min;

$\quad\quad m$ ——送进量,mm;

$\quad\quad \lambda_\Sigma$ ——轧制总延伸系数;

$\quad\quad k$ ——轧制根数,一般轧机一次只轧制一根;

$\quad\quad \eta$ ——设备利用系数,一般取 0.8 ~ 0.9,对于侧装料轧机取下限,端装料轧机取上限。

(5)平均壁厚的计算:

$$S = \frac{S_{max} - S_{min}}{2} \quad\quad\quad (3-8)$$

式中 S ——平均壁厚,mm;

S_{max}, S_{min} ——在同一断面测得的壁厚最大值、最小值,mm。

(6)壁厚偏心率 p 的计算:

$$p = \frac{S_{max} - S_{min}}{S_{max} + S_{min}} \times 100\% \quad\quad\quad (3-9)$$

式中 p ——壁厚偏心率,%;

S_{max}, S_{min} ——在同一断面测得的壁厚最大值、壁厚最小值,mm。

3.3.4 冷轧管管坯的准备及要求

冷轧管管坯大多采用挤制管坯,为了操作顺利,保证轧制产品的质量,管坯的准备工作如下:

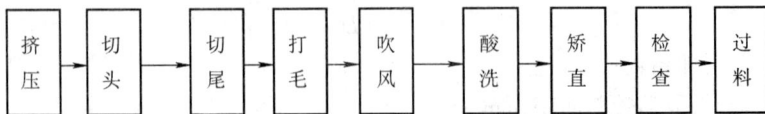

挤压 → 切头 → 切尾 → 打毛 → 吹风 → 酸洗 → 矫直 → 检查 → 过料

3.3.4.1 管坯尺寸的要求

A 管坯壁厚的要求

冷轧管具有一定的纠正管坯壁厚不均的能力,但管坯壁厚严重不均,将造成轧出管材壁厚不均严重、内表面压折、管材过于弯曲而使转料困难,因此对管坯壁厚的偏差有一定的要求,一般要求管坯壁厚偏心率不超过名义壁厚的8%~10%。管坯的平均壁厚影响轧制延伸系数和轧制成品长度,一般要求管坯的平均壁厚不超过名义壁厚的±(5%~7%)。表3-7为挤压制品供轧管管坯壁厚允许偏差。

表3-7　挤压制品供轧管管坯壁厚允许偏差

类　　别	紫铜、黄铜	白　铜
名义壁厚/mm	4~10	6~10
平均壁厚/mm	±5%×名义壁厚	±7%×名义壁厚
壁厚偏心率/%	8	10

B　管坯外径的要求

管坯外径过大,会造成孔型减径段过早磨损和轧制轴向力过大;管坯外径过小或椭圆度过大,会造成管坯内表面与芯棒间隙过小而上料困难。对管坯外径要求过严,会增加挤压模具的消耗,提高生产成本。一般要求紫铜和黄铜管坯外径偏差不得超过名义外径的3%左右,白铜管坯外径偏差不得超过名义外径的3.5%左右。表3-8为挤压紫铜和黄铜管供轧管管坯外径允许偏差,表3-9为挤压白铜管供轧管管坯外径允许偏差。

表3-8　挤压紫铜和黄铜管供轧管管坯外径允许偏差　　　　（mm）

名义外径	60~70	>70~80	>80~90	>90~105
偏差及椭圆度	+0.80 -1.20	+0.90 -1.20	+1.00 -1.50	+1.00 -1.80

表3-9　挤压白铜管供轧管管坯外径允许偏差　　　　（mm）

名义外径	60~70	>70~80	>80~90	>90~100
外径允许偏差	+0.80 -1.50	+1.00 -1.80	+1.00 -2.00	+1.00 -2.20

C　管坯直度的要求

管坯弯曲度在每米长度上不得超过4 mm,否则会造成穿芯棒及转料的困难。

D　管坯端面的要求

管坯的锯切端面要平齐,并与管坯中心线垂直,以避免管坯叉头或端面磨损。

3.3.4.2　管坯内外表面质量要求

管坯内外表面应无裂纹、重皮、起泡、夹杂、针孔、指甲能感到阻碍的凹坑、深度超过0.2 mm的划伤。除了裂纹和针孔,其他缺陷经过修理可以使用。管坯内外表面应干净、光洁,不得有锯屑、异物、氧化皮和残酸。除了紫铜外,为了软化管坯,防止轧制裂纹,可进行管坯退火,退火后要酸洗和水洗干净。

3.3.4.3　管坯力学性能的要求

如果被轧制合金的塑性太低,可能会产生轧制裂纹;如果合金的强度太高,会因轧制压力过大,引起孔型过早磨损、断芯棒或芯杆等问题;如果合金强度太低或壁厚过薄,管坯则易顶弯或插头,给轧制造成困难。表 3-10 为挤压供轧管管坯力学性能要求。

表 3-10　挤压供轧管管坯力学性能要求

合金牌号	抗拉强度 σ_b/MPa	伸长率 δ/%	硬度 HB
紫　铜	≤190	≥30	≤50
H62	≤360	≥38	—
H68	≤250	≥35	≤60
HSn70-1	≤250	≥40	≤70
HAl77-2	≤250	≥40	≤70
QSn4-0. 3	≤350	≥38	≤80
NCu28-2. 5-1. 5	≤400	≥25	≤85
B10	≤270	≥28	≤65
B30	≤350	≥25	≤65

3.3.5　冷轧管工艺润滑

3.3.5.1　润滑的作用

轧管润滑的作用是冷却和润滑。内表面润滑可减少芯棒与管坯内表面之间的摩擦,同时减小脱芯力,减轻送料机构的负荷。外表面润滑可减少孔型与管坯之间的摩擦,从而减小了轧制压力和轧制轴向力;同时外润滑的冷却作用,避免了工具和工作锥体的过热,有利于延长工具的使用寿命。

3.3.5.2　润滑剂的种类和使用

轧管润滑剂的选用,与被轧制合金的品种及润滑部位密切相关。但无论何种润滑剂,都应具有良好的润滑性能和足够的冷却性能,酸碱度呈中性和微碱性,对所轧制合金无腐蚀作用,润滑剂清除容易。

轧制一般的铜合金管材,均采用乳液作为润滑剂。对于管坯内表面,应使用润滑性能好的高浓度乳液,其成分为 50% 乳膏加 50% 水,以喷射或流入形式注入管坯内表面;对于端装料的轧机,采用内润滑系统将润滑油喷射入管坯内表面;对于管坯外表面应使用流动性能较好的低浓度乳液,其成分为 15% ~20% 乳膏加 80% ~85% 水,以便兼顾润滑和冷却的需要。润滑时将乳液直接喷射在工作锥上。乳液应保持干净。

在三辊冷轧管机上轧制铜合金管材,由于加工率不大,热效应不明显,一般采用机油润滑。

轧制镍及铜镍合金管材时,应采用润滑性能及黏附性能均好、不易蒸发的专用润滑油。镍及铜镍合金的强度高,变形抗力大,变形热效应十分明显,轧制时工作锥易过热而黏坏孔型,使生产无法进行。使用时应将专用润滑油均匀地涂抹在管坯内外表面上。

3.4　冷轧管废品及其产生原因

冷轧管废品的产生,大部分与设备调整、工具制造与设计、操作不当等原因有关。主要的废品种类是:飞边压入、轧制裂纹、啃伤、划伤、压坑、金属压入、竹节、环状压痕、尺寸超差和插头等。

3.4.1　飞边压入

飞边是轧管生产特有的一种废品,产生飞边的产品一般只能报废。这种废品是在正行程轧制时,孔型孔槽的开口切割了工作锥锥体,产生出"耳刺",回轧时"耳刺"被压贴于管材表面,形成了飞边压入。其特点是:(1)具有明显的对称性;(2)呈间断的螺旋状分布;(3)长度有限。

当管材工作锥体的尺寸,大于相应处孔槽开口的尺寸时,就会产生飞边。因此造成飞边的原因是:(1)送进量过大或不均;(2)孔型开口过小;(3)孔型局部磨损严重;(4)孔型间隙大,半圆形孔型低于轧辊或高于轧辊过多;(5)安全垫变形造成孔型间隙不一致;(6)轧制时管材不转角或转角不当;(7)孔型与芯棒尺寸不匹配,造成金属局部集中压下;(8)管坯偏心严重,造成工作锥体局部尺寸过大。

防止飞边产生的方法:检查孔槽开口是否粘铜,只要粘铜就说明孔槽切割过工作锥体。根据各方面情况,采取的措施有:(1)减小和调匀送进量;(2)修理孔槽开口;(3)正确安装半圆形孔型;(4)正确调整孔型间隙;(5)正确调整转角;(6)按照轧制规格正确选择芯棒,避免直锥芯棒调整位置过前或过后,检查曲面芯棒位置是否正确;(7)选择合格管坯或减小送进量。

上面的某些原因使飞边往往是不对称的,因此飞边常常与轧制后的挤压夹灰及深划沟十分相似。区别它们的方法是:(1)从长度上区别,飞边长度有限,一般长度不超过 $m\lambda_\Sigma$,而夹灰长度大大超过这个数值;(2)从外形上区别,飞边边沿呈细小的锯齿状,并顺着转角的方向倒向一边,夹灰则不然;(3)用刮刀刮开检查,飞边一般较浅刮开后里面较干净,而夹灰则较深,由于包裹着氧化皮等脏物,刮开后里面比较脏。飞边压入的形成的过程如图 3-3 所示。

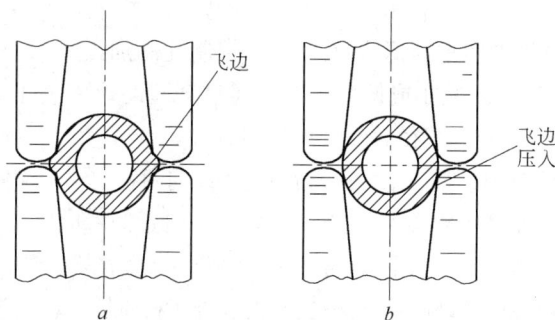

图 3-3　飞边压入的形成过程

a—正轧时工作锥剖面;*b*—回轧时工作锥剖面

3.4.2 轧制裂纹

轧制裂纹一般发生在硬合金和塑性比较差的合金中,如 HSn70-1、HSn62-1、H62 和 H68 等。由于该缺陷是由轧制过程中不均匀变形产生的拉附应力引起的,因此其特点是:裂纹与管材的轴向成 45°夹角或呈三角口。然而轻微的裂纹只能看见很细小的滑移线,并不裂开,用手触摸会感到有凹凸的存在,经振动或放置一段时间后就会裂开。塑性较好的合金(如紫铜),轧制裂纹呈月牙口状。

轧制裂纹形成的原因和过程如图 3-4 所示。产生该裂纹的工艺因素是:(1)管坯的挤压温度过低或退火不足,使管坯因残余应力消除不彻底而导致塑性降低;(2)管坯的挤压温度过高或加热时间过长而过烧、过热,导致金属塑性下降;(3)轧制加工率太高、送进量太大或不均,造成变形分散不足;(4)孔型开口过大,变形严重不均;(5)管坯偏心严重或孔型曲线错位造成加工率不均;(6)芯棒选择不当或工艺选择的减径量太大,造成集中压下。

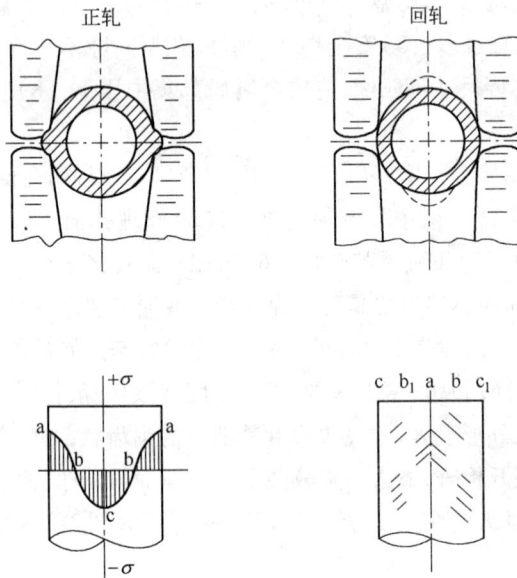

图 3-4　轧制裂纹形成示意图

消除的办法是:(1)将管坯重新退火;(2)合理控制轧制加工率,一般半圆形孔型轧制黄铜的加工率不得超过 73.5% ;(3)减小或调均送进量;(4)合理设计孔槽开口的大小;(5)匹配合适的芯棒,选择合理的减径量,避免减径后瞬时加工率过大。

挤压裂纹也往往在轧制中暴露出来,可分为横向和纵向两种裂纹。横向裂纹与管坯轴向垂直,是挤压温度过高或挤压速度过快造成的,该裂纹经轧制轴向延伸后成龟皮状裂纹,尤其以 HSn70-1 易产生此缺陷。纵向裂纹基本与轴向平行,常发生在热塑性较差的合金上,是由于挤压温度过低且挤压速度过快造成的。避免以上缺陷的办法是,严格检查坯料质量,按工艺规定的要求过料。

3.4.3　啃伤

啃伤如图 3-5 所示。产生原因:(1)两孔型错位,孔型边沿严重切割工作锥体;(2)孔型开口太小,金属充满孔型开口后被孔型边沿严重切割;(3)孔型边沿损坏;(4)孔型不成对;(5)安全垫变形,使孔型两边的间隙不一致,间隙大的一边因轧制压力小,金属过分充满及孔型边沿移近轧制中心线而切割工作锥体。

3.4.4 划伤、压坑和金属压入

管材内外表面划伤的原因很多,凡是与管坯和成品有接触的工具及设备上的零部件,都有可能引起划伤。尤以成品划伤影响严重,由成品卡爪不光洁或粘有金属屑引起的划伤,一般呈很有规律的螺旋状,由出料槽引起的划伤则不一定有规律;芯杆表面有凸棱、芯棒表面不光洁或粘有金属,将造成管材内表面划伤或压坑。

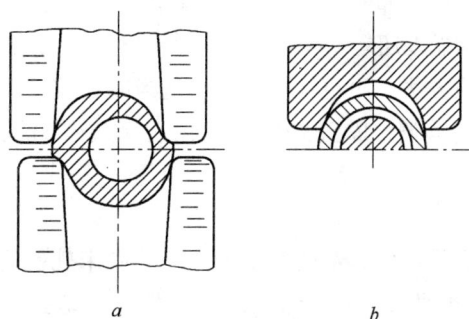

图 3-5 轧制啃伤示意图
a—轧辊错位;b—孔型开口度小

金属压入或压坑往往是管坯内外表面清理不干净、粘有金属屑、乳液太脏有异物,以及管材端部金属剥落黏附在孔型或芯棒上等原因造成的。

消除方法:认真清理管坯内外表面,清理和磨光上述工具的表面,更换清洁乳液。

3.4.5 竹节及环状压痕

竹节的特点为沿着管材长度方向有一个比较亮的环,环间距为 $m\lambda_\Sigma$,手摸能感到凹凸的存在,它一般不做报废的依据。图 3-6 表明了竹节形成的过程。轻微的竹节又称环状压痕,环处的外径及壁厚几乎没有变化。其产生的原因是:(1)孔型后空转段过渡角 R 太小,把成品管材压出压痕;(2)芯棒在轧制时振动太大;(3)送进量较大。轧制壁厚小于 1 mm 的管材时,很容易产生竹节。

严重的竹节在环处的外径和壁厚上都有变化,这会造成拉伸断头或跳车。其产生的原因是:(1)孔型壁厚均整段因磨

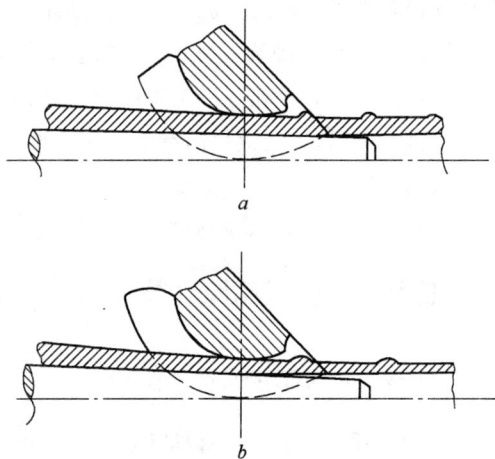

图 3-6 竹节形成过程
a—定径段磨损严重;b—送料量过大或延伸系数过大

损而缩短,造成壁厚均整不足;(2)送进量过大或加工率过大,使壁厚均整不足;(3)芯棒选择不当,位置调整后,使其小头位于孔型定径段内离壁厚均整段不远处,从内表面把管材啃出一个个的环。

消除方法:(1)修磨、增大孔型后空转段过渡角 R;(2)适当减小送进量;(3)采用壁厚较薄的管坯,减小轧制加工率;(4)合理设计孔型;(5)选择合理的芯棒。

3.4.6 管材尺寸超差

管材尺寸超差是指管材外径和壁厚尺寸超出规定的公差范围。产生原因:(1)孔型定径段

磨损或孔型间隙过大,造成外径超差;(2)送进量太大,使定径段精整系数不足;孔型因磨损而椭圆度过大或转角不当,造成外径椭圆度超差;(3)轧制薄壁管材时,因成品卡爪夹持力过大而夹扁管材;(4)严重竹节使壁厚和外径超差;(5)管坯严重偏心,轧制后仍未彻底纠正;(6)芯棒位置不当造成壁厚超差。

消除方法:(1)更换孔型;(2)适当减小送进量;(3)正确调整孔型间隙;(4)正确调整轧制转角;(5)适当调整成品卡爪夹持的松紧程度;(6)按工艺要求检查管坯壁厚。

3.4.7　插头

插头是后面的管坯前端插入一根尚未轧制完毕的管坯或工作锥的末端。产生的原因是:(1)管坯弯曲或壁厚不均;(2)管坯端面未切齐或切斜;(3)轧制轴向力过大;(4)脱芯力太大;(5)成品卡爪夹持过紧;(6)管坯太软;(7)管坯壁厚太薄;(8)轧机工作不正常。插头的管材在轧制中会产生金属剥落,使孔型、芯棒及成品卡爪粘上金属,造成成品划伤、金属压入和压坑等缺陷。插头会使轧机因超负荷而闷车,造成设备事故;还会使安全垫变形,使孔型间隙变大而引起质量问题。

防止的方法是:(1)检查管坯弯曲度、壁厚、端面应符合工艺要求;(2)采取措施减小轧制轴向力;(3)加强内表面润滑;(4)设计、选择锥度适当的直锥芯棒,减小脱芯力;(5)适当调整成品卡爪夹持的松紧程度;或者在成品接头通过成品卡盘时,打开成品卡盘,防止成品插头;(6)管坯退火应软硬适中;(7)正确调整轧机,使送进、轧制动作协调。

消除三辊式冷轧管机轧制插头现象,除采用上述措施外,还可通过调节摇摆杆系统来实现。摇摆杆经合理调整后,轧辊辊径沿滑道做纯滑动,由此减小了送进阻力。避免了管材的后滞,从而防止插头的发生。

总之,为了提高轧制产品的质量和生产效益,应尽力避免轧制废品。

3.5　二辊冷轧管机工作原理及工具

3.5.1　二辊冷轧管机工作原理

二辊式冷轧管机是一种具有周期性工作制度的轧管机,其工作原理如图3-7所示。当主电机通过传动系统,使主动齿轮3做回转运动时,工作机架6借助于曲柄连杆机构4和5做往返水平运动,这样安装在工作机架内的轧辊不仅随着机架做往返运动,同时借助于轧辊主动齿轮7与固定齿条2的啮合,以及两对同步齿轮8的咬合,使上下轧辊做周期性的相对滚动,实现轧机的轧制动作。

轧制时,管材在孔型的碾压及芯棒的支撑下发生变形,产生外径的减缩和壁厚的减薄。芯棒被固定在芯杆上,轧制时其相对于孔型的位置是不能变动的。孔型块呈环形或半圆形,在孔型的圆周上刻有变断面孔槽,孔槽的工作大断面相当于管坯外径,孔槽的工作小断面相当于成品外径。在孔槽工作断面的两端分别有空转段,起送进和回转作用。

轧制的工作制度有"双送进双回转"、"单送进单回转"和"双送进单回转"等几种。现以单送进单回转轧制的工作制度,描述轧制时金属变形的工作原理,如图3-8所示:当工作机架处在原始位置(后极限位置)I—I时,孔型的后空转段(送进段)正处于工作位置,管坯与孔槽没有接

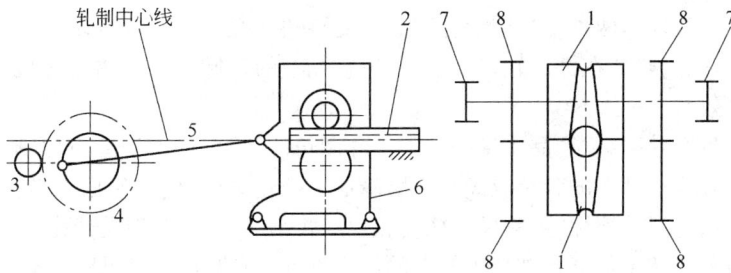

图 3-7 冷轧管工作架示意图

1—孔型;2—齿条;3—主动齿轮;4—曲柄齿轮;5—连杆;6—工作机架;
7—轧辊主动齿轮;8—轧辊同步齿轮

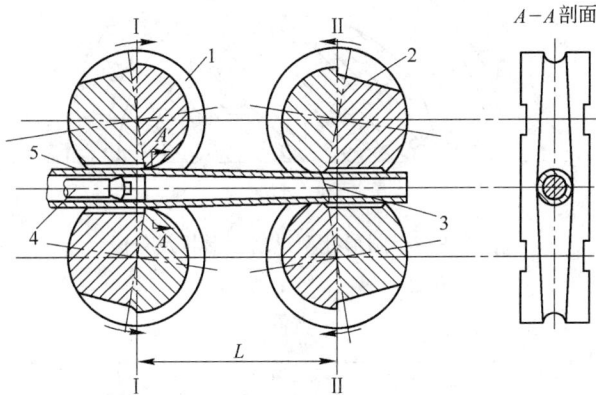

图 3-8 轧制过程示意图

1—孔型;2—轧辊;3—轧制芯棒;4—芯杆;5—被轧制的管材

触,送进机构将管坯向正轧制方向送进一段叫做"送进量"的距离。随着孔型的向前滚动,已送进的这段管坯,在由孔型和芯棒所构成的断面逐渐减小的环形间隙中,进行减径和减壁。

当工作机架处在前极限位置 Ⅱ—Ⅱ 时,孔型的前空转段(回转段)正处于工作位置,这时管材与孔槽脱离接触,在回转机构的作用下,整根管材与芯棒一起回转一定的角度,然后机架返回,孔槽对管材锥体进行均整性的轧制。机架回到原始位置后,即完成一个轧制周期。随着机架的往返运动,送进—正轧—转料—回轧的轧制动作循环不已。

3.5.2 二辊冷轧管工具

二辊冷轧管工具主要有孔型、芯棒,还有成品卡爪、坯料卡爪、成品导套和芯杆。这些工具都与被加工金属接触,直接影响产品质量。

3.5.2.1 孔型

孔型对管材的作用是:在芯棒的辅助作用下,对管材施加轧制压力,使其按给定的变形量连续地产生外径减缩和壁厚减薄,直至成品尺寸;同时限制管材在变形时的金属流动方向,不允许管材自由宽展,保持规定的几何形状。

　　孔型分半圆形和环形两种。半圆形孔型靠孔型斜铁和螺钉固定在轧辊凹槽中;环形孔型用专用感应线圈加热后,热装在圆形轧辊上,因此环形孔型的装卸减少了占用轧机的开动时间,提高了轧机的生产效率。

　　为了设计出生产效率高、产品质量好和工作寿命长的孔型,应遵守如下原则:管材的相对变形程度沿孔型展开线长度上的分布应满足金属冷加工硬化规律,使轧制压力沿孔型展开线长度均匀分布。要根据金属的塑性、产品尺寸精度和生产效率的要求,合理设计孔型开口。选择的工艺参数要考虑设备的技术性能与被加工金属的加工特点。半圆形孔型纵断面形状及分段如图3-9 所示,其孔槽顶部展开曲线如图3-10 所示,环形孔型外形如图3-11 所示,孔型开口示意图如图3-12 所示。生产中常用的二辊冷轧管机技术性能见表3-11。

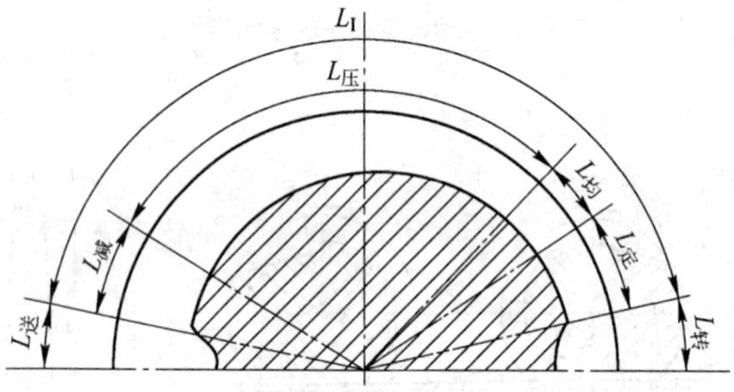

图3-9　半圆形孔型纵断面形状及分段

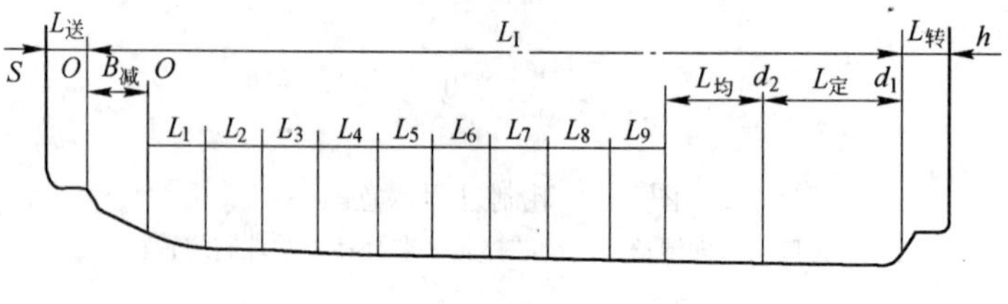

图3-10　孔槽顶部展开曲线

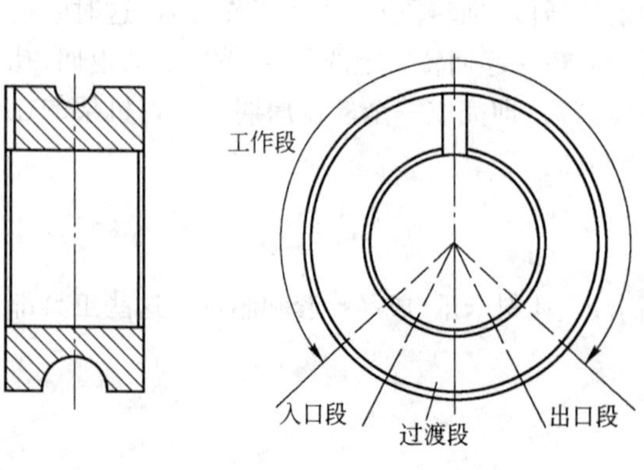

图3-11　环形孔型外形图 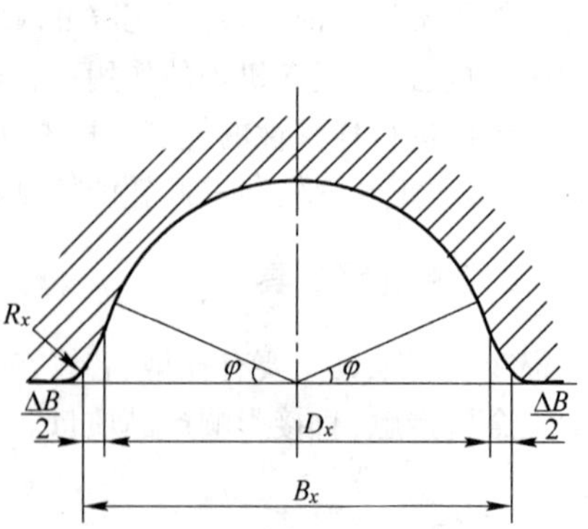　　　　　　　　　图3-12　孔型开口示意图

表3-11　生产中常用的二辊冷轧管机技术性能

轧机型号	管　坯		成　品		主要工艺性能				主要设备性能参数		
	外径/mm	壁厚/mm	外径/mm	壁厚/mm	送进量/mm	外径最大减小量/mm	断面最大收缩率/%	壁厚最大减缩率/%	主动齿轮节圆直径/mm	轧辊直径/mm	轧辊回转角/(°)
LG30 хⅡт32	22～45 22～42	1.35～6	16～32	0.4～5	2～30 2～15	24	88	70	280	300	185
LG55 хⅡт55	38～73 38～68	1.75～12	25～55	0.75～10	2～30 2～18	33	88	70	330 350	360 364	205
LG80	60～102	2.0～20	40～80	0.75～18	2～25	33	88	70	406	434	198.5
SKW75	40～85	～13	20～60	1.5～4	4～24	—	—	—	336	375	348.96

3.5.2.2　芯棒

芯棒分直锥芯棒和曲面芯棒两种,芯棒的形状及尺寸分段如图3-13所示。芯棒的设计与孔型的设计是相匹配的,直锥芯棒和曲面芯棒不能调换使用。

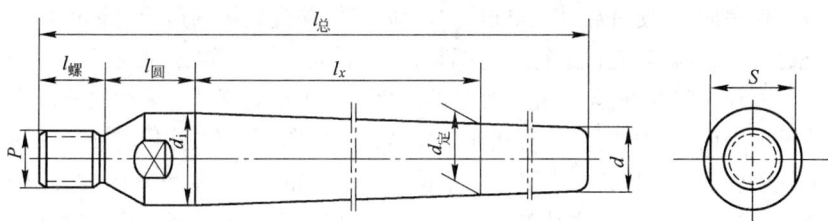

图3-13　芯棒的形状及尺寸分段

A　直锥芯棒

二辊冷轧管机一般采用圆锥形芯棒,其优点是:(1)通过变更其在孔型中的位置,用一根芯棒可以在一定范围内轧制出不同壁厚的管材;(2)可以减小送料时,管材由芯棒上脱开的脱芯力;(3)加工制造费用低。其缺点是:芯棒的直锥与孔槽的曲面匹配的不够完美。

芯棒锥度的大小对轧制过程影响较大,芯棒锥度越大,变形越不均匀,同时孔槽的开口也应相应增大,否则工作锥体将被切割或啃伤,只有减小送进量方可消除;当芯棒锥度太大时,工作锥体在正轧过程中,将在轴向力的作用下前窜,造成加工率后移,孔型曲线后半部分轧制力增大,不均匀磨损加剧。

芯棒锥度也不能过小,否则将使减径量过大,造成减径后壁厚增加明显、孔型压下段前几段的变形量集中,迫使金属过早硬化,降低金属塑性,导致低塑性合金产生轧制裂纹;芯棒锥度太小还将造成脱芯困难,尤其是在轧制黏性大的合金时,芯棒易粘上金属造成管材内表面划伤;芯棒锥度太小还将造成上料、芯棒调整的困难。轧制铜合金多使用小锥度的芯棒,对于端装料的轧机,芯棒锥度 α 满足 $2\tan\alpha = 0.01\sim0.02$,而对于侧装料的轧机,芯棒锥度 α 满足 $2\tan\alpha = 0.01\sim0.04$;对于变形抗力大、塑性差的合金,芯棒锥度 α 满足 $2\tan\alpha = 0.005\sim0.015$;对于轧制薄壁管材,芯棒锥度应小些,最小可取 $2\tan\alpha = 0.0035\sim0.002$。

　　B　曲面芯棒

　　从德国引进的高速轧机采用的是曲面芯棒设计。其优点是:芯棒的曲面与孔槽的曲面相匹配,变形分布更合理。其缺点是:(1)管材由芯棒上脱开的脱芯力较大;(2)加工制造费用高,需要专用数控磨床加工;(3)芯棒位置不可调整,一根芯棒只能生产出一种规格的产品。曲面芯棒对于规格比较少、而产量比较大的生产有利。

3.6　二辊冷轧管机的操作及调整

　　二辊冷轧管机结构复杂,要求各运动部件的动作十分协调、工具的配置正确。因此,操作者应十分熟悉设备的结构和性能,熟悉设备的调整和工作制度,严格遵守《安全技术操作规程》、《工艺规程》和《设备使用维护规程》,确保人身、设备和工具的安全,优质高效地进行轧管生产。

3.6.1　二辊冷轧管机的操作及准备工作

　　轧机操作前的准备工作十分重要,可用"检查、润滑、紧固"来概括其内容,它包括:检查和润滑轧机各润滑部位;检查和紧固轧机各运动部件的连接情况;检查和紧固工具的安装情况;检查工具的表面质量是否合格;检查各运动通道是否畅通;检查乳液质量和流量是否正常;检查工作机架安全垫是否变形、孔型间隙是否合适;仔细审阅《生产卡片》,明确产品质量要求,按《轧制坯料检查标准》检查管坯质量是否合格。

　　上述准备工作完成后,便可启动主电机,空负荷运转,检查轧机的运转是否正常,然后上料有负荷试车,并根据三大规程对轧机进行工艺调整,直至设备运行正常、产品质量合格为止。操作中要注意首料检查和中间检查,防止轧制废品的产生。为了准确判断外表面缺陷产生的原因,应注意检查工作锥的表面,其方法是:使机架在正轧结束后停车,不使工作锥转动,这样孔型在工作锥体上造成的缺陷就被真实地记录下来了。根据工作锥体的情况,就可有的放矢地进行轧机调整和孔型修理。此外,对于插头、成品卡爪粘铜、乳液太脏和划伤等问题均应及时处理。

　　为了保证人身的安全,在进行孔型安装和在设备上修理孔型等,凡人身进入机架内作业时,应由两人以上操作,同时在操作前要切断主电源,并挂上相应警示牌。为了保证设备和工具的安全,要注意防止误操作。在停车装料时,应使孔型压住工作锥体,防止工作锥前窜而压坏孔型或使安全垫变形。安全垫的作用是防止轧制压力超过设备负荷,从而保护设备的安全。当轧制压力过大时安全垫被剪坏,孔型间隙增大,轧制压力下降,同时制品的外径变大,甚至产生飞边、棱子等缺陷。因此当安全垫变形后应及时更换。

　　在轧机运转过程中,应经常注意轧机所有运转机构的运行情况,发生异常声响和振动,应立即停车检查。最常见的原因有:孔型螺钉松动、传动系统中齿轮掉牙或缺油、连杆紧固螺钉松动使其工作不正常、送料小车跳动等。消除以上隐患后,方可继续开车。

3.6.2　二辊冷轧管机主要工艺调整

　　二辊冷轧管机有五大工艺调整:孔型间隙调整、管材壁厚的调整、转角的调整、送进量的调整和轧制速度的调整。这五大调整对于保证设备和工具的安全,避免轧制废品的产生,影响十分重大。

3.6.2.1　孔型间隙的调整

　　孔型顶面之间的安装缝隙即孔型间隙。若孔型之间没有间隙或间隙太小,以及孔型低于轧辊,轧辊之间又无间隙,都会在两个孔型或轧辊之间产生压力,使设备负荷急剧增加。其后果是:既促使设备运动部件加剧磨损,又容易损坏孔型。当孔型间隙过大时,又会产生轧制飞边。因此孔型间隙应保持在孔型设计允许的范围内,孔型间隙调整的原则是:(1)孔型间隙必须有,且小于孔型加工间隙,在轧制铜及铜合金时,孔型加工间隙一般为 1～2 mm;(2)孔型间隙应大小合适,孔型从新到旧,间隙应从大到小;(3)应根据孔槽底部磨损情况,逐步调小孔型间隙,以补偿孔槽底部磨损造成的孔槽开口相对不足,避免产生飞边、椭圆度超差等质量问题。

半圆形孔型调整孔型间隙的方法是:(1)首先加孔型垫片,使孔型顶部高出轧辊辊面0.1 mm左右。孔型垫片的作用就是补偿轧辊凹槽底部和孔型块底部的磨损,保证孔型高于轧辊辊面,孔型垫片材料的硬度应略低于轧槽底部的硬度,以避免轧槽底部的快速磨损。孔型垫片的材料一般为炭素钢板,中铝洛阳铜业有限公司使用 QSn6.5-0.1 青铜片,厚度有 0.5 mm、0.75 mm、1.0 mm 三种。安装垫片数量越少越好,最多不要超过三片。(2)当孔型高出轧辊后,可升降上轧辊来调整孔型间隙;调整工作机架内的安全垫固定螺杆,移动斜铁在工作机架内的位置,就可升降上轧辊。上轧辊升降值 = 固定螺杆移动距离×升降斜铁的斜度。孔型间隙的变化,也将引起管材外径和壁厚的变化。升降斜铁的斜度为 0.04 mm,固定螺杆的螺距一般为 4～5 mm,因此螺杆每拧一圈,管材外径的变化为 0.16～0.2 mm,壁厚变化为 0.08～0.1 mm。

测量孔型间隙时,应使机架停在中间位置,并以该位置的孔型间隙为准。为了防止孔型装配不当(孔型低于轧辊或孔型高于轧辊过多),还应测量机架停在两头时的孔型间隙,测量工具为塞尺。中间与两头的孔型间隙差越小越好。

3.6.2.2　管材壁厚的调整

A　直锥芯棒管材壁厚的调整

更换芯棒和调整芯棒在孔型中的位置,以及改变孔型间隙。LG80 和 xпт55 轧机通过调整支承杆座中的调整螺栓,就可调整芯杆在孔型中的位置;xпт32 轧机通过芯杆"窜格"来达到目的;LGC75 轧机通过芯杆"窜格"和调整芯杆夹具的位置来达到目的。设备允许的调整螺栓前后移动的距离和芯杆"窜格"的距离各为 30～35 mm,因此芯杆可调整的壁厚范围有限。芯棒调整过前或过后,都会造成轧制废品,甚至造成工具或设备事故。因此,当壁厚调整量过大时,应更换芯棒。

调整芯杆前后移动距离的壁厚变化值 = 芯棒锥度×芯棒移动距离/2。

B　曲面芯棒管材壁厚的调整

更换芯棒以及改变孔型间隙。曲面芯棒的孔型设计,是使孔型的曲面与芯棒的曲面相匹配,其优点是变形分配更合理。如果改变芯棒与孔型的设计位置,既达不到调整壁厚的目的,又会造成制品缺陷。

3.6.2.3　转角的调整

为了防止轧制飞边和裂纹的产生,必须把孔型开口处的管材,不断地翻转到孔型顶部。孔型的开口角为22°,转角则应大于44°,且不能为360°/n。

对于 LG80 和 xпт32 轧机,可通过调整分配机构中转角输出轴上"棘轮"的张紧程度来调整回转角的大小;而 xпт55 和 LG75 轧机则通过调整转角直流电机开启时间的长短来实现转角的调整。

3.6.2.4 送进量的调整

хпт55 和 LG75 轧机是通过调整送料直流电机开启时间的长短来实现的;LG80 轧机则是通过调整送料连杆的运动距离来实现的;хпт32 轧机是通过调整送料电机的转数,改变蜗轮母轮与防冲垫之间的距离来实现的。在一定范围内,送料量增大,轧制压力增大不明显,提高送料量是提高轧机产量的有力措施;但是,料量过大会产生飞边等轧管缺陷。

3.6.2.5 轧制速度的调整

轧制速度对产品质量无明显的影响,但是高速往往使设备负荷急剧增加而造成设备事故和工具事故,因此轧制速度的选择应以不使电机超负荷、不造成设备事故、不造成工具及部件的损坏为原则。轧制速度是通过调整主电机激磁绕阻中的电阻来实现的。

3.7 多辊冷轧管机工作原理及工具

3.7.1 多辊冷轧管机工作原理

多辊冷轧管机也是一种周期式冷轧管机。三辊冷轧管机工作原理如图 3-14 所示:三个具有设计斜面的 Π 形滑道,互成 120°地固定在厚壁套筒 6 中。装在辊架 5 中的三个轧辊 1,工作时同时在各自的滑道 2 上滚动。带有成品断面凹槽的三个轧辊 1 套在管坯 3 外,管坯内插着圆柱形芯棒 4。轧制时,滑道的速度 V_1 大于轧辊的速度 V_2,因此轧辊与滑道产生相对滑动,使孔槽断面尺寸发生连续的变化,实现管材的轧制。当轧辊位于滑道的最底端时,孔槽断面最大,此时进行送进和回转;当轧辊位于滑道的最高端时,孔槽断面最小,管材获得成品尺寸。

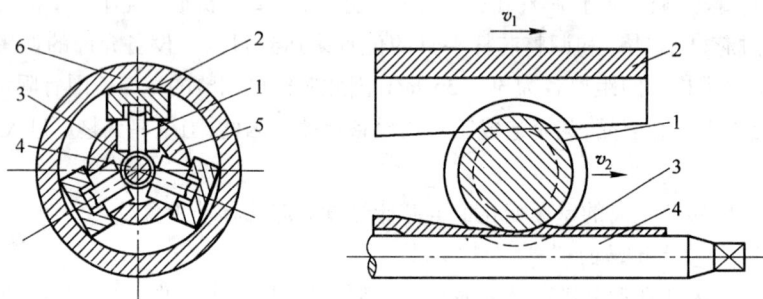

图 3-14 三辊冷轧管机工作原理图
1—轧辊;2—滑道;3—管坯;4—圆柱形芯棒;5—辊架;6—厚壁套筒

多辊冷轧管机主要用于轧制高精度、高强度的金属和合金薄壁管材。由于轧辊数目增多(3~4 个),使得轧辊与管材表面之间的滑动减小,因此管材的表面质量高。同时,由于轧辊的尺寸小,使轧辊对合金的轧制压力小,加上轧辊被固定在厚壁套筒 6 中,因此机架的弹性变形很小,轧出管材精度高。因为轧辊的轧槽与成品管材外径相同,所以其送进量、减径量和加工率不能大,否则会使管材几何形状破坏,出现棱子、壁厚不匀和划伤等缺陷。

3.7.2 多辊冷轧管机的工具

3.7.2.1 轧辊

多辊冷轧管机的轧辊形状如图 3-15 所示。常见的几种三辊冷轧管机轧辊各部位设计尺寸见表 3-12。

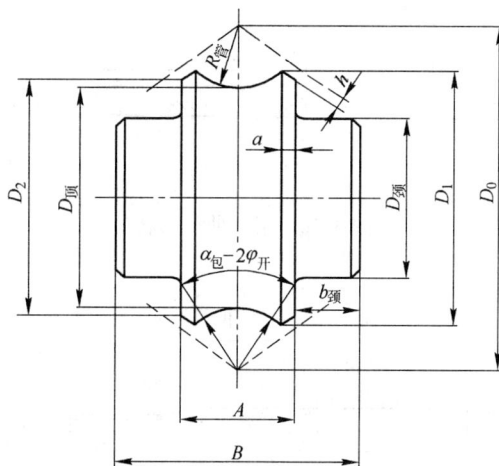

图 3-15 多辊冷轧管机的轧辊形状

表 3-12　LD 型三辊冷轧管机轧辊尺寸　　　　　　　　（mm）

轧机型号	$R_管$	$D_顶$	D_2	D_0	a	A	B
	7.5	75	80.62	90	4	34.5	74
LD-30	10	70	77.87	90	4	34.5	74
	15	60	72.36	90	4	34.5	74
	4.5	29	32.27	38	4	14	30
LD-15	6.0	30	34.62	42	4	19	35
	7.0	28	33.52	42	4	19	35
	1.5	27	28	30	2.5	11	23
LD-8	2.5	25	27	30	2.5	11	23
	4.0	22	25.5	30	2.5	11	23

3.7.2.2 滑道

滑道曲线的变化决定了孔槽断面的变化,因此多辊冷轧管机的轧制产品质量和轧机工作效率主要取决于滑道曲线的设计,其相当于二辊冷轧管机的孔型设计。滑道曲线分送进回转段、减径段、压下段和定径段。滑道曲线形状如图 3-16 所示。

3.7.2.3 圆柱形芯棒

三辊冷轧管机芯棒是圆柱形的,其形状如图 3-17 所示。为了减小送进阻力和避免管材内表面出现环状压痕,芯棒的前端稍带一点锥度,前端 20～30 mm 长度上,锥度约为 0.01。芯棒各部分设计尺寸见表 3-13。

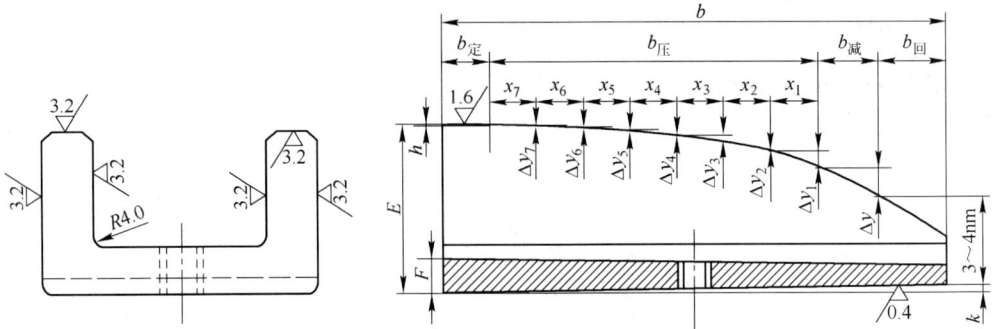

图 3-16　滑道曲线形状

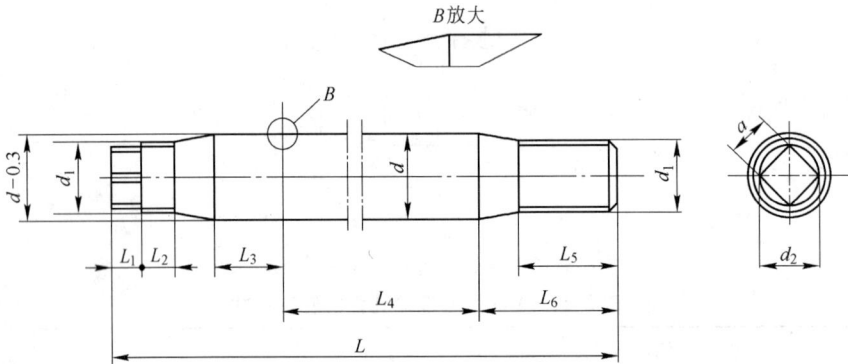

图 3-17　三辊冷轧管机芯棒

表 3-13　LD 型三辊冷轧管机芯棒尺寸　　　　　　　　（mm）

轧机型号	d	L	L_5	L_4	L_3	L_6	d_1	d_2
	$12 \leqslant d \leqslant 14$	480	30	380	10	45	M8 × 1	6.5
LD-30	$14 < d \leqslant 18$	480	30	380	14	45	M10 × 1	8
	$18 < d \leqslant 22$	480	30	380	16	45	M12 × 1	10
	$6 \leqslant d \leqslant 8$	420	10	320	6	15	M4	3.7
LD-15	$8 < d \leqslant 10$	420	10	320	7	15	M6	3.7
	$10 < d \leqslant 11$	420	10	320	8	15	M6	5
LD-8	$2 < d \leqslant 8$	400	10	300	5	10	—	—

3.8　多辊冷轧管机的操作及调整

3.8.1　多辊冷轧管机的操作

　　开车前检查各工具工作部位,发现粘有异物应及时处理;检查设备及工具连接部位,发现松动和润滑不良应及时解决;生产工和电工配合检查电器自动控制系统工作是否正常可靠。

　　空转试车:轧机先以 25 次/min 的慢速运转 3~5 min,正常后升至 65 次/min 运转 5 min 左右,以后每增加 10 次/min 运转 5min 左右,直至 130 次/min 为止。在运行中发现异常应及时停车检查和处理,直至正常为止。

主机架与回转送进机构联合运转试车:先是回转送进机构只回转不送进运转 5 min,正常后可进行送进试验;送进量应由小到大,每种送进量试验 5 min,轧机速度 80 min 左右。

负荷试车:先用 65 次/min 的轧制速度、最小的送进量进行轧制,在一切正常的情况下逐步提高轧制速度至 80 次/min,最后达到正常轧制的最高轧制速度,但送进量不能大于 5 mm。负荷试车时发现问题应及时处理,严禁"带病"工作。正常停车时,轧机处于后极限位置。操作时应注意安全。

3.8.2　多辊冷轧管机的调整

3.8.2.1　孔型的调整

在更换滑道后,或发现被轧制的成品管的外径和壁厚尺寸超差时进行。更换滑道后,先将轧辊、滑道等安装好,然后将调整板调整到前极限位置,使其前端均匀地与外壳接触,然后再转动蜗杆向里调整 5 mm,凭蜗杆自锁进行试轧。

发现被轧制的成品管的外径和壁厚尺寸超差时,首先对三只孔型进行整体调整,使其构成一个正确的圆形。当未达到目的时,应首先松开压紧螺母,然后拧动空心螺杆进行单独调整,调整合格后,再旋紧螺母予以固定。LD-30 轧机调整空心螺杆向里或向外 1 mm,壁厚减薄或增厚 0.05 mm;LD-15 轧机调整空心螺杆向里或向外 1 mm,壁厚减薄或增厚 0.02 mm;LD-8 轧机调整空心螺杆向里或向外 1 mm,壁厚减薄或增厚 0.025 mm。

3.8.2.2　摇杆机构的调整

为了更换轧制规格而更换轧制工具后,必须相应调整小连杆 BD 在摇杆 AO 上连接点的位置 B(如图 3-18 所示),以达到轧辊辊径沿滑道的滚动速度与轧辊轧制半径处的轧制速度基本一致,AO 与 BO 一般相差 0.8 ~ 1 倍。

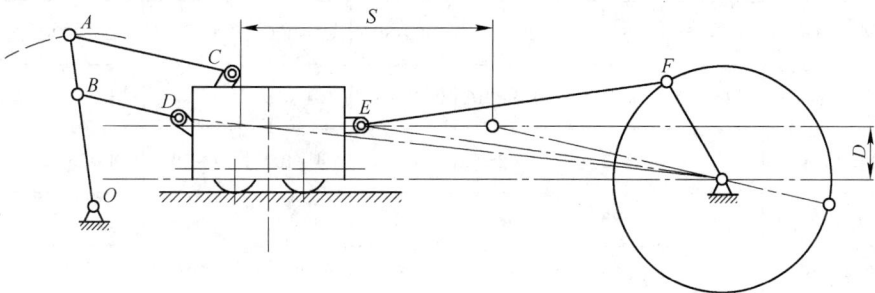

图 3-18　用曲柄连杆传动的 LD 型冷轧管机传动示意图

如图 3-18 所示,连接点 B 调整到任何位置,均要保证大连杆 AC 与小连杆 BD 平行。其调整量随产品规格和压下量而变化,一般产品规格变小,连接点向上调整,反之向下调整。应将其调整到芯棒所受轴向力最小为宜。

另外,与工作机架相连接的拉杆在长度上也可调整,从而改变滑道的工作长度。通过上下移动调整螺钉,来调整主机厚壁套筒上的斜支座,可以使摇杆系统的大小连杆平行,使摇杆系统调整更合理。

3.8.2.3　送进回转机构的调整

在轧制过程中送进回转机构的调整应严格地与主机架的往复运动相协调,即当工作机架退到后极限位置时,送进回转动作应完成一半。如图 3-19 所示,调整方法是:将主机架退到后极限位置,然后拨动马尔泰盘曲柄轴在马尔泰盘槽中的位置,使 B、C 两点的连线处于水平位置。可调整输入传动轴的齿轮啮合位置,来达到上述目的。

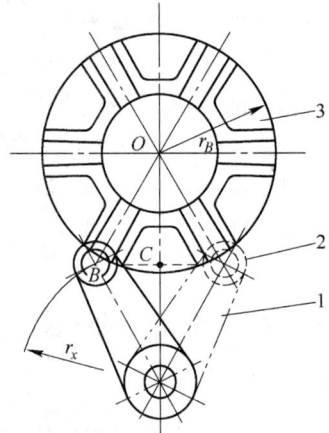

3.9　冷轧管机简介

目前使用最多的冷轧管机是二辊冷轧管机、多辊冷轧管机、连续冷轧管机和旋压机等。

3.9.1　二辊冷轧管机简介

二辊冷轧管机由上下两个轧辊的相对滚动来实现管

图 3-19　马尔泰盘工作原理
1—曲柄;2—轴销;3—马尔泰盘

材的轧制。我国老式的 LG 系列二辊周期式冷轧管机的性能参数见表 3-14。"L"和"G"分别为"冷"和"管"汉语拼音字母的第一个字母,后面的数字则表示该冷轧管机所能轧制的成品管的最大外径。

表 3-14　LG 系列冷轧管机性能参数

主要参数		LG-25	LG-30	LG-55	LG-80	LG-120	LG-150	LG-200	LG-30Ⅲ
管坯外径/mm		45	22 ~ 46	38 ~ 73	57 ~ 102	89 ~ 146	108 ~ 171	180 ~ 230	22 ~ 46
管坯壁厚/mm			1. 35 ~ 6	1. 75 ~ 12	2. 5 ~ 20	~ 26	~ 28	6 ~ 32	1. 35 ~ 6
管坯长度/m			1. 5 ~ 5	1. 5 ~ 5	1. 5 ~ 5	2. 5 ~ 6. 5	2 ~ 6. 5	1. 5 ~ 6. 5	1. 5 ~ 5
成品管外径/mm		10 ~ 25	16 ~ 32	25 ~ 55	40 ~ 80	80 ~ 120	100 ~ 150	125 ~ 200	16 ~ 32
成品管壁厚/mm		0. 2 ~ 0. 5	0. 4 ~ 5	0. 6 ~ 10	0. 75 ~ 18	1. 4 ~ 16	3 ~ 18	3. 5 ~	0. 5 ~ 5
成品管长度/m			~ 25	~ 25	~ 25	4 ~ 10	4 ~ 10	4 ~ 25	
断面缩减率	碳钢/%		88	88	88	80	80		75
	合金钢/%		79	79	79	70	70		
轧机工作行程/mm		214. 8	453. 4	625	705	802	905	1076	453. 4
轧机行程次数/r · min⁻¹		80 ~ 240	80 ~ 120	68 ~ 90	60 ~ 70	60 ~ 100	43 ~ 80	45 ~ 70	70 ~ 210
管坯送进量/mm			2 ~ 30	2 ~ 30	2 ~ 30	2 ~ 20	2 ~ 20	2 ~ 15	3 ~ 20
主机运动部分重量(机架)/t		0. 3	1. 86	3. 848	6. 32	~ 13	22. 4 ~ 24	34	1. 6
平衡重/t		0. 22				~ 13	21. 5 ~ 24. 5	34	

续表 3-14

主要参数	LG-25	LG-30	LG-55	LG-80	LG-120	LG-150	LG-200	LG-30Ⅲ
主传动电机功率/kW	40	72	100	130	320	320	600	115
主传动电机转速 /r·min^{-1}		575	475	600	500/1000			
轧机外形尺寸(长×宽×高)/m×m×m		24.47×4.45	25.21×4.47	25.4×4.44	31.7×8.5	58.6×9.5		
轧机总重(不含电气)/t		60.5	71.5	85.6	304	240	340	39.4
生产率/m·h^{-1}		115	108	95	90	75	70	343

3.9.2 二辊冷轧管机的改进

在我国(尤其是钢铁行业)20世纪末引进了不少德国的高速二辊冷轧管机,从而促进了我国此类设备设计和制造水平的发展,改进的部分LGC系列二辊周期式冷轧管机的性能参数见表3-15。其主要的改进方面有:

(1)环形孔型。采用了环形孔型,大大减轻了机架运动部分重量;同时采用水平平衡(有的同时采用垂直平衡)来平衡工作机架的惯性力,从而提高轧制速度或使机架运行平稳,降低能耗,延长设备检修周期,提高生产效率。

(2)PLC程序控制。采用了PLC程序控制,来完成周期式轧制动作的控制,避免了过去分配机构复杂的齿轮系统,降低了设备造价;大大降低了设备维修工作量;减少了噪声,改善了工作环境。

(3)主传动的改进。改进了主传动机构,用平皮带轮代替了主减速箱,降低了设备造价、能源消耗和设备维修费用。

(4)长行程。加长了机架运行行程,延长了孔型展开线,更有利于金属塑性的发挥。

(5)工具预装。实现了孔型与轧辊的预先装配,缩短了工具安装时间,提高了生产效率。

表 3-15 LGC 系列冷轧管机性能参数

主要参数	LGC-50	LGC-75Ⅱ	LGC-75Ⅲ	LGC100	LGC125
管坯外径/mm	30~60	45~85	45~85	70~120	70~140
管坯壁厚/mm	2~8	2~12.5	2~12.5	5~20	5~25
管坯长度/m	3~6	1.5~20	1.5~20	1.5~13	1.5~6
成品管外径/mm	20~50	30~75	30~75	50~100	60~125
成品管壁厚/mm	1~6	1.5~10	1.5~10	3~10	3~10
成品管最大长度/m	60	200	200	200	60
轧制力/kN	1200	1500	1500	2000	2000
轧机工作行程/mm	860	1023	1023	1205	1205

主 要 参 数	LGC-50	LGC-75Ⅱ	LGC-75Ⅲ	LGC100	LGC125
轧机行程次数/r·min⁻¹	120	80	120	70	60
轧辊回转角/(°)	307	348.62	348.62	319.27	310
管坯送进量/mm	0~15	2~20	2~20	2~20	2~20
主机运动部分重量(机架)/t	1.8	3.025	3.025	6.105	9.55
主传动电机功率/kW	90	132	225	280	400
主传动电机转速/r·min⁻¹	750	750	360	600	360
轧机外形尺寸(长×宽)/m×m	35×4.2	36×4.5	39×4.8	43×5.5	50×6.5
轧机总重(不含电气)/t	35	~70	95	130	170
生产率/m·h⁻¹	200	450	600	400	350

3.9.3　三辊行星轧机简介

20 世纪 90 年代,三辊行星轧机已运用到铜管生产中。三辊行星轧机轧制示意图如 3-20 所示。其特点是:加工率大,一般可达 90%;变形速度快,管材出口速度达 10~15 m/s;可使室温的铸造管坯经轧制变形升温到 700~800℃,发生动态再结晶,从而获得内部组织均匀、晶粒细小、伸长率高的管材。整个轧制过程在高纯度氮气保护下进行。

三辊行星轧机的 3 个锥形轧辊呈 120° 角分布,形成的空腔决定了管材外径尺寸的大小。轧辊轴线与轧制中心线成一定的夹角。轧辊在自转的同时,还绕轧制中心线公转,如图 3-21 所示。调整轧辊公转的速度,可以控制管材旋转或不旋转,以实现管材的在线成卷。

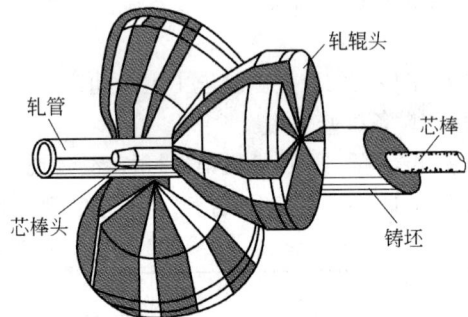

图 3-20　三辊行星轧机轧制示意图

三辊行星轧机轧制时金属的变形过程如图 3-22 所示,其变形特点是:

(1)咬入减径段:外径、壁厚均变形,金属滑移剧烈。

(2)减径减壁段:金属变形加剧、减壁量增加、轧件温度升高,金属晶粒发生严重扭曲、破碎。

(3)突变减壁段:变形量最大,由于变形和摩擦产生大量的热量,温度达到 400℃ 以上,金属组织出现了再结晶;此段轧辊最易磨损。

(4)减径定径段:变形速度放慢、温度达到最高、晶粒进一步长大,此段对轧辊表面粗糙度的要求很高。

(5)定径均整段:管材直径均整,喷淋水冷却,晶粒组织稳定,同时随着辊形的变化,管材有扩径现象。

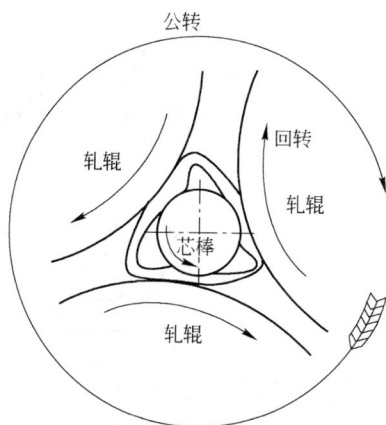

图 3-21 三辊行星轧机轧制时
轧辊、芯棒转动方向示意图

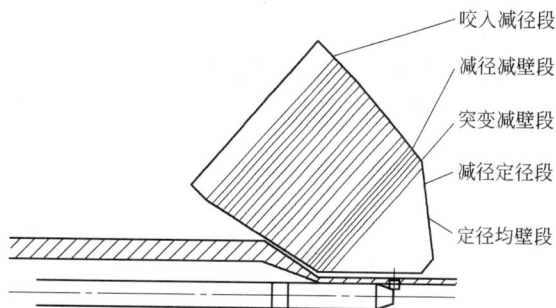

图 3-22 三辊行星轧机轧制时
金属的变形过程

　　管材的铸造—轧制生产方法,与传统的铸造—挤压—轧制方法相比优点是:减少设备投资、降低能耗、提高生产效率和成品率,避免了偏心和缩尾等挤压固有的缺陷,且能很好地满足大单重(1 t 以上)铜管材料加工的需要;晶粒度细小(0.020~0.045 mm),综合力学性能好、能满足后续压力加工的需要。缺点是:壁厚偏差螺旋形地贯穿于整根管材。

3.9.4　旋压横轧简介

　　旋压横轧又称旋压或横轧,工作时轧辊的轧制方向与金属的流动方向垂直或成一定的角度。图 3-23 是拉伸旋压、扩径旋压的示意图,图 3-24 是滚珠旋压的示意图。轧制时芯杆带动管材主

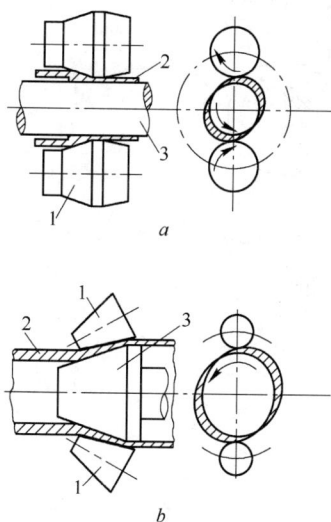

图 3-23　拉伸旋压和扩径旋压示意图
a—拉伸旋压;b—扩径旋压
1—轧辊;2—管材;3—芯杆

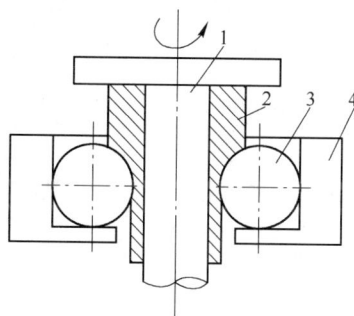

图 3-24　滚珠旋压示意图
1—芯杆;2—管坯;3—滚珠;4—模套

动旋转,轧辊被动旋转。改变芯杆与轧辊的间隙,就可旋压出内径不变而壁厚变化的变断面管材,如图 3-25 所示。

　　拉伸旋压和扩径旋压的特点是:轧辊与金属接触面积小,单位轧制力大,适合生产薄壁短管和难加工合金的大直径薄壁管;生产管材的尺寸精度高、表面光洁;道次加工率可达 60% ~ 70%,而生产效率较低。

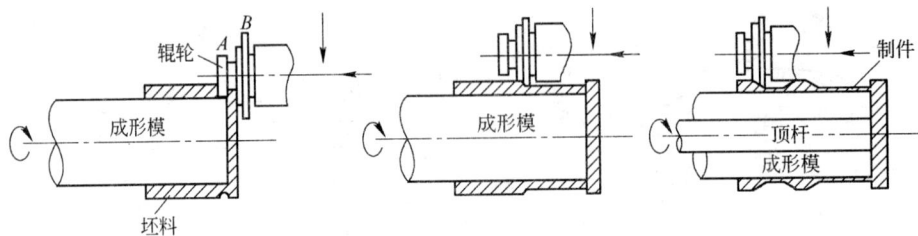

图 3-25　壁厚变化的变断面管材的旋压

3.9.5　辊压螺纹管简介

　　图 3-26 是辊压螺纹管的示意图。带沟槽的轧辊主动回转,管材在轧辊的轧制下做螺旋运动,通过轧辊轧槽与芯棒组成的孔型,逐渐成形为圆翼螺纹管。其变形特点是:轧辊每旋转一周,变形区内管材任一点金属与三个轧辊各接触一次,即每旋转一周经受轧辊的三次变形,而变形螺旋式的渐进进行,因此管材能获得很大的变形量;变形集中在表面,管坯径向压缩时,金属受轧辊沟槽形状的限制,被迫向翼片部分流动,使翼片增高;管材的延伸系数小。

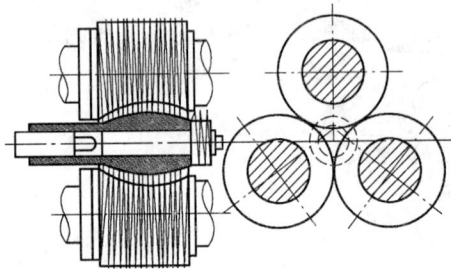

图 3-26　辊压螺纹管的示意图

复习思考题

1. 简述冷轧管法及其特点。
2. 简述二辊冷轧管机的工作原理。
3. 简述多辊冷轧管机的工作原理。
4. 简述冷轧管时金属的变形特点。
5. 轧制时金属变形分哪几个阶段?
6. 画出轧制断面上各点的应力应变状态图。

7. 如何正确选择冷轧管工艺参数?

8. 冷轧管工艺计算有哪些?

9. 如何计算轧制坯料长度?

10. 如何计算轧制延伸系数?

11. 对冷轧管坯料有哪些具体要求?

12. 写出轧制管坯准备流程。

13. 冷轧管润滑剂的作用有哪些?

14. 冷轧管法易产生哪些废品,怎样防止其产生?

15. 飞边是如何产生的,其典型特点是什么?

16. 轧制裂纹是如何产生的,其典型特点是什么?

17. 二辊冷轧管机工艺调整包括哪些内容,如何调整?

18. 冷轧管法(二辊、多辊)有哪些工具,其各自的用途?

19. 多辊冷轧管机工艺调整包括哪些内容,如何调整?

20. 二辊冷轧管机做了哪些改进?

21. 环形孔型有哪些优点?

4 管棒材拉伸

4.1 拉伸法及其特点

拉伸法(金属材丝拉拔)是最常见的金属压力加工方法之一,通常也是管棒材塑性加工过程中最后的加工工序。拉伸法是指在拉伸力的作用下,金属通过模孔获得与模孔尺寸、形状相同的制品,并且使制品产生断面减小、长度增加的塑性变形的过程,如图4-1所示。

拉伸使用的坯料是由挤压法、轧制法、连续铸造或上引法生产的。拉伸的主要工具是拉伸模、芯头和芯杆等。拉伸过程通常是在冷状态下进行的,仅对一些在常温下强度高、塑性差的金属材料采用温拉或热拉,如钨、钼材料等。按加工产品可分为管材拉伸、棒材拉伸、型材拉伸和线材拉伸等。

用拉伸方法生产的管、棒、型、线材制品,可以消除坯料表面的凹坑、辊印、歪扭、弯曲、划伤等缺陷,能够较好地改善制品的外观质量,达到尺寸精确、形状完美。

拉伸法与其他加工方法相比,具有以下一些优点:

(1)由于使用的模具是由硬度高、耐磨性好的材料,经过精密加工制成的,因而所获得的拉伸制品表面光洁、尺寸精确。例如使用游动芯头拉制的磁控管,其内表面粗糙度可达到 $Ra = 0.16\mu m$,尺寸公差达到正负百分之几毫米。

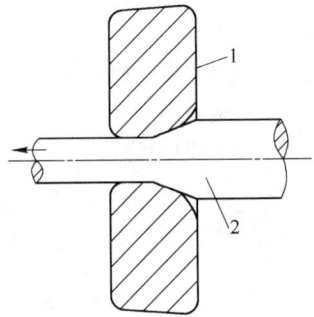

图4-1 拉伸示意图
1—拉伸模;2—棒坯

(2)拉伸时更换模具方便,生产灵活性大,拉伸制品的品种、规格多。它可以生产直径在 0.03 mm,长度达万米以上极细的金属丝材,也可以生产直径为450 mm 的大直径管材。至于异形断面的偏心管、外方(矩)内圆管、空心导线等,一般都要通过拉伸才能满足用户对产品的要求。

(3)在拉伸过程中金属的冷作硬化大,故拉出后的制品力学性能高。在变形量足够大的情况下,拉伸制品的力学性能约比挤压坯料增加 0.5~1.0 倍。

(4)拉伸工艺、工具、设备较简单,容易操作,维护方便,生产效率高。

拉伸方法也有它的缺点,如拉伸时用于克服摩擦所消耗的能量较多,大约占总能量的50%以上,拉伸道次加工率小,这就增加了拉伸道次和退火次数。

为了减少和克服上述缺点,在生产中采用高耐磨陶瓷及硬质合金作为拉伸模具的材料;精心设计与加工模孔;采用游动芯头和强制润滑拉伸;芯头施以超声波振荡;在线通过式退火等方法,使拉伸力减小,道次加工率增加,同时也减少了能量的消耗,延长了工具的使用寿命。

4.2 拉伸方法

拉伸可分为棒型材拉伸和管材拉伸两大类。图4-1所示是拉伸棒材、线材、型材的示意图,拉伸方法较为简单,下面着重介绍管材的拉伸方法

管材拉伸方法有空拉、固定短芯头拉伸、长芯杆拉伸、游动芯头及内螺纹管拉伸、扩径拉伸、异形管拉伸、套模拉伸等。

4.2.1 空拉

空拉即无芯头支撑的拉伸,如图 4-2 所示,它是在管内无芯头支撑的情况下使管材通过模孔,这时管材外径、内径减小,而长度增加,其壁厚变化不大。

空拉管材按其使用目的可分为三种:

(1)减径空拉。是指管材壁厚已经接近成品尺寸,而管材外径大于成品尺寸时使用的一种空拉。在拉伸内径较小而上芯头有困难的管材时也常被采用的一种空拉方法。

(2)整径空拉。用于控制成品管材外径公差时的最后一道空拉。适用于纠正管材偏心和外径公差,常用于扒皮前道工序,其减径量为 0.5 ~ 1.0 mm。

(3)成形空拉。用于控制异形断面管材尺寸、形状的空拉。一般是先将管坯拉制到一定的外径和壁厚尺寸(俗称过渡圆),然后再通过异形模使管材获得所需要的形状。

空拉最大的特点是可以纠正管材的壁厚不均。空拉道次越多,对壁厚不均的纠正效果越显著。

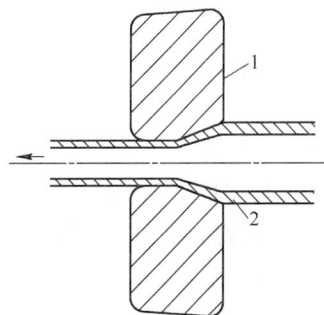

图 4-2 空拉管材示意图
1—拉伸模;2—管坯

空拉时由于管材内表面无芯头支撑,随着空拉道次和变形程度的增加,管材内壁逐渐失去光泽,出现细小的皱纹。故空拉道次越多管材内壁越不光洁,对内表面要求高的制品,成品拉伸道次不宜采用空拉。

空拉时管材的壁厚在不同因素的影响下,可以变薄也可以变厚。在多种影响因素中,最主要的是管材外径 D 与壁厚 S 的比值。大多数空拉管的外径 D 与壁厚 S 临界比值大约等于 5 ~ 7。

图 4-3 所示为 $\phi26$ mm × 3.1 mm 的紫铜管坯料及黄铜管(各道次退火后)坯料经过 4 个道次,紫铜管空拉到 $\phi8$ mm × 2.7 mm,黄铜管空拉到 $\phi8$ mm × 2.8 mm 时的壁厚变化曲线。从图上看出,紫铜管外径从 $\phi26$ mm 减到 $\phi16$ mm 时,则壁厚从 3.1 mm 增至 3.4 mm,在此情况下外径 D 与壁厚 S 的比值等于 4.7,在此处以后壁厚开始减小,当管子从 $\phi16$ mm 减到 $\phi8$ mm 时,壁厚却从 3.4 mm 减至 2.7 mm。对于黄铜管从 $\phi26$ mm 减到 $\phi16$ mm 时,则壁厚从 3.1 mm 增至 3.2 mm,外径 D 与壁厚 S 的比值等于 5。

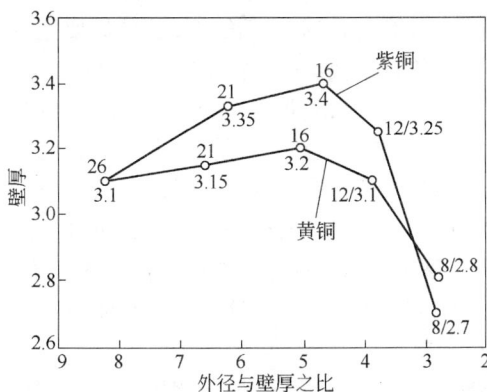

图 4-3 外径 D 与壁厚 S 的比值

生产实践经验证明：当外径 D 与壁厚 S 的比值大于 $5 \sim 7$ 时，壁厚增加；当外径 D 与壁厚 S 的比值小于 $5 \sim 6$ 时，壁厚减小。

另外，道次加工率、反拉力、拉模角度、定径带的长度，对空拉管壁厚的变化亦有影响，当总加工率相同时，加工道次越多壁厚增加越多。金属的性质与状态对壁厚的变化亦有影响，如其他条件相同时，紫铜塑性好，它比黄铜壁厚增加率小。对同一种金属而言，退火后的比冷硬的壁厚增加率大。

4.2.2 短芯头拉伸

短芯头拉伸又称上芯杆拉伸或衬拉，它是管材拉伸中应用较广泛的方法，如图4-4所示。这种方法是把短芯头固定在芯杆的一端，芯杆的另一端固定在拉伸机的后座上，芯头在模孔中的位置是固定的，因此，又叫固定短芯头拉伸。

短芯头拉伸时，拉出的管材外径等于模孔的直径，内径等于芯头直径，所以，不但外径、内径减小，而且壁厚变薄，由于管材内表面有芯头支撑，故拉出的制品尺寸精确，内外表面光洁，若把固定短芯头放置在模孔定径带稍靠前的位置时，其拉出的制品壁厚绝对差小。固定短芯头拉伸比长芯杆、游动芯头拉伸的操作简单，工具制造容易，但是，由于管内有芯头，接触摩擦面积比空拉时大，芯头易粘贴金属，有时拉制厚壁管芯头被坯料包住会拉断制品，故道次加工率小。另外，由于受拉伸机床身和芯杆长度的限制，不能拉伸很长的管材，同时芯杆在拉伸时要产生弹性变形，容易出现跳车现象，在制品表面形成竹节状环痕，严重的跳车还将使管材成为废品。随着游动芯头广泛使用，圆柱形短芯头已逐渐被淘汰。

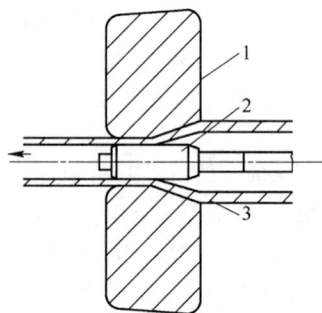

图4-4 短芯头拉伸管材示意图
1—拉伸模；2—短芯头；3—管坯

4.2.3 长芯杆拉伸

用短芯头拉伸外径较大的薄壁管材容易拉断或压扁，此时则宜采用长芯杆拉伸，如图4-5所示。这种拉伸方法是先将管坯套在长芯杆上，拉伸时使管坯连同芯杆一起拉出模孔（见图4-5a）。拉出后的管材内径等于芯杆的直径。芯杆的长度要大于拉伸后管材的长度，为保证管材内表面质量，芯杆的表面必须有较高的光洁度。长芯杆拉伸后要把管材从芯杆上脱下来。脱管时用卡板把管材挡住，使芯杆从管内抽拉出来（见图4-5b），脱管比较麻烦。

在卧式液压机上进行长芯杆拉伸时，先将管坯套入与挤压柱塞连接在一起的长芯杆上，然后通过挤压柱塞把芯杆连同管坯一起推过模孔。脱管时，置于模孔前上方的卸料卡板通过气缸向下卡住推出后的管材尾端，当挤压柱塞连同芯杆向后返回时，管材就从长芯杆上脱出。

长芯杆拉伸时，管材内、外径及壁厚的变化与短芯头拉伸时相同。但是，在短芯头拉伸时，发生在管材内外表面与工具间的摩擦力与拉伸方向相反，而长芯杆拉伸时，内表面摩擦力的方向与芯杆运动方向相同，因此大大地减小了拉伸力。这就允许延伸系数增加达到2.2，而短芯头拉管时最大延伸系数不超过1.75。

长芯杆拉伸的缺点是增加了脱管辅助工序，脱杆比较麻烦，拉伸长度受到一定的限制。

长芯杆拉伸应用范围：

（1）用于生产直径较大的薄壁管材，如外径 $\phi30 \sim 50$ mm 和壁厚 $0.2 \sim 0.3$ mm 的管材，可以避免拉断和变瘪。

(2)用于对大型紫铜、黄铜管材的开坯。大型管坯直径为 160～450 mm,壁厚在 25 mm 以下。

(3)用经过抛光后的钢丝作为长芯杆来拉伸内径精确的薄壁毛细管。

(4)利用变断面的长芯杆生产壁厚逐渐变化的管材制品。

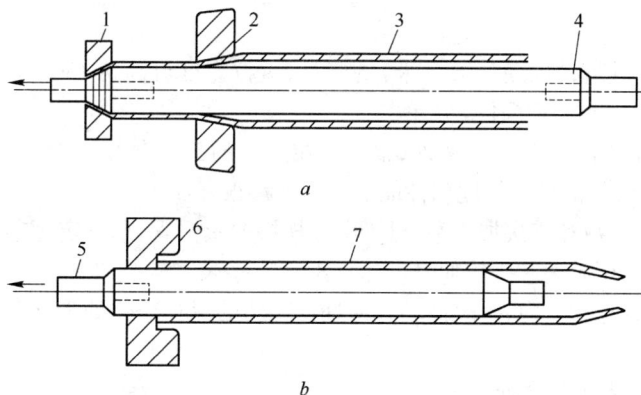

图 4-5　长芯杆拉伸示意图

a—长芯杆拉伸;*b*—长芯杆脱模

1—夹头装置;2—拉伸模;3,7—被拉管材;4,5—长芯杆;6—卡板

4.2.4　游动芯头拉伸

游动芯头拉伸是一种先进的管材生产方法。拉伸时,游动芯头依靠自身形状和内壁的摩擦力,自动地与模孔形成一个稳定的环形间隙,从而实现管材的减径和减壁,非常适合盘管和直长管的拉伸,目前在紫铜及其塑性较好的合金管材生产中得到广泛的应用。

4.2.4.1　游动芯头拉伸盘管

采用游动芯头拉伸盘管时,管坯内预先注入润滑液,管坯内头部放置的芯头没有固定,如图 4-6 所示。由于游动芯头具有圆柱面和圆锥面,所以在拉伸过程中芯头所受的力处于平衡状态,芯头与模孔形成一个固定不变的环状间隙,从而确定管材的减壁和内径。实现游动芯头拉伸,要求芯头锥角必须大于摩擦角和小于模角,且游动芯头轴向要有一定的移动范围,该范围越大,越容易实现稳定的拉伸过程。

为了实现稳定的游动芯头拉伸过程,必须满足下列条件:

(1)芯头锥角 β 必须小于或等于模子锥角 α,即 β

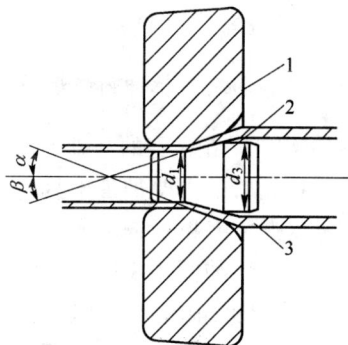

图 4-6　游动芯头拉伸盘管示意图

1—拉伸模;2—游动芯头;3—管材

$\leqslant\alpha$。当不满足此条件时,在开始拉伸的瞬间,管材就可能被芯头卡断。通常游动芯头锥角一般都小于模角 1°～3°,均能进行正常拉伸。

（2）芯头锥角 β 必须大于管材与芯头接触表面间的摩擦角 γ，即 $\beta > \gamma$，否则会由于没有足够的摩擦力而可能使芯头随管材一起拉出模孔，或由于芯头在变形区中对管材压得过紧使管材被拉断。

（3）芯头的大圆柱段直径应该大于模孔定径带的直径，否则会损坏管材或把管材和芯头一起拉出模孔。此外，为了便于向管材内放置芯头，还必须使芯头大圆柱段的直径小于管坯内径 $0.5 \sim 1.5$ mm。

游动芯头拉伸的优点：

（1）可以获得大盘重、超长度（数千米）的管材，盘拉速度可高达 1500m/min（直拉速度仅为 $30 \sim 100$ m/min），极大地提高了生产效率。

（2）除盘拉开始和结束有升、降速外，整个盘拉过程的工艺参数处于稳定状态，也不会产生跳车现象，所以盘拉管材的尺寸精度和性能的一致性都很好。

（3）可加大延伸系数和道次加工率，对于中等规格的紫铜管，用固定短芯头拉伸道次延伸系数一般不大于 1.5，而用游动芯头拉伸时可达 1.8，仅次于长芯杆拉伸。

（4）盘管在成品退火时，内、外表面均容易进行特殊的保护净化处理，管材表面光亮，内壁清洁度高。

游动芯头拉伸也有不足之处：

（1）在拉伸时减壁量必须有相应的减径量配合。

（2）游动芯头受后端大圆柱段直径限制，不能够拉制小内径厚壁管。

（3）在每台盘拉机上，需要配备有制作夹头、安装芯头、管材内表面注入润滑剂等一系列辅助设备。

4.2.4.2　游动芯头拉伸直条管

利用游动芯头在直线拉伸机上拉伸直条管材的方法已被广泛采用，如图 4-7 所示。通常是将游动芯头安放在芯杆上，调整到适当位置，管材内表面由芯杆导入润滑液，利用芯杆的推力将管材和游动芯头送入模孔中，使之与模孔形成一个稳定的环形间隙，从而使管材制品获得一定的外径和壁厚。这种拉伸与短芯头拉伸相比，拉出管材的表面质量好；道次延伸系数比较大，约为 $1.4 \sim 1.8$，提高了生产效率。

4.2.4.3　游动芯头拉伸内螺纹管

内螺纹管是在光管的基础上经过旋压成形的，在光管的内壁加工出具有一定数量、一定螺旋角度和一定齿形、齿高、齿顶角的螺纹沟槽，如图 4-8 所示。内螺纹铜盘管与光管相比，前者可增加热交换面积 2 ~ 3 倍，加之形成的湍流作用，可提高热交换效率 20% ~ 30%，节约能源，是新型的换代产品。

内螺纹盘管加工由三个步骤组成，即游动芯头预拉伸→旋压成形→定径空拉，形成"三级变形"工艺，如图 4-9 所示。

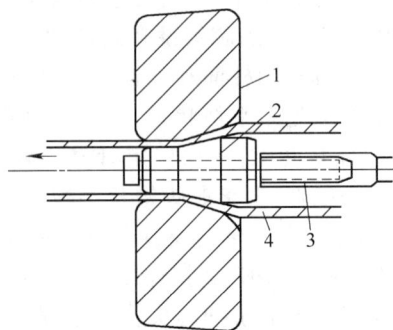

图 4-7　游动芯头拉伸直条管材示意图
1—拉伸模；2—游动芯头；3—芯杆；4—管材

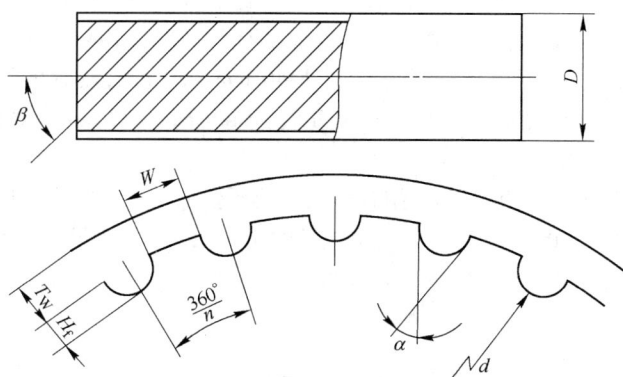

图4-8 内螺纹管齿形图

D—外径;d—内径;T_w—底壁厚;H_f—齿高;W—槽底宽;α—齿顶角;β—螺旋角

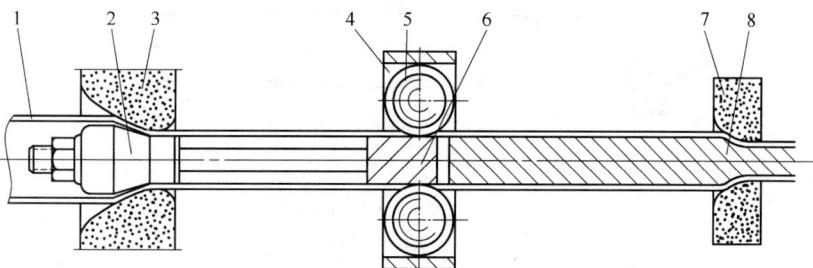

图4-9 内螺纹盘管成形拉伸示意图(行星球模旋压法)

1—管坯;2—游动芯头;3—减径外模;4—旋压环;5—钢球;6—螺纹芯头;7—定径外模;8—内螺纹管

(1)游动芯头预拉伸。游动芯头预拉伸变形与光面铜管的拉伸变形相同,有减径、变壁和定径变形过程。设置游动芯头拉伸的目的是固定螺纹芯头。螺纹芯头在工作中,由于铜管内壁的金属在螺纹成形时产生流动,对芯头产生轴向推力,必须设法固定才能使螺纹芯头保持在钢球的工作区域内,用连杆将游动芯头与螺纹芯头连接,可使螺纹芯头随游动芯头一道稳定在工作位置上,螺纹芯头在工作时也能以连杆为轴转动。

(2)旋压成形。当行星钢球在衬有螺纹芯头的区段内,沿管坯外表面碾过时,压迫金属流动,使芯头的槽隙充满,在管材的内壁上形成沟槽状的螺纹。

(3)定径拉伸。管材在旋压后,外表面留有较深的钢球压痕,增加一道空拉,便可消除,提高管材表面光洁度,进一步控制外形尺寸。空拉后,管材表面粗糙度可降到 $0.7 \sim 0.8~\mu m$ 以下。

根据实践经验,三级变形中拉力的分配一般是:第一级减径变形占 65%,第二级旋压变形占25%,第三级定径变形占 10%。

内螺纹管成形的方法很多,有焊接法、挤压拉伸法、行星滚轮旋压法和行星球模旋压法等。生产中应用较普遍的是行星球模旋压法。

4.2.5 扩径拉伸

扩径拉伸是将直径大于管坯的模芯压入管材内端部,采用压入法或拉伸法实现内径扩大、壁厚、长度减小。

用图 4-10 所示的方法扩大其外径,使管坯尺寸超过成品管材的尺寸后,再用短芯头拉伸,获得需要的成品管尺寸。如生产 $\phi 420$ mm × 15 mm 的紫铜管材,40MN 油压机提供的管坯尺寸为 $\phi 420$ mm × 22 mm,经扩径后使管坯尺寸达到 $\phi 440$ mm × 20 mm,然后再用短芯头拉伸两遍达到成品尺寸,拉伸工艺为:$\phi 420$ mm × 22 mm→(扩径)$\phi 440$ mm × 20 mm→退火→$\phi 430$ mm × 17 mm →$\phi 420$ mm × 15 mm

对于大直径,大壁厚、长度短的大型管材是在液压拉伸机上扩径的,即所谓压入扩径法,如图 4-10b 所示,扩径时管坯的一端顶在液压拉伸机的十字头上,而从另一端推入带圆头的长芯杆,由于芯杆的直径大于管坯的内径,坯料直径被扩大。

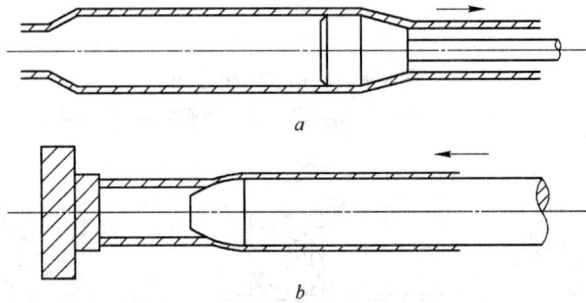

图 4-10   扩径拉伸示意图

a—拉伸扩径法;b—压入扩径法

薄壁长管的扩径是在拉伸机上进行的,即所谓拉伸扩径法如图 4-10a 所示,扩径时先将管坯的一端胀大,以便放入芯头,再将管坯套在拉杆上。由于拉杆的顶端固定有锥形芯头,芯头的最大直径比管坯的内径大一些。扩径拉伸时只需要将胀大的管端收口,使其包住芯头,当这种收口夹头被拉伸小车咬住后,管材就从芯头上拉过,直径被扩大。

扩径后的管材,壁厚的不均匀性有所增加,必要时采用车皮工序,以消除管材的外表面缺陷和壁厚不均,经车削后的管材外表面粗糙度不应高于 3.2 μm,然后进行短芯头拉伸。

4.2.6   异形管材的拉伸

随着全球经济的日益发展,国内外用户对异形管材品种规格的要求也越来越高,如方形、矩形、椭圆形、六角形以及 D 形管、外方内圆管、偏心管、内螺纹管等。异形管材的拉伸不但要改变坯料的尺寸,而且要改变其断面形状,大多数的异形管材是等壁厚的,只有少数的异形管材,如外矩内圆管和偏心管等是不等壁厚的。拉伸等壁厚的异形管材的坯料一般都采用圆形管坯,它们通过几道拉伸以后,使管坯的周长、壁厚与成品异形管材的周长、壁厚近似相等,一般把它称为过渡圆。然后通过型模空拉(定形拉伸)1~3 个道次,获得所需要的形状与尺寸。

4.2.6.1   过渡圆直径 d_0 的计算

过渡圆直径参看图 4-11,直径 d_0 可用下列公式计算:

$$椭圆形 \quad d_0 = 0.5(a + b) \tag{4-1}$$

$$方\ 形 \quad d_0 = 1.27a \tag{4-2}$$

$$矩\quad 形 \quad d_0 = 0.637(a + b) \tag{4-3}$$
$$六角形 \quad d_0 = 1.91a \tag{4-4}$$

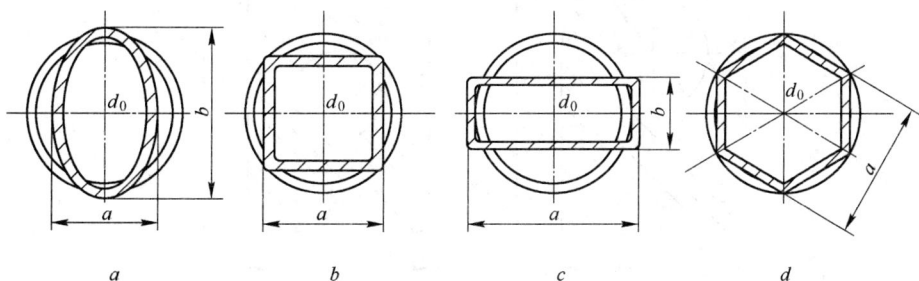

图 4-11 异形管过渡圆尺寸关系

a—椭圆;b—正方形;c—矩形;d—六角形

在选择截面形状简单的坯料时,要尽量减少拉伸过程中的不均匀变形。因为在成形拉伸时,金属的变形是不均匀的,内层金属比外层金属变形量大。同时,变形的不均匀性随着管材的直径 D 与壁厚 S 的比值的增大而增加,外层金属受到附加拉应力,导致金属不能良好地充满模角。因此,对带有锐角的异形管材,所选用的过渡圆周长应比成品管周长增加 3% ~ 12%,个别情况下可达 15%。但是,过渡圆尺寸过大,会出现沿制品纵向凹陷,即所谓塌腰现象。过渡圆尺寸过小则不能使制品充满模角。

[例4-1] 拉制 T2 紫铜矩形管,成品规格为 35 mm × 15 mm × 5 mm,试计算坯料的过渡圆直径。

解:(1)计算过渡圆直径 d_0

根据公式 4-3

$$d_0 = 0.637(a + b) = 0.637(35 + 15) = 31.85(mm)$$

(2)对计算的过渡圆进行修正,是为了保证矩形的四个直角能很好地充满,根据管材的壁厚所选的过渡圆周长比成品管周长增加 3%,故实际采用的过渡圆直径 d'_0 为:

$$d'_0 = (1 + 0.03)d_0 = 1.03 × 31.85 = 32.80(mm)$$

对于内表面光洁度及内部尺寸精确度要求很高的管材,例如矩形波导管,过渡圆的周长与壁厚必须比成品的大些,过渡圆尺寸过小则不能使制品充满模角。以便在成形拉伸时使金属获得一定的变形。同时,在最后一道成形拉伸时必须采用芯头,用来精确地控制成品尺寸及内表面的粗糙度。

4.2.6.2 不等壁异形管拉伸

有些不等壁管坯是由挤压机提供与成品形状相似的坯料,个别不等壁管坯是通过水平连续铸造,直接铸造出与成品形状相似的坯料。拉伸不等壁厚异形管材,例如用于工频感应电炉的 32 mm × 15 mm/φ10 mm × 2 mm 的紫铜偏心管如图 4-12a 所示,采用 42 mm × 25 mm/φ19 mm × 3 mm 的挤压坯料,经过三次短芯头拉伸后达到成品所要求的形状与尺寸。

对于长度要求数十米以上的异形管材,例如紫铜 27 mm × 23 mm/φ8 mm 的外矩内圆管如图 4-12b 所示,要求挤压机提供长度很大的相似形管坯和采用短芯头拉伸是很困难的,故其坯料用上引连续铸造或管材轧机轧制成 φ32 mm × 11 mm/φ8.5 mm 的相似形管坯,最后通过圆盘拉伸机空拉到成品尺寸 27 mm × 23 mm/φ8 mm 的型材盘管。

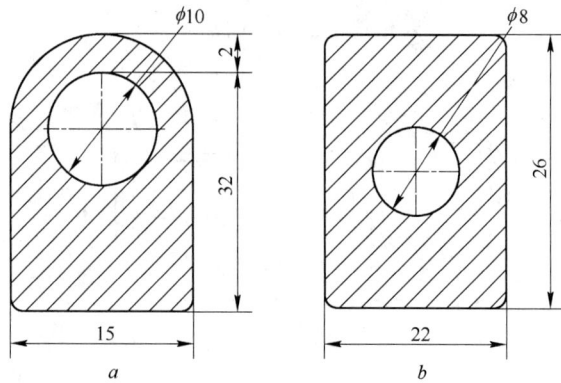

图 4-12　不等壁异形管截面图

a—偏心管；b—外矩内圆管

对于拉制薄壁型材管，如果一次减径量太大，拉制过程中制品易出现拉断或压扁，应采用套模拉伸。

4.2.7　套模拉伸

所谓套模拉伸，也称倍模拉伸，图 4-13 所示就是制品同时通过两个模子实现空拉和衬拉。

在以下几种情况下可采用套模拉伸：第一，对管材制品表面质量要求高，分两个道次拉伸加工率不够大易产生"跳车环"时；第二，拉制出的管坯内径小，不易进行下道次的游动芯头衬拉时；第三，单模拉伸加工率大又会导致制品表面粗糙或拉断时，均可采用套模拉伸。

采用套模拉伸时，图 4-13 所示的拉模 1 起减径、纠正管材偏心作用，拉模 2 起到既减径又减壁厚、精确控制制品尺寸的作用。合理地分配加工率可使拉伸出的制品内外表面光洁、尺寸精确，而且能够提高生产效率。

4.2.8　扒皮拉伸

常见的扒皮模如图 4-14 所示，有钢质模、硬质合金模等，它主要的参数是刃口的角度 α，其值为 18°～21°，模孔内角为 2°～5°。

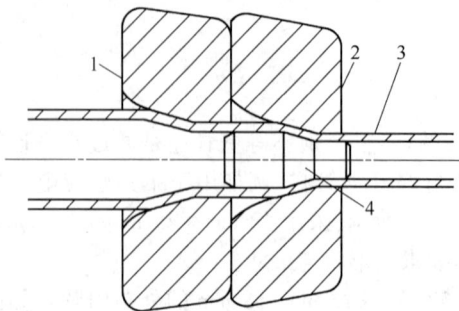

图 4-13　套模拉伸示意图

1—减径模；2—管模；3—管坯；4—芯头

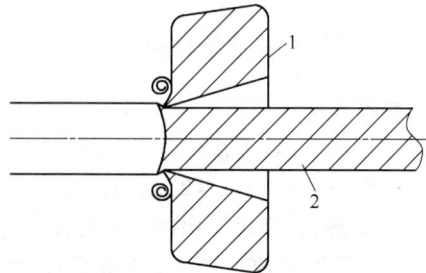

图 4-14　扒皮拉伸示意图

1—扒皮模；2—棒材或管材

为提高制品的表面质量,在成品拉伸之前,坯料表面如有重皮、夹灰、辊印、飞边等缺陷时,应根据坯料尺寸和缺陷程度将制品表面扒去 0.10~0.8 mm。

扒皮前应对坯料进行整径纠偏和矫直,扒皮时应防止扒皮痕、扒皮撕裂、扒皮不净。经扒皮后可以消除制品的表面缺陷,以提高制品表面质量。

4.3 拉伸时金属的变形

4.3.1 变形指数

拉伸过程中金属变形量的大小用变形指数来表示,如延伸系数、加工率、减径量和减壁量。

4.3.1.1 延伸系数 λ

延伸系数是指拉伸前、后坯料与制品断面积之比。

$$\lambda = \frac{F_0}{F} \text{ 或 } \lambda = \frac{L}{L_0} \tag{4-5}$$

式中　F_0 ——拉伸前坯料的横截面积,mm^2;

　　　F ——拉伸后制品的横截面积,mm^2;

　　　L_0 ——拉伸前坯料的长度,mm;

　　　L ——拉伸后制品的长度,mm。

对于棒材、线材:

$$\lambda = \frac{F_0}{F} = \frac{D_0^2}{D^2} \tag{4-6}$$

式中　D_0 ——拉伸前坯料的直径,mm;

　　　D ——拉伸后制品的直径,mm。

对于管材:

$$\lambda = \frac{F_0 - f_0}{F - f} = \frac{D_0^2 - d_0^2}{D^2 - d^2} = \frac{(D_0 - S_0)S_0}{(D - S)S} \tag{4-7}$$

式中　F_0, f_0 ——分别为拉伸前坯料的外圆、内圆面积,mm^2;

　　　F, f ——分别为拉伸后制品的外圆、内圆面积,mm^2;

　　　D_0, S_0 ——分别为拉伸前坯料的外径、壁厚,mm;

　　　D, S ——分别为拉伸后管材的外径、壁厚,mm;

　　　d_0, d ——分别为拉伸前、后坯料和管材的内径,mm。

4.3.1.2 加工率 ε

拉伸前的横截面积和拉伸后横截面积之差与拉伸前的横截面积的比值。

$$\varepsilon = \frac{F_0 - F}{F_0} \times 100\% \tag{4-8}$$

对于棒材、线材:

$$\varepsilon = \frac{D_0^2 - D^2}{D_0^2} \times 100\% \tag{4-9}$$

管材:

$$\varepsilon = \frac{(D_0^2 - d_0^2) - (D^2 - d^2)}{D_0^2 - d_0^2} \times 100\% \tag{4-10}$$

延伸系数 λ 与加工率 ε 的关系为:

$$\varepsilon = \frac{F_0 - F}{F_0} \times 100\% = \left(1 - \frac{F}{F_0}\right) \times 100\% = \frac{\lambda - 1}{\lambda} \times 100\% \qquad (4\text{-}11)$$

4.3.1.3　减径量和减壁量

在拉伸管材时除了上述的延伸系数和加工率以外,还有减径量和减壁量两个变形指数,它们对变形量的大小提供了近似的概念。

减径量是指每道次拉伸后管材内径的减少量,即 $\Delta d = d_0 - d$。

减壁量是指芯头拉管时壁厚的减少量,即 $\Delta S = S_0 - S$。

4.3.1.4　拉伸工艺计算

可以利用变形指数进行拉伸工艺计算:

(1)延伸系数和加工率的计算。

[例 4-2]　拉伸 H62 黄铜圆盘棒的挤压坯料为 $\phi 12$ mm,成品规格为 $\phi 9$ mm,拉伸工艺为 $\phi 12$ mm→$\phi 10.2$ mm→退火→$\phi 9$ mm,试计算延伸系数和加工率。

解:按公式 4-6 计算延伸系数 λ

第一道　　　　$\lambda_1 = \dfrac{12^2}{10.2^2} = \dfrac{144}{104} = 1.38$

第二道　　　　$\lambda_2 = \dfrac{10.2^2}{9^2} = \dfrac{104}{81} = 1.28$

总延伸系数　　$\lambda_\Sigma = \dfrac{12^2}{9^2} = \dfrac{144}{81} = 1.77$

按公式 4-11 计算加工率 ε

第一道　$\varepsilon_1 = \dfrac{1.38 - 1}{1.38} \times 100\% = 27.5\%$

第二道　$\varepsilon_2 = \dfrac{1.77 - 1}{1.77} \times 100\% = 22\%$

从挤压坯料到成品的总加工率　　$\varepsilon_\Sigma = \dfrac{1.98 - 1}{1.98} \times 100\% = 43.5\%$

[例 4-3]　拉伸 T2 紫铜管材,坯料规格为 $\phi 30$ mm×1.3 mm,成品规格为 $\phi 25$ mm×1 mm,试计算延伸系数和加工率。

解:按公式 4-7 计算延伸系数 λ

$$\lambda = \frac{(30 - 1.3) \times 1.3}{(25 - 1) \times 1} = 1.54$$

按公式 4-11 计算加工率 ε

$$\varepsilon = \frac{1.54 - 1}{1.54} \times 100\% = 35.0\%$$

(2)管坯下料长度的计算。

计算公式:

$$L_0 = \frac{1}{\lambda}(nL + e) + c \qquad (4\text{-}12)$$

式中　　L_0——坯料长度,mm;

L——成品定尺长度,mm;

e——成品切尾长度,mm,对棒材取 80 ~ 200 mm,对管材取 80 ~ 300 mm;

c——夹头长度,mm,对棒材取 180 ~ 250 mm,对管材取 150 ~ 300 mm。

[**例 4-4**]　H65 黄铜管材,成品规格为 $\phi39$ mm × 3 mm,定尺长度 4 m,冷轧管提供 $\phi45$ mm × 3.7 mm 的坯料,试计算管坯的下料长度。

解:按公式 4-7 计算延伸系数 λ

$$\lambda = \frac{(45 - 3.7) \times 3.7}{(39 - 3) \times 3} = \frac{152.81}{108} = 1.4149$$

确定夹头长度:取 c 为 200 mm;

确定成品切尾长度:取 e 为 250 mm。

按公式 4-12 得

$$L_0 = \frac{1}{1.4149}(4000 + 250) + 200 = 3203.7(\text{mm})$$

管坯的下料长度约 3.21 m。

[**例 4-5**]　用户要求 $\phi20$ mm 的紫铜棒材,成品定尺长度 1.8 m,拉伸坯料规格为 $\phi24$ mm,计算坯料长度。

解:按公式 4-6 计算延伸系数

$$\lambda - \frac{d_0^2}{d^2} = \frac{24^2}{20^2} = 1.44$$

确定成品切尾长度:取 c 为 200 mm。

由于要求的定尺长度较短,不便于生产,根据坯料和拉伸机的拉伸长度,本题按 5 倍于成品尺寸的长度选择坯料较为合适。

按公式 4-12 得

$$L_0 = \frac{1}{1.44}(1800 \times 5 + 100) + 200 = 6519(\text{mm})$$

拉伸生产中取坯料的实际长度为 6.52 m。

4.3.2　实现拉伸过程的条件

加在被拉金属前端的正作用力叫做拉伸力,以 P 表示。拉伸力的大小取决于实现金属变形所需能量的大小。

作用于被拉金属出口端单位面积上的拉伸力,叫做拉伸应力,以 σ_L 表示。

$$\sigma_L = \frac{P}{F} \tag{4-13}$$

式中　F——金属出口端的截面积,mm^2。

为了实现拉伸过程并使所拉制品符合要求,必须使拉伸应力 σ_L 的数值小于模孔出口端金属的屈服强度 σ_S,即

$$\sigma_L < \sigma_S$$

因为只有当 $\sigma_L < \sigma_S$ 时,才可能防止被拉金属的过拉或拉断。

一般有色金属及其合金的屈服强度较难精确地确定,并且在金属拉伸硬化后的屈服强度 σ 的数值十分接近于它的抗拉强度 σ_b。所以实现拉伸过程的条件可以写成:

$$\sigma_L < \sigma_b$$

安全系数 K 表示被拉金属抗拉强度与拉伸应力的比值,即:

$$K = \frac{\sigma_b}{\sigma_L} \tag{4-14}$$

实现拉伸过程的必要条件是 $K > 1$。

不同的金属及合金的安全系数各不相同,同一金属及合金的安全系数,其数值与被拉金属的直径、所处的状态(退火或硬化)及变形条件(温度、速度、润滑、模具质量和反拉力等)有关。一般正常拉伸过程中 K 的数值在 $1.4 \sim 2.0$ 的范围内,即:

$$\sigma_L = (0.7 \sim 0.5)\sigma_b$$

若 $K < 1.4$,则在拉伸时可能出现细颈或拉断现象;若 $K > 2.0$,则表示延伸系数不够大,没有充分发挥金属的塑性。拉伸制品直径小,安全系数应取上限值,因为制品直径小,其内部缺陷显露到表面上来,易造成拉断。

按正常的拉伸工艺进行生产时,若出现过多的拉断现象,应从以下几方面查找原因:

(1)坯料退火不透,金属塑性没有完全恢复;

(2)坯料尺寸公差不符合要求,大多数情况下是管材壁厚超正公差;

(3)酸、水洗不净,管材内表面的氧化皮或残酸没有除尽,增大了摩擦系数;

(4)润滑不充分或润滑剂不清洁;

(5)模具的形状不合理或脱铬粘铜;

(6)局部拉伸力过大芯头进入空拉段。

以上几种情况使金属强度、加工率、摩擦系数增大,导致拉伸应力 σ_L 增大,安全系数 K 值减小。操作时针对上述情况及时采取必要的措施,来减少拉断现象,保证拉伸过程顺利进行。

4.3.3 拉伸力的计算

拉伸力 P 即在拉伸过程中作用于模孔出口端制品上的力。

在拉伸工艺设计时,要合理地分配工序与设备,做到所设计的生产工艺既不浪费设备能力,又能充分发挥被拉金属的塑性。拉伸力的计算公式很多,这里介绍一种用游动芯头拉伸管材时拉伸力的简易、较准确的计算方法。

$$P = \frac{\sigma_b F(3.2 + 0.49\varepsilon)}{28000} \times n \tag{4-15}$$

式中　　P ——拉伸力,kN;

　　　　σ_b ——被拉金属拉后的抗拉强度,MPa;

　　　　F ——被拉金属拉后的断面积,mm²;

　　　　ε ——加工率,%;

　　　　n ——拉伸设备线数。

拉伸力的实验测定:在游动芯头拉伸用于铜合金冷凝管生产时,在8 t单链直线拉伸机,对拉伸黄铜管的拉伸力做了实验测定。拉伸时采用乳液润滑,拉伸速度为30 m/min,外模锥角 α 为12°,芯头锥角 β 为9°,外模定径带长度为2 mm,游动芯头圆柱定径带长度为10 mm。使用外模及芯头的材质均为硬质合金。HSn70-1;HAl77-2 为退火后的管坯。测定结果如图4-15所示。典型的铜及铜合金屈服强度与加工率关系如图4-16所示。

[例4-6] HSn70-1 坯料规格为 ϕ45 mm × 2.7 mm,拉伸至 ϕ37 mm × 1.9 mm,根据公式4-15,并参阅图4-16,试计算拉伸力。

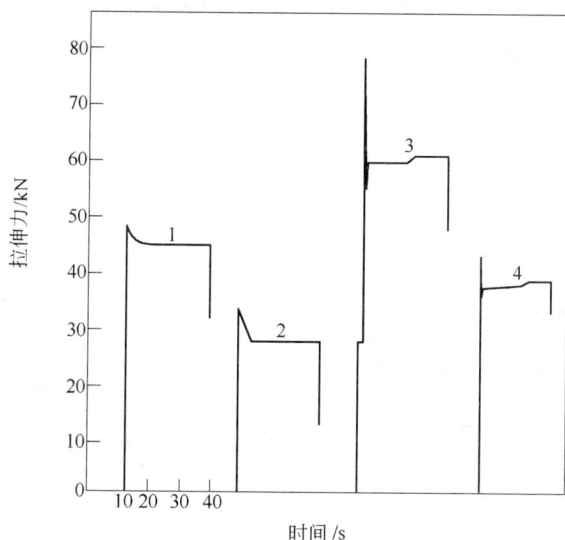

图 4-15　拉伸力实测记录

1—HSn70-1,ϕ45 mm×2.7 mm,拉伸至 ϕ37 mm×1.9 mm;

2—HSn70-1,ϕ37 mm×1.9 mm,拉伸至 ϕ30 mm×1.7 mm;

3—HAl77-2,ϕ45 mm×3.2 mm,拉伸至 ϕ38 mm×2.4 mm;

4—HAl77-2,ϕ38 mm×2.4 mm,拉伸至 ϕ32 mm×1.9 mm

图 4-16　铜及铜合金屈服强度与加工率关系

1—紫铜;2—H90;3—H85;4—H62;

5—HSn70-1;6—B10;7—H68;

8—QSn6.5-0.4

解:已知:
$$F = \frac{\pi(37^2 - 33.2^2)}{4} = \frac{4298 - 3461}{4} = 209.25\,(\text{mm}^2)$$

$$\lambda = \frac{(45 - 2.7) \times 2.7}{(37 - 1.9) \times 1.9} = 1.71$$

$$\varepsilon = \frac{\lambda - 1}{\lambda} \times 100\% = \frac{1.71 - 1}{1.71} \times 100\% = 41.5\%$$

设:$\sigma_b = 500$ MPa,$n = 1$

按公式 4-15 计算拉伸力

$$P = \frac{\sigma_b F(3.2 + 0.49\varepsilon)}{28000} \times n$$

$$= \frac{500 \times 209.25(3.2 + 0.49 \times 0.415)}{28000} \times 1$$

$$= 12.7\,(\text{kN})$$

本道次加工拉伸力约为 12.7 kN。

4.3.4　拉伸时变形的特点

为了研究金属在拉伸过程中的变形情况,采用坐标网格法。通过分析坐标网格的变化,反映出金属在变形区内流动的规律。

4.3.4.1　拉伸后坐标网格沿轴向的变化

拉伸后坐标网格沿轴向的变化如图 4-17 所示,棒材中心层的正方形格子变成了矩形,其内切圆变成了斜椭圆,沿拉伸方向被拉长而径向被压缩。同时,周边正方格子的直角也在拉伸后变成了锐角或钝角,斜椭圆长轴与拉伸轴线的夹角,由中心部分向边缘部分逐渐增大,并由入口端

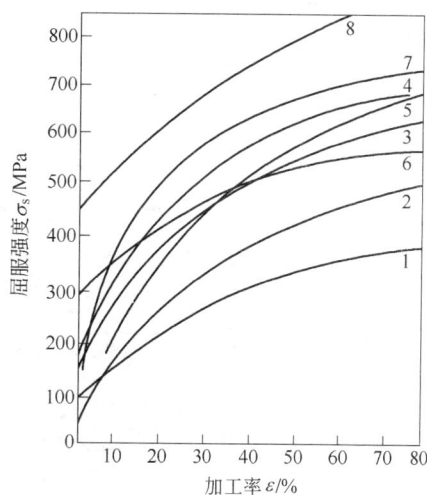

向出口端逐渐减小。这说明周边格子除了受到轴向拉长、径向和周向压缩外,还在正压力 N 和摩擦力 T 之合力 R 的作用下发生了剪切变形。此剪切变形随模角 α、加工率和摩擦力的增大而增大。

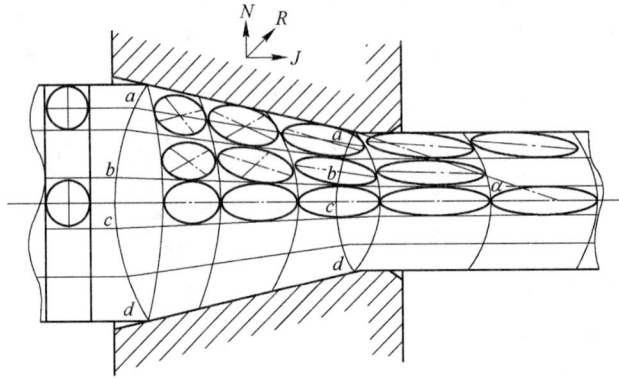

图 4-17 用锥形模拉伸棒材时金属变形的特性

4.3.4.2 拉伸后坐标网格沿横截面方向的变化

横截面上的坐标网格在拉伸前是直线,进入拉伸后顺着拉伸方向向前凸,变成了弧形曲线。这些曲线弧度从入口端到出口端逐渐增大。这说明棒材中心层的金属质点流动速度比周边层快,并随模角和摩擦力的增大,其横截面上金属流动的差异更为明显。

综上所述,在拉伸棒材时,其中心层金属只有延伸变形而无滑动变形(或者金属间的滑动甚微,可忽略不计)。而由棒材中心向外,由于摩擦力、拉伸模角和变形程度等因素的影响,金属除延伸变形外,还有滑动变形和弯曲变形,这种现象距棒材中心线愈远,其表现愈加显著。因此可以说在变形区内金属各点的变形是不均匀的。

4.3.5 游动芯头拉伸管材时的应力和应变

游动芯头拉伸管材是管材生产的主要方式,其变形区的应力和应变如图 4-18 所示。游动芯头拉伸管材时管材断面积逐渐缩小,金属加工硬化,变形抗力随之增加,管材与模具接触的表面积越来越大,由此克服的摩擦力也需加大。

从管材外表面接触模孔开始到管材内壁接触芯头为止这一段为空拉区。从管材上截取单元体,其受力情况如图 4-18 所示,轴向应力 σ_L 为拉应力,径向和周向应力 σ_r 和 σ_θ 均为压应力。在管材的同一横截面上 σ_r 值在管材与模孔接触处最大,沿管壁由外向内逐渐减小,至内壁时为零。在空拉区管材产生轴向延伸应变 ε_L 和周向压缩应变 ε_θ,至于径向应变 ε_r,则取决于轴向应力与周向应力之比。轴向拉应力 σ_L 产生伸长变形,使管材壁厚变薄,而周向压应力 σ_θ 使金属向阻力最小的方向流动管材壁厚增加。如果由拉应力引起的减壁量大于由压应力引起的增厚量,则管材壁厚变薄,反之增厚。

管材通过空拉区后,内壁开始接触芯头这一段为减径、减壁区,游动芯头与拉模共同对管壁施加压力,管材内表面的压应力 σ_r 不再为零,其沿管材壁厚的分布也趋于均匀。

4.3.6 影响不均匀变形的因素

影响不均匀变形的因素包括以下几方面。

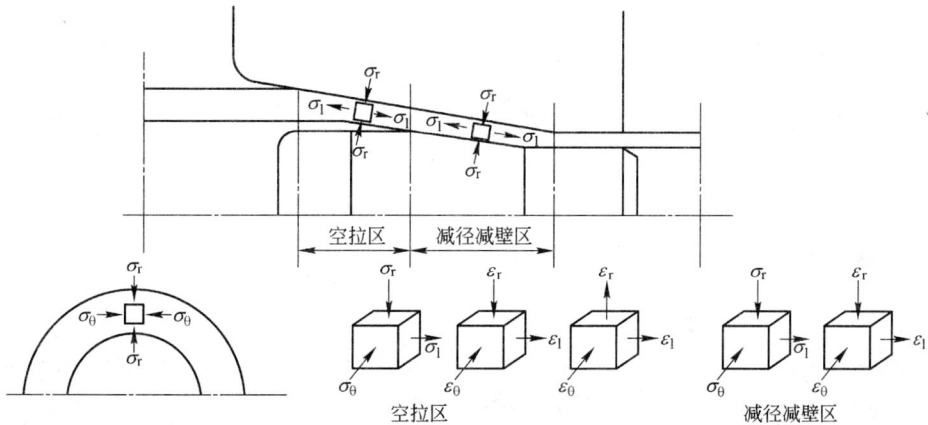

图 4-18 游动芯头拉管时的应力和应变

（1）摩擦力。是指在拉伸力的作用下，制品与模具表面接触而产生的摩擦力。由于摩擦力方向与拉伸方向相反，故摩擦力越大则不均匀变形也越大。

（2）拉伸模角。拉伸模角增大，将会使金属流线急剧弯曲，从而增加了附加剪变形及金属硬化，并且会恶化润滑条件，增大摩擦系数。拉伸模角太小，金属与模孔的接触表面积增大，也引起摩擦力的增大。另外，拉伸模定径带宽窄对金属不均匀变形也有一定的影响。定径带窄，金属轴向流动时摩擦力就小，不能满足金属向阻力小的方向滑移；定径带宽，增大了拉伸摩擦力，影响道次加工率。因此，模角及定径带应有一个合理的范围。

（3）变形程度。变形程度大，则变形能深入到制品的中心层去，因而可以减少沿横断面上的变形不均匀性。反之，若变形程度小，变形仅发生在制品的表层上而不能深入到内部，则将增加沿横截面上变形的不均匀性。

（4）变形的多次性。在同一加工率情况下，变形次数越多，不均匀变形越显著。

（5）润滑条件。润滑剂的质量、润滑方式直接影响摩擦力的大小，也将影响到变形的不均匀性。

（6）金属本身的组织。由于金属组织的不均匀性，在拉伸过程中使金属内部有的地方易于变形，有的地方难以变形，从而引起变形分布的不均匀性。另外；当被拉制品内存在某些缺陷，或者退火不均匀，造成坯料表面硬度不一致，也可能引起变形的不均匀。

由此可见，在拉伸时影响金属不均匀变形的因素很多。为了减少被拉金属变形的不均匀性，尽量避免铸造时所出现的偏析、气泡、夹杂等缺陷。拉伸前坯料的退火要均匀。除此之外，还必须合理设计模具，选择良好的润滑剂，正确地制订配模规程和合理的操作。这些都是减少不均匀变形的重要措施。

4.3.7 不均匀变形对拉伸制品质量的影响

不均匀变形对拉伸制品的质量有以下几方面影响：

（1）对制品组织和力学性能的影响。不均匀变形造成了制品内部各部分变形量不同，这样的制品在退火后其晶粒大小是不同的，致使制品的力学性能不均匀。

（2）不均匀变形使制品表面产生拉应力，当拉应力超过金属的抗拉强度时，制品表面将出现裂纹。

（3）不均匀变形使制品形状歪扭和弯曲，给以后的精整工序带来困难。

4.4　管棒材拉伸工艺

根据设备生产能力，确定管、棒材制品拉伸的工艺，充分利用拉伸工序使坯料逐渐改变形状、尺寸，拉制出合格成品。

4.4.1　管棒材拉伸配模

4.4.1.1　配模的原则

配模时应考虑以下原则：

（1）确定拉伸工艺时，要考虑现有设备的能力和模具的加工能力、现场的生产实际情况，并参考有关的工艺资料，使拉伸工艺既经济合理，又切实可行。

（2）在金属塑性和设备允许的条件下，充分利用金属的塑性增大每道次的延伸系数。降低能耗，提高生产率。

（3）最佳的表面质量和精确的尺寸。合格的物理、力学性能，以满足用户对制品表面和性能的要求。

4.4.1.2　配模步骤

配模的步骤如下：

（1）根据现有设备的生产能力和已有的坯料尺寸，计算总的延伸系数，合理地分配道次延伸系数，确定各道次所需模具尺寸。

（2）需要采用拉伸来控制性能的制品，应查阅金属和合金的力学性能与加工率的关系曲线，确定道次加工率。

（3）根据总的延伸系数和现场生产的实际经验，初步确定拉伸道次及退火次数。

（4）对于紫铜、白铜、镍及塑性好的合金，可以充分利用其塑性，连续拉伸 2 ~ 4 道次不进行中间退火。第一道次延伸系数由于坯料的尺寸偏差以及退火、酸洗后表面的残酸，延伸系数不宜采用过大。中间道次尽量放大延伸系数，以节省能耗和加工道次。最后一道次延伸系数小一些，有利于精确的控制成品尺寸公差。对于冷硬较快的黄铜、类合金，在退火后第一道次应尽可能采用较大的延伸系数，随后逐渐减小。

4.4.1.3　注意事项

对于不同的拉伸方法，在制定工艺时，还要做如下的考虑：

（1）在管材拉伸生产中，对于直径小于 $\phi16 \sim 22$ mm 的管材常用空拉出成品。对于内表面要求高的制品尽管直径小于 $\phi6 \sim 10$ mm，也要采用芯头拉伸出成品。在确定空拉道次变形量时，还应考虑管材变形时的稳定性，特别是薄壁管材，过大的减径量使管材产生纵向内凹，即所谓压扁。根据现场经验，当模角为 $10° \sim 15°$ 时或采用倍模拉伸是稳定的。

（2）采用固定游动芯头拉伸时，对于黄铜管道次延伸系数为 1.3 ~ 1.7，两次退火间总延伸系数可达 2.5 ~ 3.0，一般拉伸 1 ~ 3 道次以后即要进行中间退火。中小尺寸的紫铜管道次延伸系数为 1.2 ~ 2.0，两次退火间总延伸系数可达到 10；直径大于 $\phi90$ mm、壁厚大于 5 mm 的紫铜管，两次退火间总延伸系数有时可达 2.5 ~ 3.0 mm；直径大于 $\phi160$ mm 的紫铜管材，道次延伸系数和两次退火间的总延伸系数主要取决于拉伸设备的能力。

对于一般中等规格的管材,外径缩减量一般为 2~8 mm,壁厚缩减量为 0.1~0.9 mm。为了便于放入芯头,管坯的内径必须大于芯头大圆柱尺寸。

(3)成品配模时应考虑拉伸时金属变形的特性。对于冷作硬化慢、塑性好的金属及合金,拉制后在常温下测得的尺寸会小于模孔定径带尺寸,比如空拉 $\phi25$ mm 紫铜管应采用 $\phi25.15$ ~ 25.50 mm 的管模;对于冷作硬化快、塑性差的金属及合金,拉制后在常温下测的尺寸会大于模孔定径带尺寸,比如拉制 $\phi30$ mm 铝青铜棒应采用 $\phi29.75$ ~ 29.85 mm 的棒模。

(4)确定圆棒拉伸工艺时,如果采用挤压坯料,则坯料尺寸应接近成品尺寸。对 $\phi10$ ~ 60 mm 的紫铜棒材,坯料尺寸比成品尺寸大 3~6 mm,黄铜棒材大 1.5~3.0 mm,通过一遍拉伸就能使棒材有必要的力学性能、精确的尺寸和良好的表面。青铜棒材由于挤压坯料较大,要经过 1~5 道次的拉伸,塑性差的每道拉伸后都要进行中间退火,道次延伸系数不宜大,约 1.2~1.4之间。若采用轧制或铸造的坯料,由于表面粗糙,缺陷较多,必须加大坯料规格,采用扒皮并多道次拉伸和中间退火,以改善金属的内部组织。

4.4.1.4 拉伸配模举例

A 紫铜 T2 $\phi20$ mm × 2 mm 管材的拉伸配模

步骤如下:

(1)根据现有的冷轧管机的孔型系列,选择坯料的尺寸为 $\phi45$ mm × 3 mm。

(2)由于紫铜塑性好,一般不需要中间退火,拉出后成品的力学性能都能满足标准要求。

(3)根据成品和坯料尺寸计算出总的延伸系数 $\lambda_\Sigma = 3.5$。

(4)根据总的延伸系数确定拉伸道次,本例总的减径量为 25 mm,总的减壁量为 1.0 mm。在减径量较大、减壁量不大的情况下,确定减径量用三道次拉伸完成,减壁量用二道次拉伸完成。

(5)分配道次延伸系数,利用本节所述的原则,进行道次延伸系数的分配。将计算的结果编制成拉伸工艺流程,列于表 4-1 中。

表 4-1 紫铜管材拉伸工艺流程

成品管材尺寸	拉伸方法	拉伸道次	拉伸后管材尺寸	延伸系数
$\phi20$ mm × 2 mm	套模游动芯头拉伸	1	$\phi37$ mm → 32 mm × 2.5 mm	1.70
	游动芯头拉伸	2	$\phi26$ mm × 2 mm	1.53
	空 拉	3	$\phi20$ mm × 2 mm	1.33

B 黄铜 HSn70-1A $\phi25$ mm × 1 mm 管材的拉伸配模

拉伸黄铜管材,其随拉伸的进行塑性急剧下降,为恢复塑性,便于下道工序加工,拉伸工艺中必须安排中间退火。

根据冷轧管机所提供的坯料规格,选用 $\phi45$ mm × 2.75 mm 的坯料,确定拉伸道次和各道次的减壁量为 0.85 mm、0.55 mm、0.35 mm。各道次的减径量为 8 mm、7 mm、5 mm。计算延伸系数后,将拉伸工艺流程列于表 4-2 中。

表 4-2 HSn70-1A 黄铜管材拉伸工艺流程

成品管材尺寸	拉伸方法	拉伸道次	拉伸前状态	拉伸管材尺寸	延伸系数
$\phi25$ mm × 1 mm	短芯头拉伸	1	退 火	$\phi37$ mm × 1.9 mm	1.74
	游动芯头拉伸	2	退 火	$\phi30$ mm × 1.35 mm	1.72
	游动芯头拉伸	3	退 火	$\phi25$ mm × 1 mm	1.61

C　青铜 QSn6.5-0.1 φ42 mm 棒材拉伸配模

根据现有的生产设备,选用挤压坯料。考虑到力学性能和表面质量的要求,确定坯料尺寸为 φ60 mm。拉伸工艺流程见表 4-3 中。要求成品为特硬状态,见表 4-4。

表 4-3　QSn6.5-0.1 青铜棒材拉伸工艺流程

成品棒材尺寸	拉伸道次	拉伸方法	拉伸后棒材尺寸	延伸系数
		（坯　料）	φ60 mm	
	1	拉　伸	φ54 mm	1.23
		退　火		
	2	拉　伸	φ49 mm	1.21
φ42 mm		退　火		
	3	拉　伸	φ45 mm	1.18
		退　火		
	4	拉　伸	φ42 mm	1.15

表 4-4　QSn6.5-0.1 青铜棒材拉伸工艺流程

成品棒材尺寸	拉伸道次	拉伸方法	拉伸后棒材尺寸	延伸系数
		（坯　料）	φ60 mm	
	1	拉　伸	φ54 mm	1.23
		退　火		
φ45 mm	2	拉　伸	φ48 mm	1.21
		退　火		
	4	拉　伸	φ45 mm	1.20

4.4.1.5　采取补救措施的拉伸配模举例

[例 4-7]　H65 黄铜管材,成品 φ31.2 mm × 2.7 mm,长度尺 3.6 m。尺寸公差执行 GB/T1527—2006 普通级;正常下坯料 φ45 mm × 3.2 mm,参考长度(头、尾各取 200 mm)2.4 m。由于作业失误,实际坯料被切短,长度仅为 2.25 m。

解:已知 GB/T 1527—2006 尺寸公差标准:φ25 ~ 50 mm 管材外径公差允许正负小于 0.12 mm,壁厚 2.5 ~ 3 mm 公差是公称壁厚的正负小于 10%。

采取补救措施:

制头长度按 180 mm,切尾长度按 60 mm。

取成品拉模负 0.10 mm,即 φ31.1 mm、芯头正 0.10 mm 即 φ26 mm。拉出成品外径实际尺寸大于 31.08 mm。拉出成品壁厚实际尺寸大于 2.52 mm。

按公式 4-7 计算延伸系数 λ

$$\lambda = \frac{(D_0 - S_0)S_0}{(D - S)S} = \frac{(45 - 3.2) \times 3.2}{(31.1 - 2.55) \times 2.55} = 1.837$$

按公式 4-12 得

$$L_0 = \frac{1}{\lambda}(L+e) + c = \frac{1}{1.837}(3600 + 140) + 180 = 2215(\text{mm})$$

通过验证:长度 2.25 m 的坯料可以拉制出外径、壁厚为负公差成品。

4.4.2 拉伸工艺流程

4.4.2.1 管棒材拉伸工艺流程

管棒材拉伸工艺流程,如图 4-19、图 4-20 所示。

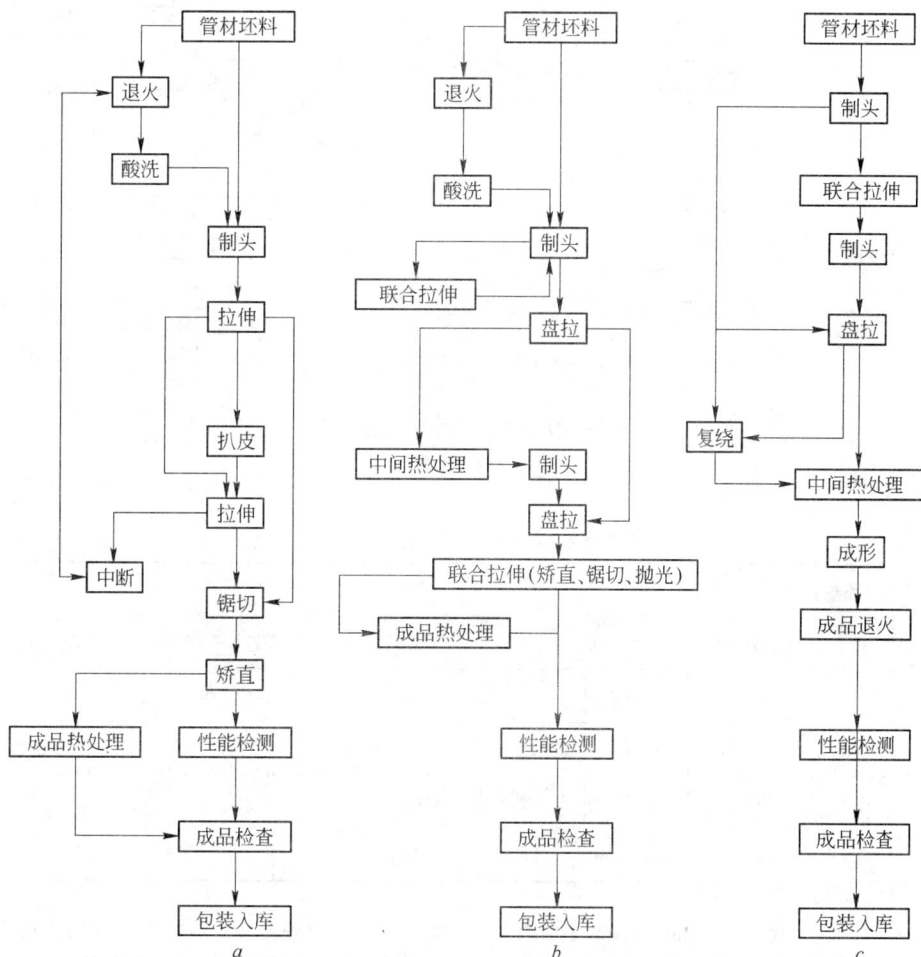

图 4-19 管材拉伸工艺流程图

a—直条拉伸管材;b—联合拉拔管材;c—盘拉管材(内螺纹铜管)

4.4.2.2 常用的铜及铜合金拉伸工艺

常见的铜及铜合金管材拉伸工艺流程,见表 4-5 ~ 表 4-10。
常用的铜及铜合金棒材拉伸工艺流程,见表 4-11 ~ 表 4-14。

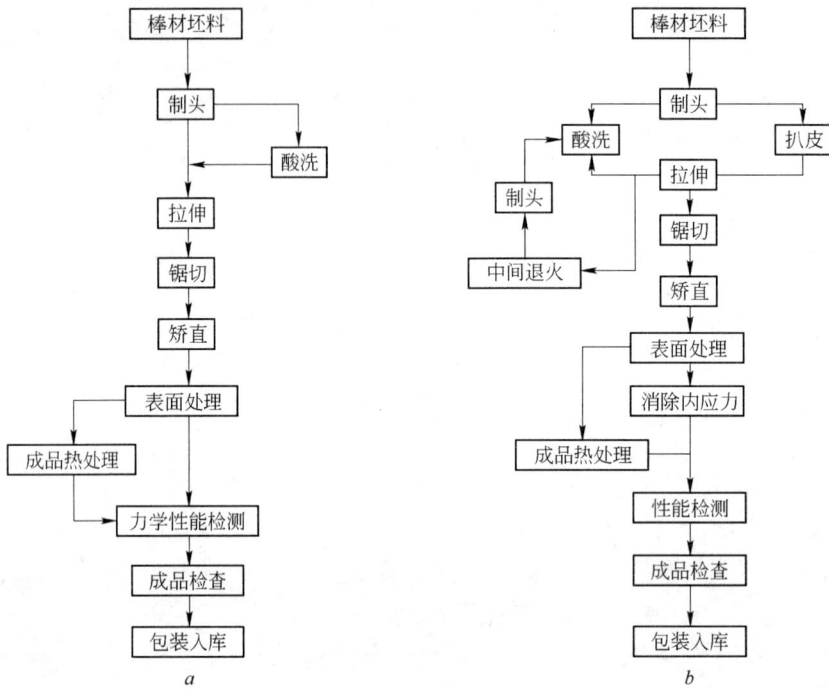

图 4-20　棒材拉伸工艺流程图

a—紫铜；b—黄铜、青铜

表 4-5　T2、H96 管材拉伸工艺流程　　　　　　　　　　（mm）

成品规格	管坯规格	拉 伸 流 程						
8×0.75	38×1.9	扒皮 37.4	33×1.4	28×1.1	24×0.9	20×0.75	17×0.65	退　火
		空拉 12	空拉 8					
16×0.8	38×2	扒皮 37.4	33×1.5	28×1.2	退火	24×1	20×0.9	16×0.8
26×2	45×3.1	38×2.7	扒皮 37.4	32×2.3	26×2			
38×4.8	60×5.5	52×5.2	扒皮 51.4	45	38×4.8			

表 4-6　H64A、H68、HSn70-1A、HAl77-2A 黄铜管拉伸工艺流程　　　　　　　　　　（mm）

成品规格	管坯规格	拉 伸 工 艺 流 程
15×1	45×3.1	退火→38×2.3→33×1.9→退火→28×1.4→24×1.1→退火→20×0.95→15(1)
25×1	45×2.75	退火→37×1.9→退火→30×1.35→退火→25×1
32×1.9	45×3.2	退火→38×2.4→退火→32×1.9
41×2.5	60×3.3	退火→52×3.1→46×2.8→退火→41×2.5
22.1×0.9	45×2.7	退火→45×2.7→38×2.2→33×1.6→退火→27×1.25→退火→22.1×0.9

表 4-7　H62、H65、H68、H85 管材拉伸工艺流程 （mm）

牌　号	成品规格	管坯规格	拉 伸 工 艺 流 程
H62	6×1	38×2.5	退火→33×2→28×1.6→退火→24×1.3→20×1.1→退火→17×0.95→12→退火→8→6(1)
H62	25×1.45	38×2.6	退火→33×2.2→退火→28×1.8→退火→25×1.45
H65	39×3	45×3.7	退火→44.8→扒44.3→39×3
H85	26×2.9	45×4	退火→(套模38)32×3.2→退火→26×2.9

表 4-8　QSn4-0.3 锡磷青铜管拉伸工艺流程 （mm）

成品规格	管坯规格	拉 伸 工 艺 流 程
30×1	45×2	扒皮44.1→退火→39×1.6→退火→34×1.3→退火→30×1
16×0.75	38×2	扒皮37.4→退火→32×1.7→退火→27×1.4→退火→23×1.1→退火→19×0.9→退火→16×0.75
38×1.5	45×2	扒皮44.1→退火→38×1.5

表 4-9　B30、BFe30-1-1、BFe10-1-1 白铜管材拉伸工艺流程 （mm）

成品规格	管坯规格	拉　伸　流　程								
10×0.75	45×2.25	退火	整径44.8	扒皮44.3	38×1.6	33×1.3	28×1	退火	24×0.8	20×0.7	空拉14(0.75)
16×1.2	45×2.8	退火	整径44.8	扒皮44.3	38×2.1	33×1.8	28×1.4	退火	23×1.15	空拉16(1.2)	
25×1	45×2.25	退火	整径44.8	扒皮44.3	37×1.55	30×1.25	退火	25×1			
24×2	45×3.1	退火	整径44.8	扒皮44.3	37×2.5	30×2.2	24×2				

表 4-10　紫铜型材管拉伸工艺流程 （mm）

形　状	成品规格	管坯状态及规格	拉伸工艺流程
方　形	20×20×4	冷轧 $\phi45×5$	$\phi37×4.2$→空拉29→20×20×4
矩　形	35×15×5	冷轧 $\phi45×7$	ϕ 空拉38→空拉33→35×15×5
偏　心	38.5×34/$\phi26$×4(5)	软50.5×46/36×5(7)	50.5×46/36×5(7)→42×38/$\phi30$×6(5)→38.5×34/$\phi26$×4(5)

表 4-11　T2 紫铜棒材拉伸工艺流程 （mm）

成品规格	坯料规格	拉伸工艺流程	总延伸系数
5	12(圆盘)	盘拉9→7→退火→6→5	5.76
6	12(圆盘)	盘拉10→8→退火→7→6	4.0
10	13	10	1.7
15	40	40→36→32→28→退火→25→21→18→15	7.1
20	24	20	1.44
25	29	25	1.35
50	56	50	1.25

表 4-12 HPb59-1 黄铜棒材拉伸工艺流程   （mm）

成品规格	坯料规格	拉 伸 工 艺 流 程	总延伸系数
5	10（挤压圆盘）	9→退火→8→退火→7→退火→6→退火→5.5→退火→5	4.0
	8（热轧圆盘）	扒 7.3→6.3→退火→扒 6→5	2.5
7	10（挤压圆盘）	9→退火→8→退火→7	2.0
	9（热轧圆盘）	扒 8.6→退火→扒 8.2→退火 7.5→7	1.6
9	12（挤压）	10.5→退火→9	1.44
20	22（挤压）	20	1.21
30	32（挤压）	30	1.14
40	42（挤压）	40	1.16
	45（铸造）	拉伸 43.5→扒 43→扒 42.5→退火→拉伸 40	1.26

表 4-13 QSn6.5-0.1 锡磷青铜棒材拉伸工艺流程   （mm）

成品规格	坯料规格	拉 伸 工 艺 流 程	总延伸系数
6	20	17→14.5→退火→12→10→退火 8→7→6→退火→6	11.1
10	20	17→退火→4.5→12→退火→10	4.0
20	25	23→退火→20	1.56
30	34	30	1.28
38	45	41→38	1.40
42	55	55→退火→46→退火→42	1.71

表 4-14 B30、BZn15-20、BMn40-1.5 白铜棒材拉伸工艺流程   （mm）

成品规格	坯料规格	坯料状态	拉 伸 工 艺 流 程	总延伸系数
7	20	挤 压	17→15→退火→12→10→退火→8→7	1.11
	13	铸 造	11→扒 10.5→退火→9→扒 8.5→退火→7	3.44
14	20	挤 压	17→14	2.04
	21	铸 造	19→扒 18.3→退火→16→退火→14	2.25
20	25	挤 压	23→退火→20	1.56
34	40	挤 压	37→退火→34	1.38
	41	铸 造	扒 39.5→37→扒 36.5→35.5→34	1.45

4.5 拉伸润滑

4.5.1 润滑的作用

润滑有利于降低金属与工具之间的摩擦力，防止金属黏结工具，改善制面的表面质量，提高工具的使用寿命，并且可以利用较大的延伸系数。有利于降低能耗，提高拉伸生产率。同时还可以起冷却作用，避免工具在工作时过热。

4.5.2 对润滑剂的要求

对润滑剂的要求包括以下几点：

（1）应具有良好的润滑效能,尽可能有最大克服摩擦表面的活性。

（2）有足够的黏度,宜在金属和模具之间形成牢固的、足够的润滑膜层。

（3）应有一定的化学稳定性,在常温下保存或循环使用过程中不易挥发变质,不分层,不与金属起化学反应,不能对环境和职场作业人员的健康有危害。

（4）在退火高温或燃烧中没有挥发完,附着在金属表面的润滑剂质变物,应易于酸洗。

4.5.3 常用的润滑剂

润滑剂一般按其状态可分如下几种:

（1）石蜡乳液。石蜡乳液的优点是润滑性能好,减少了工具的消耗和生产的辅助时间,提高了生产效率,改善了劳动条件和环境卫生,降低了成本。缺点是石蜡乳液使用后不能回收,制品在成品退火前必须用除油剂除掉表面的蜡膜。

（2）液体油。液体油状润滑剂主要有植物油、动物油和矿物油。植物油包括菜籽油、蓖麻油、棉籽油、亚麻籽油和豆油等。由于植物油含有丰富的脂肪酸(油酸),故润滑性能好,植物油油膜的耐压力比矿物油大 1~2 倍,常用植物油在联合拉拔机上拉制小规格制品。

（3）矿物油。矿物油是从石油中提炼出来的。按其性能和用途可分为机油、锭子油、轧钢机油、汽缸油、煤油和汽油等。由于矿物油来源广泛,价格低廉,在棒材拉伸中用得较多。矿物油用来作为乳液的成分,或者添加在植物油中使用。矿物油也可以进行提高活性的处理,如矿物油的石蜡经氯化以后即成氯化石蜡,是拉伸蒙耐尔合金、康铜和纯镍等制品较好的润滑剂。煤油适用于拉伸紫铜棒材和空拉紫铜管材。

（4）乳液。乳液是一种矿物油和水均匀混合的两相系。油与水本来难以均匀混合,因为油和水的接触面上,有相互排斥和各自要尽量缩小其接触面积的两种作用。只有当油浮于水面分为两层时它们之间的接触面积才最小,也最稳定,为了使油能以微小的油珠悬浮于水中以减少油、水的分层及油珠间的合并,必须加入乳化剂,乳化剂具有易溶于油的亲油基和易溶于水的亲水基所组成。油水混合液中加以乳化剂,搅拌后,就成为一种乳液。

乳化剂不仅降低了油水分界处的表面张力,提高了抗分层的稳定性,而且在油珠表面由亲水基形成了黏性高、力学强度大的胶质吸附层,提高油珠的润滑性。

乳液的润滑性能好,冷却性能也好。根据各种润滑剂对拉伸铜管的拉伸应力和道次延伸系数的实测结果表明,用合成脂肪混合物拉伸时,其拉伸应力极小。其次是乳液,由于乳液价格较便宜,并且可以循环使用,对管材的外表面和模具有较强的润滑和冷却作用,因而得到了广泛的应用。

4.5.4 润滑剂的配制

4.5.4.1 石蜡乳液的配制

乳膏配制质量分数:机油 13.3%,石蜡 12.3%,油酸 15%,碳酸钠 3.1%,水 56.3%。

乳膏的配制方法:用 60~70℃ 的蒸汽加热溶解机油和石蜡,待石蜡完全溶解后再加以油酸,进行搅拌 30 min,再慢慢加入碱液,边加碱边搅拌,其温度不低于 60℃,持续 20 min,然后冷却到室温。

石蜡乳液的使用方法:将配制好的乳膏盛入润滑槽子中,将质量浓度为 10%~15% 的石蜡乳液加水稀释,加热到 60~70℃。使用时将待拉伸的制品浸泡 2~3 min 吊出来,待油膜干固后即可拉伸。

4.5.4.2　乳液的配制

乳液的质量分数:变压器油(或机油)85%,油酸10%,三乙醇铵5%。另外再加50%的水稀释。

配制方法,按上述百分比,先把机油倒入搅拌槽中,用蒸汽加热到60℃,加入油酸后,进行充分的搅拌,再加入三乙醇铵,继续搅拌30 min,然后加水50%即可使用。合格的乳液不应该分层,保持中性,对制品无腐蚀作用。

4.6　管棒材的热处理

热处理是指金属在固态范围内,对其施加不同的加热温度、保温时间和冷却速度,以改变金属组织结构和性能的一种工艺。随着退火温度的提高,金属强度会下降,塑性则会增加。

4.6.1　管棒材的热处理方法

铜及铜合金常见的热处理方法有均匀化退火、中间退火、成品退火、消除内应力退火、光亮退火和淬火等。一些铜及铜合金的再结晶退火温度,见表4-15;常见铜及铜合金管、棒材中间退火温度,见表4-16、表4-17。

表 4-15　铜及铜合金再结晶退火温度

合金牌号	再结晶温度/℃	合金牌号	再结晶温度/℃
T2	500～700	HPb59-1	0～650
H96	450～600	QSn6.5-01	600～650
H68	520～650	QSn4-2	600
HAl77-2A	600～650	QAl9-2	650～750
HFe59-1-1;HMn58-2	600～650	QBe2	550
HSn70-1	560～580	QSi3-3	600～700
HSn62-1;HSn60-1	550～650	QAl5	600～700

表 4-16　铜及铜合金管材中间退火温度

合金牌号	退火温度/℃	保温时间/min	合金牌号	退火温度/℃	保温时间/min
T2	520～650	45～70	HPb66-0.5	610～690	80～90
H92	500～650	45～70	HPb63-0.1	620～680	70～80
H62	520～630	60～90	HAl77-2	600～700	70～90
H65	580～640	80～90	QSn4-0.3	600～700	50～70
H68	580～680	70～100	BMn40-1.5	750～850	80～100
H70	620	90	BFe10-1-1	720～780	80～90
H85	620～680	70～100	BFe30-1-1		
HSn70-1	600～700	70～100			

表 4-17　铜及铜合金棒材中间退火温度

合金牌号	退火温度/℃	保温时间/min	合金牌号	退火温度/℃	保温时间/min
T2	600 ~ 650	60 ~ 70	QAl9-4	730 ~ 780	70 ~ 80
H62	600 ~ 640	70 ~ 90	QAl9-2	700 ~ 750	60 ~ 70
HMn58-2	600 ~ 650	50 ~ 80	QAl10-3-1.5		
H68、65 线坯	600 ~ 650	50 ~ 80	QAl10 - 5 - 5	730 ~ 780	60 ~ 70
HPb59-1	650 ~ 680	60 ~ 70	QSi3 - 1	650 ~ 700	50 ~ 80
HFe59-1-1	650 ~ 680	60 ~ 70	QSi1.8-0.5	620	80
HFe58-1-1			BFe30	700 ~ 780	80 ~ 100
HSn62-1			BZn15-20	600 ~ 650	90 ~ 100
HPb6-3-3	600 ~ 650	60 ~ 70			

4.6.1.1　均匀化退火

均匀化退火是将铸造或挤压坯料加热到高温下,进行较长时间的保温,经过固态中的原子扩散,以消除或减少坯料中的枝晶偏析。这种退火能使铜合金具有更均匀的显微组织,从而改善其塑性和压力加工性能。含锡量较大的锡青铜和锡磷青铜的坯料,在冷加工之前要进行均匀化退火,均匀化退火的温度为 625 ~ 750℃,保温 1 ~ 6 h。

4.6.1.2　中间退火

管棒材在拉伸过程中,随着加工率的增加,引起了金属强度升高而塑性降低,产生了"加工硬化"的现象。采取中间退火(亦称再结晶退火),可使金属和合金充分再结晶,恢复原有的塑性,以利于继续加工。中间退火的加热温度和保温时间应使管棒材在退火过程中足以完成再结晶,同时所产生的新晶粒又不致发生过分的长大。

4.6.1.3　成品退火

为了满足用户对成品力学性能的要求,一般在冷加工以后进行的退火,称为成品退火。不同状态(如软、半硬、硬)的成品对抗拉强度、延伸率和硬度有不同的要求。这些都要通过成品退火工艺来保证。

根据金属和合金力学性能与退火温度的关系曲线,可以确定成品退火温度和保温时间。铜及铜合金力学性能与退火温度的变化曲线,如图 4-21 ~ 图 4-24 所示。

一些铜及铜合金管、棒成品退火温度和保温时间见表 4-18、表 4-19。

4.6.1.4　消除内应力退火

消除内应力退火又称低温退火,目的在于消除拉伸变形中产生的内应力。管棒材在冷加工过程中,由于不均匀变形而在内部产生了内应力,它的存在降低了金属材料的耐蚀性能。在铜合金中,含锌量大于10%的黄铜以及含磷的青铜不经低温退火,往往要出现应力裂纹。消除内应力退火温度通常在 150 ~ 425℃ 的范围内,保温 0.5 ~ 1 h。一些铜合金消除内应力的退火温度和保温时间见表 4-20。

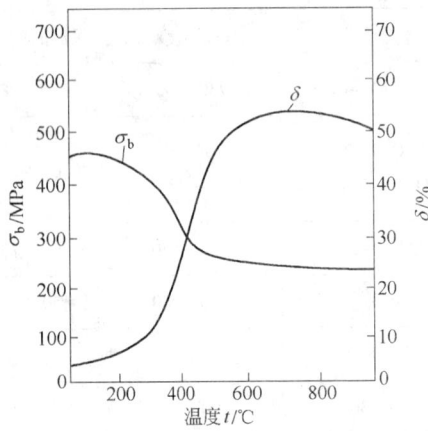

图 4-21　T2 力学性能与退火温度的关系
（连续退火 1 h）

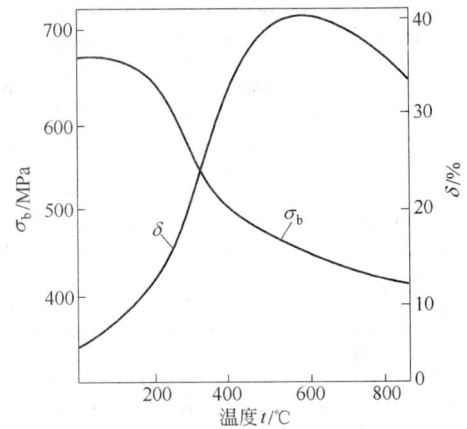

图 4-22　H59-1 力学性能与退火温度的关系
（φ5 mm 棒材，变形 15%，退火 1 h）

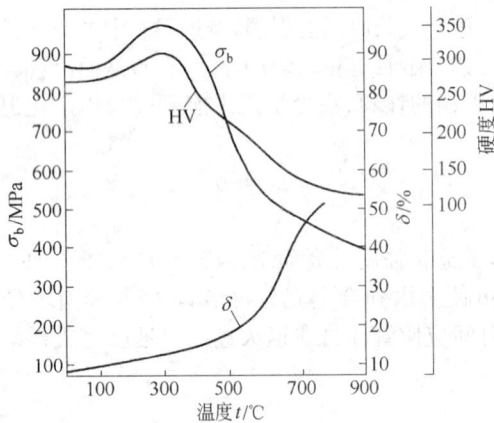

图 4-23　QB0.2 力学性能与退火温度的关系

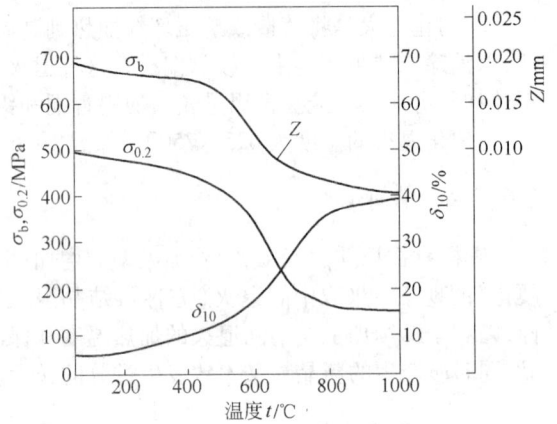

图 4-24　B30 力学性能与退火温度的关系
（原材料 φ16 mm×1.4 mm，加工率 46%，退火保温 60 min）

表 4-18　铜及铜合金管材成品退火

合金牌号	壁厚/mm	退火温度/℃			保温时间/min
		软制品	半硬制品	硬制品	
T2、H96	1.0~2.5	530~580	450~510		50~70
H62	1.0~2.5	470~500	450~500	340~400	65~75
H65	2.0~3.0		510~520		80
H68	1.0~1.5			380	80
HAl77-2A	1.0~2.5	680~700	600~620		70~90
BMn40-1.5	所　有	700~750		400~430	80~100
QSn4-0.3	1.0~2.5	300~340	200~240		50~60

表4-19 铜及铜合金棒材成品退火

合金牌号	直径/mm	退火温度/℃			保温时间/min
		软制品	半硬制品	硬制品	
T2、H96	所 有	580 ~ 650			50 ~ 70
H62	5 ~ 40		350		150
HPb59-1	10 ~ 40		340		150
H68	5 ~ 400	580 ~ 600	370 ~ 500		50 ~ 80
QAl10-5-5	所 有	650 ~ 670		680 ~ 700	60 ~ 70
QSi3-1	25 ~ 45			360 ~ 380	50 ~ 70
B10、B30	所 有	700 ~ 750		380 ~ 420	80 ~ 100

表4-20 铜合金消除内应力退火制度

合金牌号	消除内应力退火		合金牌号	消除内应力退火	
	加热温度/℃	保温时间/h		加热温度/℃	保温时间/h
H96	205	0.5 ~ 1	QSn4-0.3	190	0.5 ~ 1
H65	260	0.5 ~ 1	B30	245	0.5 ~ 1
HPb59-1	245	0.5 ~ 1	BZn15-20	245	0.5 ~ 1
HSn70-1	290	0.5 ~ 1			

4.6.1.5 光亮退火

光亮退火是指在退火过程中制品不会发生氧化、变色而仍能保持原来光亮表面的退火。光亮退火的应用不但避免了金属材料的氧化损失,同时还可以省去酸洗工序,使生产工艺简化,避免了酸洗引起的对环境的污染。光亮退火可以分为保护性气体退火和真空退火两大类。

A 保护性气体退火

保护性气体的成分和压力对光亮退火的效果有直接的影响。目前,常用的保护性气体有两种:一种是中性的,即氮、氦、氩等惰性气体;另一种是还原性的,含有一定成分的一氧化碳或氢气。在铜及铜合金管棒材的光亮退火中,后一种使用比较普遍。由于它含有一定量的一氧化碳或氢气,有较强的还原性,有利于保持制品的光亮表面。例如:常见的黄铜冷凝管退火,保护性气体的压力必须使炉膛内任何时候都处于微正压状态。保护性气体的成分为:H_2 15%;余量为N_2,露点 -60℃左右。

B 真空退火

真空退火能获得很好的光亮退火效果,但是费用高,而且由于真空中热量只能通过辐射来传导,因此还具有加热和冷却较缓慢的缺点。由于锌在高温下的真空中极易挥发,因此各种高锌含量的黄铜不宜进行真空退火,否则会导致脱锌而影响表面质量。

4.6.1.6 淬火和时效

铍青铜、铬青铜、锆青铜和复杂铝青铜等可热处理强化的合金,可以通过淬火和时效来获得高的强度和硬度。淬火就是把铜合金材料加热到适当高的温度下保温,然后迅速淬入水中急速冷却。时效就是将淬火后的材料在一定温度下进行较长时间的保温。一些铜合金的淬火和时效温度见表4-21。

另外,由于淬火温度高于合金的再结晶温度,因此对可热处理强化的铜合金来说,淬火还可能使加工硬化的材料软化,这点在实际的生产中已经被采用。如铍青铜 QBe2.0 和铝白铜 BAl13-3,挤压后的坯料经空冷后再进行冷加工是困难的,一般在挤压后都要进行淬火,以提高其塑性。

表 4-21　一些铜合金淬火和时效工艺参数

合金牌号	淬　火		时　效	
	温度/℃	时间/min	温度/℃	时间/h
QBe2	775 ~ 1100	10 ~ 30	315	2 ~ 3
QBe2.5	800	10 ~ 30	315	2 ~ 3
QCr0.5	950 ~ 980	10 ~ 30	400	6
QZr0.2	900 ~ 925	5 ~ 30	550 ~ 600	1 ~ 4
QAl9-4	830 ~ 860	—	300 ~ 350	3 ~ 6
QAl10-3-1.5	840 ~ 860	—	340 ~ 360	3 ~ 6
QAl10-4-4	980	—	400	2
QAl09-2	700 ~ 810	—	390 ~ 410	2 ~ 5
BAl13-3	900	—	500	2

4.6.2　退火操作时的工艺要求

退火操作时的工艺要求如下:

(1)对于含锌大于 20% 的黄铜,如 H62、H60、HSn70-1A、HSn62-1、HPb59-1、HPb63-3、HPb63-0.1、HAl77-2A 以及硅青铜、磷青铜,锌白铜的管棒材,在拉伸后应及时(不超过 24 h)退火,以防产生应力裂纹。

(2)对于冷凝管,空调管以及其他一些特殊要求的产品,在成品退火前必须进行除油脱脂,管材内外表面应保证清洁无油物。

(3)应根据退火炉的功率、炉膛尺寸和制品规格严格控制装炉量。防止炉料摆放不均导致退火不均以及过热、过烧、表面烙伤等。

(4)若采用煤气炉退火,对于 H68、HSn70-1A、HAl77-2A 等易脱锌的管材,应先将空炉的炉温升高到退火温度,再装料并停止加热,中间退火温度要严格控制在 650℃ 以下,采用焖炉退火,炉内应保持正压,以防金属严重氧化。

(5)对于 QSn6.5-0.1、QSn6.5-0.4、QSn7-0.2 等锡磷青铜的退火,退火前应先进行矫直消除部分内应力。退火时必须缓慢加热,炉温要均匀,防止产生"火裂"现象。

4.6.3　常用的退火设备

退火炉的形式有许多种,在生产中经常使用的有箱式电阻炉、箱式煤气炉、辊底式退火炉、通过式退火炉、低真空退火炉、井式炉和接触退火装置等。

4.6.3.1　箱式电阻炉

箱式电阻炉的结构比较简单,如图 4-25 所示,以电阻丝作为加热元件,备有一台活动的装料小车。炉膛尺寸:长7~9 m,宽0.9~2 m,高0.8~1.5 m,功率180~360 kW不等。它适用于铜、镍及其合金的管棒材退火,中小企业使用较多。

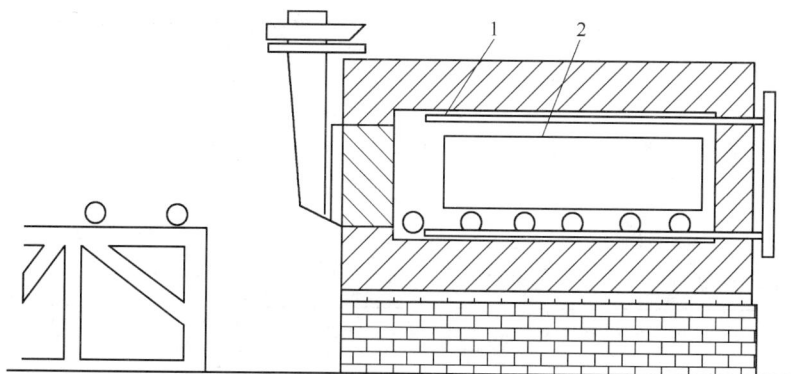

图4-25 箱式电阻炉示意图
1—加热电阻;2—料筐;

4.6.3.2 辊底式退火炉

辊底式退火炉结构比较复杂,如图4-26所示。炉底及其前后都装有输送辊道,炉膛由加热室和冷却室两部分组成。加热室分三个电阻区,每个电阻区功率为110 kW,炉膛内壁上下左右都装有电阻丝,炉底辊道是空心的,通水冷却室两侧壁上各装有6个冷却水箱,上方备有6台通风机,强制空气循环让热量被冷却水带走。这种炉子适合于铜及铜合金的中间退火、成品退火和消除内应力的低温退火,通以保护性气体还可以实现光亮退火,它的特点是能准确控制炉温,炉内各区温度均匀,冷却效果好,机械化程度高,劳动强度较小,但投资较大。辊底式退火炉的主要技术特性列于表4-22中。

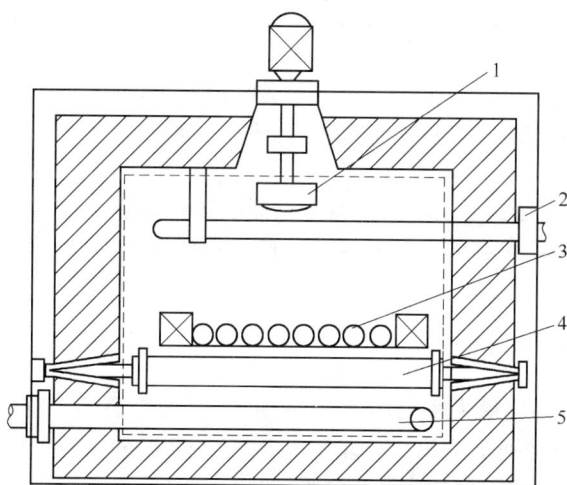

图4-26 辊底式退火炉示意图
1—风机;2,5—辐射管;3—炉料;4—辊道

表 4-22　辊底式退火炉主要技术特性

特　性	数　值	特　性	数　值
容量/kW	330	棒材最大直径/mm	$\phi5\sim60$
工作温度/℃	$300\sim800$	圆盘制品/mm	直径 $\phi800$，高 300
生产能力/t·h^{-1}	$1.2\sim1.5$	管材最大长度/m	7
冷却水流量/m^3·h^{-1}	15	炉内辊速/m·min^{-1}	快速21.5;慢速0.84
管材退火最大直径/mm×mm	$\phi300\times9$	炉膛尺寸(长×宽×高)/m×m×m	$12.58\times1.0\times0.5$

4.6.3.3　电阻接触退火

对于电阻系数较大的铜合金及镍合金的管材适合于采用接触退火的方法,如图 4-27 所示。它是将制品在接触退火装置上逐根对制品通以 24～36 V 电压的电流而使之加热,并通过线膨胀量的变化或采用光电控制器对制品进行接触退火或采用光电控制器控制。对于紫铜、H96、H90黄铜不宜采用接触退火。

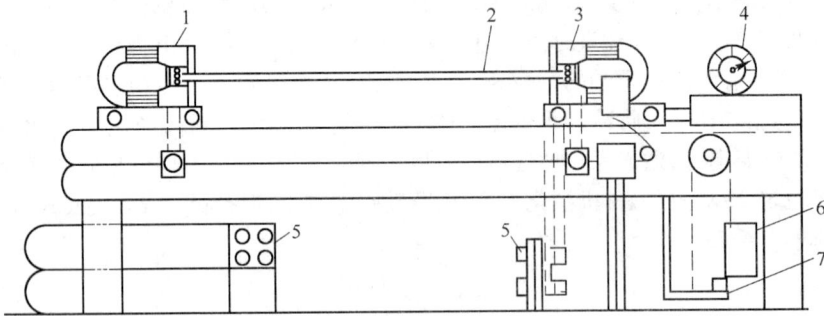

图 4-27　管材接触退火电热装置

1,3—移动接点;2—退火管材;4—伸长指示器;5—低压母线;6—平衡重锤;7—返回原处的脚踏板

对于长度在 10 m 以上的管材退火,通常采用通过式电阻退火炉。通过式电阻退火炉的主要技术特性为:功率 345 kW;最高使用温度 700℃;最大管材外径 $\phi80$ mm;产品最大长度 23 m;辊子最高限速 0.97 m/min。

4.6.3.4　在线连续感应退火炉

筐对筐式在线连续感应退火系统如图 4-28 所示,它可以满足较宽规格范围铜管的退火需求,从而实现铜管内外表面的光亮退火。多用于内螺纹管成形前和直条铜管硬态的中间退火工序。铜管以一定的速率单根经过感应线圈后被加热到所需的退火温度,进入保温腔进行再结晶退火,随后进入冷却箱冷却,得到所需要的理化性能。在线退火后铜管的抗拉强度高、伸长率高。铜合金管采用在线感应退火与辊底炉退火后抗拉强度、伸长率的对比列于表 4-23。

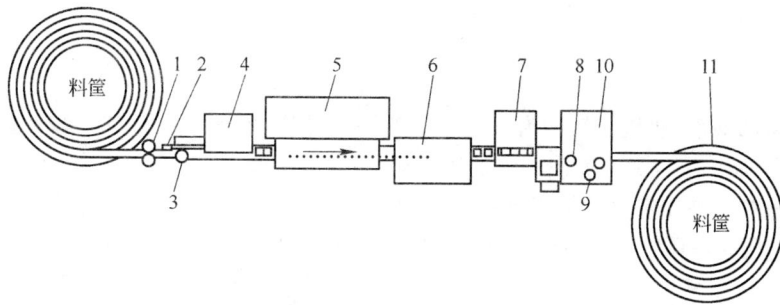

图 4-28　在线连续感应退火设备示意图

1—导向轮;2—加送辊;3—水平矫直;4—清洗装置;5—感应线圈;6—保温腔;7—冷却腔;
8—张紧装置;9—润滑装置;10—支撑轮;11—退火后的铜管

表 4-23　感应退火与辊底炉退火抗拉强度、伸长率的对比

退火方式	抗拉强度/MPa	伸长率/%	晶粒度/mm
感应退火	240 ~ 270	46 ~ 54	0.010 ~ 0.015
辊底炉退火	230 ~ 250	44 ~ 50	0.030 ~ 0.035

4.7　管棒材的酸洗

热加工及每次退火以后的制品表面上,都会有一层黑色或黑灰色的金属氧化物,这些表面氧化物往往硬而脆,当继续加工时容易破裂而常常被压入材料,严重影响其表面质量,也容易擦伤工具表面。所以对经热加工和退火后的制品均可采用酸洗的方法来去除表面的氧化皮。

酸洗,就是利用一种或几种酸的水溶液与附着在制品表面的氧化皮起化学反应,去除氧化皮后,显示出金属本色的过程。

除了用酸洗法去除表面氧化物之外,对于氧化物较厚并且又没有淬火效应的紫铜,还可采用急冷法清除氧化物,主要是利用了金属与氧化物的收缩系数不一致的特点,采用冷水对制品进行急冷使氧化皮自动脱落,收到一定的效果。不过大多数的铜及铜合金、镍及镍合金都是采用酸洗法来去除表面氧化物的。

4.7.1　酸洗反应式

铜及铜合金的氧化物在硫酸溶液中酸洗时的化学反应如下:

$$CuO + H_2SO_4 \rightarrow CuSO_4 + H_2O$$
$$Cu_2O + H_2SO_4 \rightarrow CuSO_4 + H_2O + Cu \downarrow$$

以上反应的产物 $CuSO_4$(硫酸铜)在酸溶液中,铜则以泥状态沉积。

铜和铜合金的氧化物在硝酸溶液中的化学反应如下:

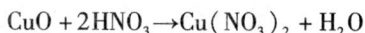

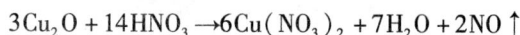

$$CuO + 2HNO_3 \rightarrow Cu(NO_3)_2 + H_2O$$
$$3Cu_2O + 14HNO_3 \rightarrow 6Cu(NO_3)_2 + 7H_2O + 2NO \uparrow$$
$$Cu + 2HNO_3 \rightarrow Cu(NO_3)_2 + H_2 \uparrow$$

在硝酸溶液中,除氧化物外,金属也被硝酸溶解,产生的氢气起搅拌作用,可以加速反应的过程。

4.7.2　酸洗工艺要求

酸洗工艺要求如下:

(1)新配置的酸液,硫酸含量约为10%～20%,一般情况下宜采用10%～12%(余量水),过浓的酸液既不能加快过程又不能改善酸洗的过程。

(2)当溶液中硫酸质量含量低于6%,含铜量高于25 g/L时,应及时更换酸液。在实际生产中,出现以上情况允许添加一部分新酸达到规定质量浓度而继续使用。

(3)酸洗温度在50～60℃时反应最为剧烈,在温度低于30℃时,酸洗速度则显著下降。一般在足够质量浓度的酸液中以及高温的条件下,铜制品的酸洗时间约为10～20 min。

(4)被酸洗的制品要完全浸润于槽液内,特别是在制品不十分直的情况下,宜采用往溶液里通入空气来搅拌,或经常不断地从溶液中提起再放下的方法。

4.7.3　铜及铜合金的酸洗

对T2、H62、H68、HAl77-2和B30等金属和合金,在热状态下可以直接放入水槽中急速冷却,再进行酸洗;对于HSn70-1、H62、HPb59-1等合金应在空气中冷却到100℃以下,才可以放入水槽中冷却,然后再进行酸洗;对于HPb63-3,HFe59-1-1等合金,应在空气中冷却至300℃以下,再放入水槽中急冷,然后再进行酸洗。

对于白铜和铜镍合金制品的酸洗,可在10%～12%的硫酸水溶液中,另外添加约1%～1.5%的重铬酸钾($K_2Cr_2O_7$),先将其溶于适量的热水中浸泡,然后再与酸液搅拌,酸洗时间可延长一些。

对于镍及镍合金的酸洗,可采用硫酸与硝酸质量浓度为1:2的比例配置酸液,其酸洗过程如下:先将制品在热水中预热后,再浸没到上述酸液中约3～5 min,经冷水冲洗后,再投入带有重铬酸钾的硫酸溶液中受钝化作用约15～30 s。钝化酸液为质量分数约10%的重铬酸钾,25%的硫酸,余量为水。对于蒙耐尔合金制品也可用上述酸液,只是酸洗时间应增至5～10 s。

目前,铜合金的酸洗采用15%的硫酸加上3%～5%的双氧水所组成的酸液,用双氧水代替硝酸作氧化剂。由于双氧水容易挥发,因此在上述酸液中添加0.1%的丙酸作为稳定剂。生产中一般将上述的酸液30～40 kg与5 t水混合成双氧水酸洗液。新配制的酸洗水溶液一次可使用8 h,以后再加入0.6%～0.8%的双氧水,又能继续使用8 h。

酸洗的工艺过程:酸洗→冷水洗→热水洗→烘干或晾干。

酸液的质量浓度及酸洗时间见表4-24。

表4-24　铜及铜合金的酸洗液成分及酸洗时间

合金牌号	质量分数/%				酸洗时间/min	备　注
	硫酸	硝酸	水	双氧水		
紫铜、H96、H90、青铜	12～25	—	余量	4～6	20～50	紫铜槽
	13～18	—	余量		5～20	
黄　铜	15～20	—	余量	5～8	10～60	黄铜槽
	10～15	—	余量		3～8	
B30、BZn15-2、BMn40-1.5	—	15～20	余量	—	10～60	硝酸槽
	—	8～15	余量	—	5～30	
其　他	15～20	8～12	余量	—		

常用的酸洗槽是由不锈钢、铅板、耐酸塑料、玻璃钢、青石等材料制作的。

4.7.4 酸洗操作注意事项

酸洗操作过程有以下几点注意事项：

（1）配置酸液时要先往酸槽内注入一定比例的水，然后再加酸，切不可倒置，以防酸液飞溅灼伤人体。因为酸在水中溶解的时候，要产生大量的溶解热，硫酸的密度比水大，若把水倒入酸中，水浮于酸液之上，大量的生成热会使水沸腾飞溅，甚至产生爆炸。将酸倒入水中，酸会渐渐下沉向水中溶解，不会产生上述现象。

（2）任何制品在退火后热状态不得直接放入酸槽酸洗，必须待冷却后方可放入酸槽酸洗。

（3）在酸洗槽内应将各类合金分开酸洗。酸洗料要全部浸没于酸液内，既要酸洗干净，又不能过酸洗。洗后制品表面不得有氧化物，表面残酸要用水清洗干净。

（4）吊扎酸洗料不得使用钢丝绳。

4.7.5 酸洗缺陷产生原因及消除措施

酸洗缺陷产生的原因及其消除措施见表4-25。

表4-25 酸洗缺陷产生原因及其消除措施

缺陷名称	原　　因	措　　施
酸洗不净	（1）酸洗溶液含酸的质量浓度过低； （2）酸洗溶液中硫酸铜的含量过高； （3）酸洗时间短； （4）酸洗溶液液面低，没能完全淹没制品	（1）当酸溶液含酸量低于6%，含铜量高于25 g/L时，及时换酸； （2）严格按工艺要求的时间进行酸洗； （3）酸洗浸泡中的坯料要摇动或在料架翻动，力求洗透
表面发红	直接将热态下制品放入酸槽进行酸洗	待退火后的制品温度降到常温下，再进行酸洗
水印斑点	由于制品表面有残酸和氧化亚铜粉，用水冲洗不干净	制品出酸槽后及时用冷、热水冲洗后，放到料架尽量摊开，并用风吹干
镀铜	酸洗槽中混入铁制品，造成制品表面镀铜	（1）要经常保持酸洗槽清洁； （2）严禁用钢丝绳吊料下入酸槽，防止铁制品进入酸槽
腐蚀、脱色	酸洗溶液含酸的质量浓度过高，酸洗时间过长以及酸洗温度过高	（1）当含酸的质量浓度过高时应及时稀释； （2）缩短酸洗时间，降低酸液温度

4.8 辅助工序及精整

4.8.1 制作夹头的设备及原理

制作夹头是实现拉伸的辅助工序之一。即将坯料的一端在专业设备上制成细径，这段细径称为夹头，以便使坯料穿过模孔实现拉伸。要求夹头应做得规整结实，过渡处要圆滑，不允许有台阶、棱角凸起，并且所做的头部应与坯料平直同心，以避免拉伸时出现断头。夹头的长度应比拉伸机的床头板厚度再伸出50~100 mm。管棒材夹头长度如表4-26所示。

表4-26 管棒材夹头长度

拉伸机位	0.5	1	3	8	15	30	75
夹头长度/mm	80~100	90~100	100~130	130~160	150~170	150~200	200~300

　　夹头应设在坯料质量较差的那一端,如对挤压棒坯的夹头应设在有缩尾缺陷的尾部;对挤压管坯的夹头应设在壁厚偏差较大的前端;对拉伸中断后的管材,夹头应分别设在坯料原来拉伸引程的头尾部,而不是在切口处;管坯有空拉头的夹头应设在有空拉头的一端。这样对制品的质量能起到一定的保证作用。

　　制作夹头的设备有很多,如空气锤、偏心压力机、碾头机、旋转锻头机、液压压头机和破口锯等。

　　A　空气锤

　　空气锤制作夹头的工作原理如图 4-29 所示,它常用于制作 $\phi20$ mm 以上的管材和 $\phi35$ mm 以上的棒材夹头。对于塑性差的大规格棒材,加热温度在 $450 \sim 650℃$ 之间,经热锻夹头的坯料在拉伸之前要进行酸水洗。

　　B　偏心压力机

　　偏心压力机制作夹头的工作原理如图 4-30 所示。它主要用于制作外径 $8 \sim 45$ mm,壁厚为 $0.75 \sim 3.5$ mm 的管材夹头。

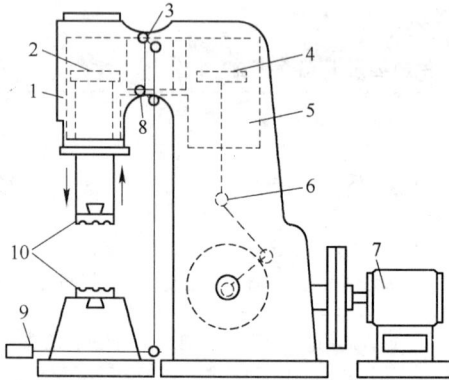

图 4-29　空气锤制作夹头的工作原理图
1—工作缸;2,4—活塞;3,8—旋转气阀;5—压缩汽缸;
6—连杆;7—电机;9—踏板;10—气锤

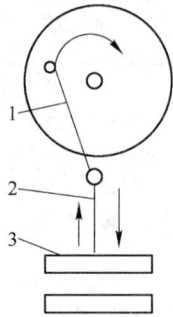

图 4-30　偏心压力机制作夹头的工作原理图
1—偏心轮;2—滑板;3—锤头

　　C　碾头机

　　碾头机制作夹头的工作原理如图 4-31 所示,它是将一对具有变断面的轧辊水平地置于机架的牌坊中,通过电机、齿轮使轧辊相对转动。操作时把制品的头部送入大小不断变化的孔型中,经过几次翻转被碾成尖形。如果在机架旁边再配制一对垂直轧辊、碾头时就不用来回翻转制品。这种设备特别适用于制作圆盘制品的夹头。在碾头机上生产制品的规格为 $\phi5 \sim 45$ mm 的棒材和厚壁管材。

　　D　旋转锻头机

　　旋转锻头机主要用于制作外径 $\phi3 \sim 30$ mm 的管材夹头。旋转锻头机的工作原理如图 4-32 所示。两个带有锻模的锤头 4 在主轴 1 的沟槽内做直线往返运动,夹圈 3 中有自动转动的辊子 2。当主轴高速转动时,由于离心力的作用,锤头由主轴中心向辊子方向移动,此瞬间即向锤头内送料(见图 4-32a)。当主轴继续转动时,锤头则与辊子相撞,锤头被冲向主轴的中心,使管端受到压缩(见图 4-32b)。目前,这种作头方式已很少见,大部分被液压制头机取代。

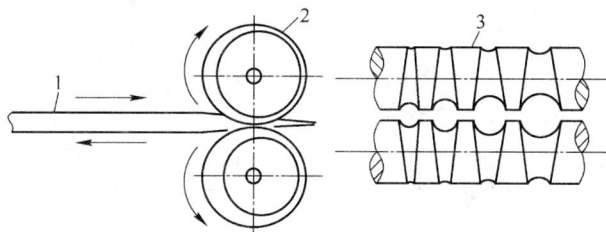

图 4-31 碾头机制作夹头的工作原理图

1—坯料;2,3—轧辊

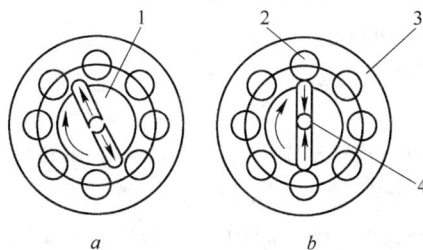

图 4-32 旋转锻头机制作夹头的工作原理图

1—主轴;2—辊子;3—夹圈;4—锤头

E 破口锯

对于直径大于 180 mm 的管材,采用上述设备制作夹头是很困难的,通常采用破口作夹头,如图 4-33 所示。其方法是将管材在破口锯上切出楔形缺口(见图 4-33a)放入带牙的锥体 1,然后收口,套上压环 2(见图 4-33b)以后,即可进行拉伸。

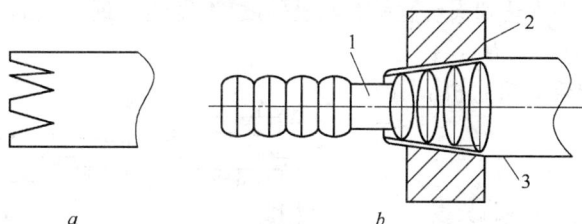

图 4-33 破口作夹头的工作原理图

1—锥体;2—压环;3—管坯

F 液压压头机

液压压头机制作管材夹头的工作原理如图 4-34 所示。锤头由 1、2、6 液压缸传动,将管端折叠压成圆形。作夹头时管材不必转动,可以作出比较结实的夹头。它适应于一般中等规格的管材。这种设备生产效率高,劳动强度小,噪声也小,是一种比较好的制作管材夹头的设备。

4.8.2　精整

精整是管材、棒材和型材生产中最后的几道工序,它包括锯切、矫直、修理、擦拭、打印等工序。这些辅助工序的好坏,对制品的质量和成品率影响很大,精整工序中容易产生制品表面擦伤、金属压入、矫直痕和定尺误切等缺陷,因此必须给予足够的重视。

4.8.2.1　锯切

锯切用于制品的中断,成品切除头、尾或切定尺,切掉成品上的局部缺陷或切取试样。锯切时应严格按生产工艺卡片上的长度要求切定尺或齐尺。锯口不要切斜,毛刺应尽可能小。

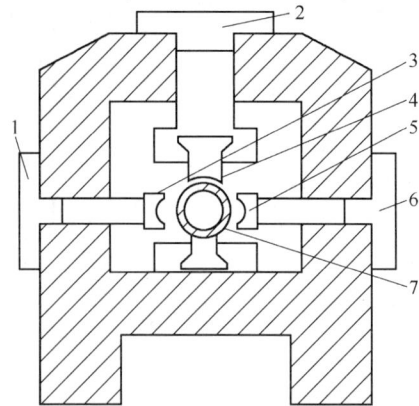

图 4-34　液压夹头机构造简图
1,2,6—液压缸;3,4,5—夹头锤;7—管坯

锯切设备有圆锯、带锯、铣刀锯、砂轮锯、弓形锯、切管机和鳄鱼剪切机等。生产中用得最多的是圆锯床。按锯切速度可分为快速锯床和慢速锯床两种。锯片的规格有如下几种:$\phi1430$ mm、$\phi1010$ mm、$\phi710$ mm、$\phi610$ mm、$\phi510$ mm、$\phi410$ mm、$\phi350$ mm。

TXYY-14B($\phi350$)液压锯如图 4-35 所示。这种圆锯床带有油压进给锯和压紧制品的装置,并且备有冷却润滑系统。可以根据不同牌号选择主轴电机转速、锯片进给速度,更换上砂轮锯片还可以锯切青铜,锯切管、棒材最大直径为 55 mm。这种设备生产效率高、噪声小,是一种比较好的管棒锯切设备。

4.8.2.2　矫直

矫直的原理就是对弯曲的制品在各个不同方向上施加外力,使之经过反复弯曲而达到矫直的目的。所施加的外力必须达到被矫制品的屈服强度,否则达不到矫直的目的。完成矫直工序的设备种类很多,常见的有张力矫直机、多辊式矫直机、曲线辊式矫直机、压力矫直机等。

　　A　张力矫直机

液压张力矫直机,在制品的长度方向施加张力,将制品拉伸到一定直度以达到矫直的目的。对于复杂形状的型材制品,一般采用张力矫直。矫直时应根据制品材料屈服强度的大小确定张力,屈服极限大的张力也大,反之则小。应防止张力过大,以免制品被张细腰。这样,既可以达到矫直的目的,又不影响制品的尺寸公差和制品表面质量。

图 4-36 所示为 15MN 液压张力

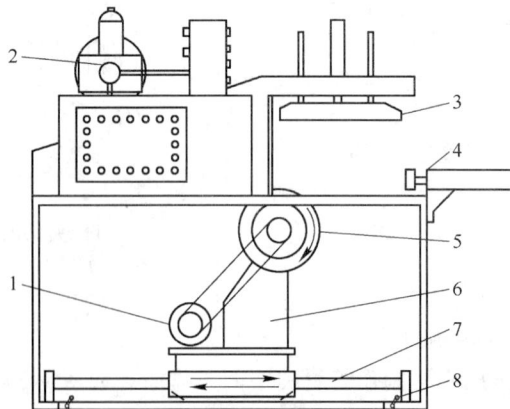

图 4-35　TXYY-14B 液压圆锯结构示意图
1—主电机;2—液压油泵;3,4—压料装置;5—$\phi350$ 锯片;
6—进给装置;7—滑板;8—限位器

矫直机简图(为缩短图面尺寸,截断了机身中间部分),从图可见,头架4在液压缸2的驱动下,与按制品长度调整后的头架6之间建立张力。可回转卡头4在回转电机3的驱动下,围绕可回转卡头中心线回转,以便在矫直弯曲变形的同时,矫正制品的扭曲变形。

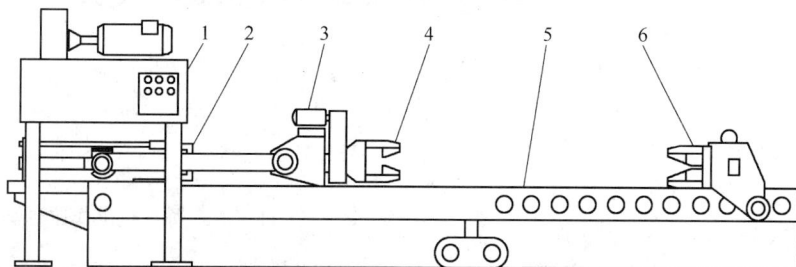

图 4-36　15MN 液压张力矫直机简图
1—液压装置;2—液压缸;3—回转头驱动;4—可回转卡头;5—机架;6—可移动卡头

B　多辊式矫直机

多辊式矫直机,通常装有一组平行配置的辊子,辊子的数量一般在 7~11 之间,集中由一台电机驱动。被矫直的制品经受转动辊子的连续弯压作用,经多次弹塑性变形,达到矫直目的。

这种矫直机的辊子是上、下交错布置的,适用于矫直棒材和厚壁管材,也可用于简单截面的型材(六方、四方型材等)。所用辊子的辊形要与被矫制品截面相符。多辊式矫直机工作原理图如图 4-37 所示,矫直机辊孔形如图 4-38 所示。

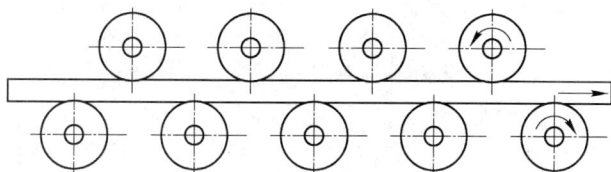

图 4-37　多辊式矫直机的工作原理图

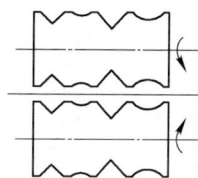

图 4-38　矫直机辊孔形示意图

多辊式矫直机优点是结构简单,便于制造。缺点是辊数多,调整麻烦;易擦伤制品表面,矫直效果欠理想;制品矫直过程无旋转,一次只能矫直一个方向的弯曲,对于小截面型材要矫直 2~3 次。

C　曲线辊式矫直机

曲线辊式矫直机,由于其矫直辊在空间呈交叉平行配置,故有斜辊式矫直机之称。可以立式配置,也可以卧式配置。

(1)3/3 曲线辊式矫直机,也称六辊矫直机,由 5 个立柱连接上、下两个基本部件组成。在转动侧有 3 个立柱,其余的两个立柱在操作侧。6 个辊子的角度都可以通过手轮单独调整,并有刻度指示。其工作原理如图 4-39 所示。3/3 辊式矫直机,主要适用于直径与壁厚比大于 8 的管材,以及厚壁管材或棒材。这种矫直机所有 6 个辊子都是转动的,允许有较高的转数。坯料通过最高速度可达 250 m/min。

（2）2/5 曲线辊式矫直机，也称
七辊矫直机。图 4-40 所示这种矫
直机用于厚壁管材或棒材，所以该
矫直机应有较大的刚度，七辊之中
只有下面（当然也可布置在上面）的
两个辊子为主动辊，其余 5 个辊子
都是从动辊。这 5 个从动的辊子，
中间的辊子受力最大，因而设计得
较长、较粗。每个上辊都可单独调

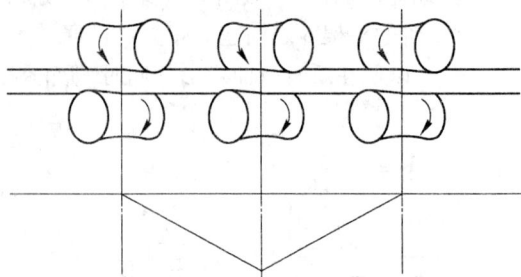

图 4-39　3/3 曲线辊式矫直机工作原理图

整，并由电机驱动，上、下辊调整完成后均可通过锁定机构锁紧，以防运动中变位。该矫直机调
整、操作十分方便，只是如何得到良好的矫直效果，要依靠操作者的经验。

3/3 辊式、2/5 辊式矫直机大多用于矫直管材和棒材，被矫直的制品是旋转的，因此可以矫直
各个方向的变形。

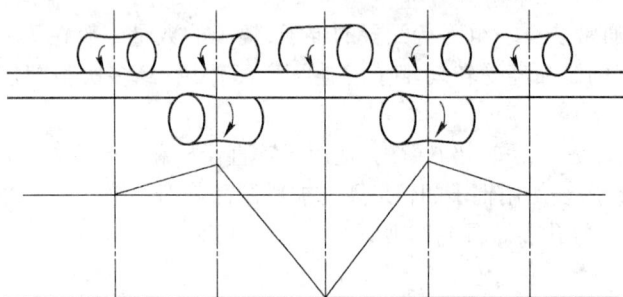

图 4-40　2/5 曲线辊式矫直机工作原理图

D　压力矫直机

压力矫直机多用于管、棒、型、线坯料的矫直。其工作原理如图 4-41 所示。通过人工观察在
弯曲部位矫直，将弯曲的制品放在 A、B 两个支点上，对 C 点施以足够的压力 P，使制品在负荷作
用下变直。而且在相反的方向上发生某种程度的过弯曲，这样，在负荷消除以后才能获得较直的
制品。属于间断作业，矫直效果较差。

使用上述的矫直设备自动化程度低，
矫直管棒材要依靠操作者的经验，如果调
整不好会使制品出现外径超差、矫直痕等
缺陷；有的企业使用自动化程度高的矫直
机，生产效率较高。如德国产 RM 170-3/3
M 170 型 2 + 4 双曲线辊式矫直机，采用数
控上、下辊，公差可自动控制在 ± 0.03 mm
以内，可矫直 φ10 ~ 60 mm、壁厚 0.8 ~ 4.5

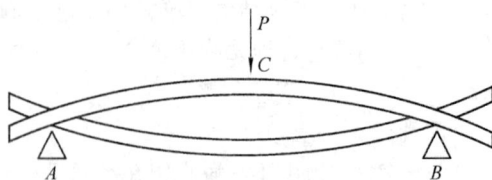

图 4-41　压力矫直机工作原理图

mm 的管材，也可矫直 φ10 ~ 40 mm 的棒材，矫直速度可调节为 30 m/min、60 m/min、90 m/min，但
是设备价格昂贵。

4.8.2.3 修理与擦拭

修理是在制品尺寸公差允许的范围内,对制品表面轻微的、局部的起皮、夹灰和碰伤等缺陷进行修刮,修理一般都是手工劳动,主要的工具有刮刀、圆锉及一些小型的打毛刺设备装置。经修刮后的制品表面应平整,不应留有高低不平的刀痕,并用细砂纸打光。锯切后的制品两端带有大小不同的毛刺,需要清理干净,以免在包装和运输过程中互相擦伤表面,这对保证制品的质量和提高成品率有着重要的意义。

制品在精整完后,要清洗表面,使其金属光亮得显出本色。由于清洗剂价格昂贵、易挥发,通常采取人工擦拭或利用抛光机进行抛光。有的制品在消除内应力退火之前,要进行除油脱脂,以去掉制品表面的油污、尘土和残留的润滑剂等脏物。

除油以后的制品必须进行擦拭,以进一步清洁制品的表面,防止出现水迹和斑点。热交换器用的冷凝管成品退火之前的除油脱脂和内外表面的擦拭,可以防止退火后内外表面产生黑色的碳膜,这对提高冷凝管的耐腐蚀性能有着重要的意义。

4.9 拉伸工具

拉伸所用的工具主要有拉模和芯头。它们的形状、尺寸、表面质量和材质对拉伸制品的质量、拉伸力、能耗、生产率以及工具的使用寿命等都有影响。因此,正确地设计、加工制造模具和合理选择其材料对拉伸生产是很重要的。

4.9.1 拉伸模的一般结构

4.9.1.1 圆形拉伸模

圆形拉伸模结构如图4-42所示。模孔可以分4个部分。

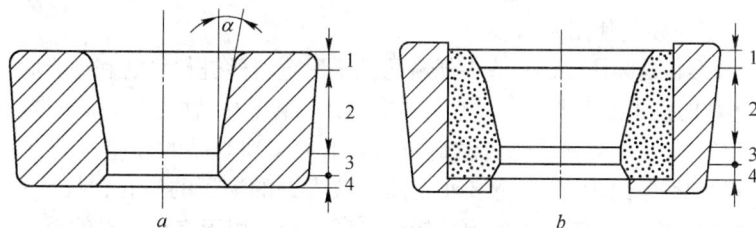

图4-42 圆形拉伸模结构
a—钢模;b—硬质合金模
1—润滑区;2—变形区;3—定径区;4—出口区

A 润滑区

即入口喇叭。其作用是在拉伸时便于润滑剂进入模孔,保证制品得到充分的润滑,以减小摩擦和带走所产生的热量,同时可以避免在入口处划伤金属。润滑区锥角的大小选择要适当。锥角过大,润滑剂不易储存,造成润滑不良,增大了摩擦阻力;锥角过小,拉伸过程中产生的金属屑、粉末不易随润滑剂流出而堆积在模孔中,导致制品表面划伤等缺陷,甚至造成拉断的现象。润滑锥角一般为 $40° \sim 45°$,其长度等于定径带直径的 $0.6 \sim 1.0$ 倍,即 $L_{润} = (0.6 \sim 1.0)d_{定}$。对于中小型规格的管棒材拉模,润滑区常用 R 等于 $4 \sim 8$ mm 的圆角来代替。

B　压缩区

压缩区又称变形区。金属在此进行塑性变形,并且获得所需的形状和尺寸。压缩区的合理形状应该是放射形的,但由于放射形模孔难以加工,所以制成近似放射形或锥形模孔。拉模模角是拉模的主要参数之一。α角过小,将使金属与模壁的接触面积增大,从而使摩擦力增大,拉伸力增大;α角过大也不利,这将使金属变形时的流线急剧弯曲,使附加剪切变形增大,同样使拉伸力增大;模角α越大,单位正压力越大,润滑剂容易从模孔中被挤出,使润滑条件恶化。实际上模角α存在一个合理的区间,在此区间内,拉伸力最小。

根据现场经验,一般拉伸模角α为:

拉线:铝线α = 12°,铜线α = 8° ~ 10°,

　　　铜合金线α = 5° ~ 6°,钢线α = 4°;

拉棒:α = 6°;

拉管:一般α = 12°,小规格采用α = 10°,小直径薄壁管采用α = 7° ~ 8°,规格较大的空拉管材采用α = 15°。

变形区的长度可根据式4-16确定:

$$L_变 = \frac{\sqrt{\lambda} - 1}{2\tan\alpha} \cdot d_定 \tag{4-16}$$

式中　$L_变$——变形区长度,mm;

　　　$d_定$——定径带直径;mm;

　　　λ　——延伸系数;

　　　α　——拉伸模模角,(°)。

变形区的长度$L_变$,对于线材拉模一般不小于定径带的直径,对于延伸系数小于1.4的棒材,拉伸模等于定径带直径的0.7 ~ 0.8倍,即$L_变 = (0.7 \sim 0.8)d_定$。

C　定径区

定径区又称定径带。此区使制品进一步获得准确的形状与尺寸,它可以使拉模免于因磨损而很快超差,提高了拉模的使用寿命。

定径带的合理形状是圆柱形。制造小规格的模子用金属丝进行研磨和抛光时,可以得到圆柱形定径带,而大多数的模子是用带1° ~ 2°锥角的锥形针来磨模孔,故其定径带也带有相同的锥角。

定径带的直径$d_定$是根据制品规格确定的。由于考虑到制品的公差,弹性变形和模子的使用寿命,其实际尺寸比模子的名义尺寸要小。用于拉青铜的模子的模孔,对同一成品规格而言,比拉制紫铜的要小得多,而拉制黄铜的模孔居于二者之间。用于空拉管材的模子,其实际尺寸与名义尺寸相符或者还要大百分之几毫米。定径带最适宜的长度应保证制品尺寸精确、模子耐磨、寿命长、拉断次数少和拉伸能耗低。若定径带太长,由于摩擦力增大,则使能耗增高;若定径带太短,则难以保证制品尺寸精度,同时模子寿命缩短。

定径带的长度$L_定$和定径带的直径$d_定$有如下关系:

拉线:拉中等强度合金时　　　　　　$L_定 = (0.2 \sim 0.65)d_定$

　　　拉高强度合金时　　　　　　　$L_定 = (0.6 \sim 1.0)d_定$

拉棒:　　　　　　　　　　　　　$L_定 = (0.15 \sim 0.25)d_定$

拉管:采用芯头拉伸时　　　　　　　$L_定 = (0.1 \sim 0.2)d_定$

　　　空拉时　　　　　　　　　　　$L_定 = (0.25 \sim 0.5)d_定$

D　出口区

出口区又称出口喇叭。其作用是防止金属出模孔时被划伤和模子出口端因受力而剥落。出口带制作成锥形,其锥角为60°~90°。出口区长度为定径带直径的20%~50%,即 $L_{出}=(0.2~0.5)d_{定}$。

上述拉模的4个部分的交接处应研磨光滑,特别是定径带与出口带的交接处要加工良好,否则制品在拉伸后因弹性恢复或拉伸方向不正而将制品划伤。

4.9.1.2　型材拉伸模

对于方形、矩形、六角形或其他对称形状的棒材拉模,拉模参数的确定与圆形棒材基本相同,对于异形管材的拉伸模,则要根据制品拉伸前后的形状差异来决定模具的形状与尺寸。例如,一般用途的矩形管通常采用圆断面的坯料,经过一次过渡空拉达到成品所要求的形状与尺寸。为了保证成品的形状与尺寸的精确,除要求正确地选择过渡圆尺寸以外,在拉模的设计方面还要采用不同的模角,以保证长宽比大的矩形管表面平整,而中间不出现塌腰现象。图4-43为拉制矩形波导管用的过渡模的形状。入口采用3个不同半径 R 圆弧所组成的椭圆。

工作带的锥角,长轴 α 取 10°~15°,短轴取 12°~24°,靠近定径带部分稍许内凹。定径带不宜过长,一般取 2~3 mm。对长宽比大的和一些小规格波导管,其定径带大边中部向下凹 0.2~1 mm。

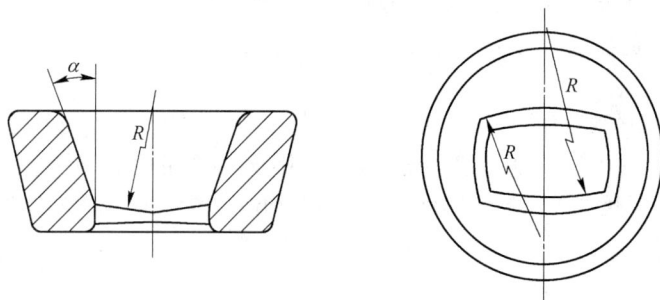

图 4-43　型材拉伸模

4.9.1.3　扒皮模

为了消除坯料表面的重皮、夹灰、飞边等缺陷,在成品拉伸之前,要对坯料扒皮。扒皮模的结构如图 4-44 所示。扒皮模的主要参数是刀口的角度 α,其值为 18°~21°。模孔内角 β 为 2°~5°。扒皮模的材料随金属和合金的强度高低而异。对于紫铜、黄铜采用钢模,对于白铜和镍合金采用硬质合金模。

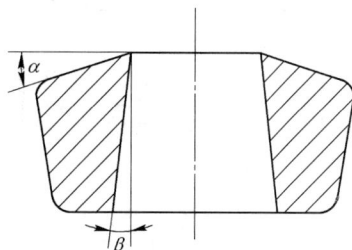

图 4-44　扒皮模

4.9.2　拉伸芯头

为了减小制品的壁厚和获得壁厚尺寸精确,内表面光洁的管材制品,拉伸时采用芯头衬拉。芯头有固定短芯头和游动芯头两种。

4.9.2.1　固定短芯头

A　圆柱形短芯头

根据芯头在芯杆上的固定方式:芯头可以制成实芯和空芯两种形式,如图 4-45 所示。一般说来,管材内径大于 30~60 mm 时,采用空芯短芯头;小于此规格时,用带螺纹的实芯短芯头。有时在拉制直径小于 5 mm 的管材时,也可以采用表面经抛过光的钢丝。芯头的形状可以是圆

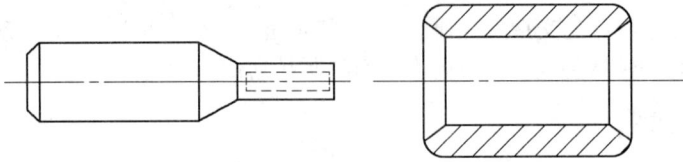

图 4-45　圆柱形固定短芯头

柱形的,也可以是带 0.1 ~ 0.3 mm 锥度的。带锥度
的优点是可以调整管材壁厚精度,减少管内壁与芯
头之间的摩擦,拉断时便于芯头从管材内壁脱出来。

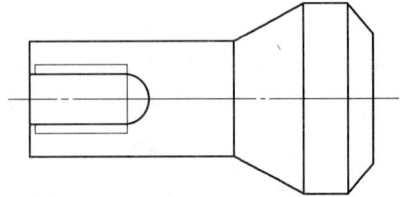

B　蘑菇形固定短芯头

在拉伸薄壁小管时,为了减小芯头与管材内壁
的摩擦力,防止拉断,一般采用蘑菇形短芯头,如图
4-46 所示。这种芯头在拉伸时,整个拉伸过程稳
定,便于减壁和尺寸的控制,并且拉出后的管材弯曲度较小。

图 4-46　蘑菇形固定短芯头(拉伸薄壁管)

C　矩形固定短芯头

矩形固定短芯头的形状如图 4-47 所示,在拉伸矩形成品管时使用。其尺寸与波导管内壁尺寸
一致,沿其长度带 0.1 ~ 0.2 mm 的锥度。与其他芯头比较,表面粗糙度 Ra 要低于 0.2 μm,工作带不
平行度要求小,一般不超过 0.02 mm。同时,前后台阶均需圆滑过渡,以免划伤管材内表面。

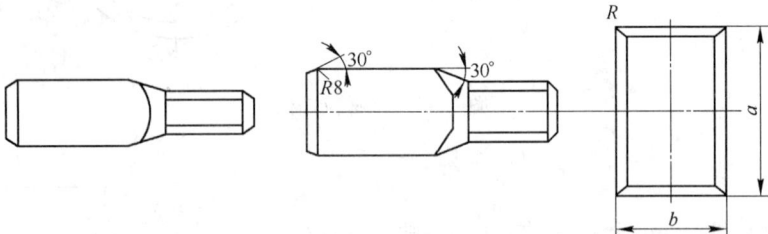

图 4-47　拉伸矩形管芯头

4.9.2.2　游动芯头

游动芯头的形状如图 4-48 所示。在工作过程
中的稳定性取决于作用在芯头上轴向力的平衡。为
了保证游动芯头的稳定拉伸,芯头的锥角必须满足
下列条件:

$$\beta \leqslant \alpha$$

式中　β——芯头锥角;

　　　　α——拉伸模角。

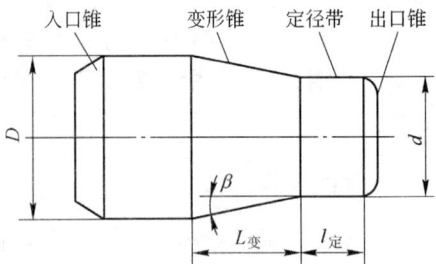

图 4-48　游动芯头结构

根据实践结果认为,β 为 8° ~ 13°,α 为 10° ~ 15°,同时 β 角比 α 角小 2° ~ 3°时,拉伸过程是
稳定的,而且拉伸力最小。一般 β 可选为 9°,α 为 12°较适宜。

游动芯头圆柱部分长度即定径带长度 $L_{定}$ 对拉伸过程亦有影响,特别是对薄壁管更为突出。
$L_{定}$ 增长,拉伸力相应增大,$L_{定}$ 过短也不能使芯头处于正常位置,导致拉出后的管材尺寸不稳定,
芯头 $L_{定}$ 的长度可由下式确定:

$$L_{定} = \frac{D+d}{2d}\Big[\frac{D-d}{2\mu} - L_{变}\Big] + (4 \sim 6) \tag{4-17}$$

式中 $L_{定}$——定径带长度,mm;

    μ ——摩擦系数,取 $\mu = 0.1 \sim 0.12$;

    $L_{变}$——变形锥长度,mm。

通常芯头圆柱部分长度 $L_{定}$ 应比模子定径带长度长 $6 \sim 10$ mm。

芯头圆柱部分直径 d,可以根据拉伸制品的尺寸决定,原则上,直径 d 的尺寸应是拉出后管材的内径。若是拉伸成品,则要根据标准规定的公差,附加以适当的系数(考虑到制品的弹性变形),使成品符合要求。

芯头锥形段的长度 $L_{变}$ 可根据尺寸 D、d 和 β 角计算求得:

$$L_{变} = \frac{D-d}{2\tan\beta} \tag{4-18}$$

芯头锥形段的最大长度,要大于拉模变形区的长度,其最短长度也应比芯头锥形部分与管材接触的长度大 $2 \sim 3$ mm,否则在拉伸过程中,金属变形将从芯头的尾部圆柱开始,芯头锥形段和管材内壁接触长度 L_0 可按下式计算:

$$L_0 = \frac{\Delta t}{\sin(\alpha - \beta)} \tag{4-19}$$

式中 Δt——减壁量,mm。

因此,芯头锥度部分的实际最小长度 $l_{变}$ 为:

$$l_{变} = l_0 + (2 \sim 3)$$

芯头尾部大圆柱段直径 D 应大于模孔的直径(一般大 0.5 mm),否则可将管材破坏,或把芯头和管材一起拉出模孔。但是,D 也不能过大,它将影响管材的顺利套入。D 与管材的内孔应保持一定的间隙,一般为 $0.2 \sim 0.5$ mm。间隙的大小还要看管坯的具体情况。挤压或退火后初次拉伸管坯,间隙应取 $0.3 \sim 2.5$ mm。芯头尾部的长度无统一规定,一般都小于锥形段长度。在直线拉伸机上用的游动芯头,此值可适当加大,这对拉伸稳定性十分有利。

4.9.3 拉伸工具的材料

拉伸工具在工作中受较大的摩擦力和一定的压力,特别是在圆盘拉伸时,由于拉伸速度很高,工具的磨损更为严重。因此,使用的材料必须有高的硬度、高的抗磨性能和足够强度。常用的模具材料有以下几种。

4.9.3.1 金刚石

金刚石是目前已知的物质中硬度最高的一种材料,但是性质较脆,不能承受较大的压力,同时,价格昂贵而且加工又很费时间。常用于制造拉伸线材的模子。

4.9.3.2 硬质合金

拉模多用硬质合金制造。硬质合金的硬度在拉模材料中仅次于金刚石。它具有较高的耐磨抛光和抗腐蚀性能,使用寿命比钢模高数十倍,而价格比金刚石便宜。

拉伸工具所用的硬质合金是以碳化钨为基础,以钴为黏结剂高温烧结而成的合金。随着钴的含量增加,合金的韧性增高,但硬度下降。

拉模用的硬质合金多选用 YG8,芯头多采用 YG15。硬质合金的模芯还要以热压配合镶入钢模套中,模套的内径约比模芯的外径小1%。热压时先将模套加热到750~800℃,然后压入模芯,进行缓慢冷却。如果镶套不好,拉伸时受力可使模芯破碎。

4.9.3.3　工具钢

对中等规格以上的制品,广泛采用工具钢的芯头与拉模。常用的钢号为 T8A 和 T10A 炭素优质工具钢。经热处理后硬度可达 HRC58-65。为了提高工具的耐磨性能和减少对金属的黏结,除了进行热处理外,还要在工具表面上镀铬。铬层厚度为 0.02~0.05 mm,镀铬的工模具可提高使用寿命 4~5 倍。

4.9.3.4　刚玉陶瓷

刚玉陶瓷模是用 Al_2O_3 和 MgO 粉末混合后烧结得的。由于它的硬度和抗磨性能高,用来替代硬质合金材料。拉伸中小型管材和小规格线材时效果良好。但最大的缺点是质太脆,容易碎裂,因此在使用时要轻拿轻放。拉制较大规格管棒材不便使用。

模孔的加工,以前最常用的是机械振动冲模打孔法。此种方法加工时间长,效率低,故多用于模子的修复上。目前,用电火花打孔,超声波打孔以及激光打孔等方法,它们的共同特点是加工效率高,速度快,质量好。

4.10　拉伸制品质量控制及废品

拉伸生产是管、棒、型材生产的重要加工工序之一,拉伸过程中,由于尺寸形状发生了变化,引起了金属强度提高而塑性下降,产生了内应力,控制好拉伸过程制品的质量,对提高产量、降低生产成本有十分重要的意义。

4.10.1　内在质量

拉伸制品的内在质量是首要的,因为它决定了产品在一定条件下能否使用,同时由于坯料内在质量的不合格,在拉伸过程中也往往影响成品表面质量的好坏。

拉伸制品的内在质量主要包括合金成分、物理性能、化学性能和力学性能等,有些制品对晶粒度的大小也有要求。各种性能不但要达到标准要求,还要尽可能地均匀。

4.10.2　外部质量

拉伸制品的外部质量有以下几个方面:

(1)制品的尺寸公差和弯曲度应符合标准要求,两端面应平齐,无毛刺。

(2)制品表面不应有裂纹、针孔、起皮、划沟和夹杂等缺陷。

(3)表面应光滑整洁,无严重氧化皮,尽可能呈现金属本色。

4.10.3　制品的质量控制

4.10.3.1　软制品质量的控制

软制品的性能和金属内部组织由退火来控制。合理的退火温度和保温时间是软制品性能达到要求的保证。退火温度过高,保温时间过长,可能会造成制品晶粒粗大,性能不合要求;反之,退火温度过低,保温时间太短,制品不能充分再结晶,同样也达不到性能的要求。退火后的软制品强度低,容易变形。搬移时严防损伤制品。

4.10.3.2 半硬制品的质量控制

半硬制品性能的控制有以下两种方法：

（1）完全软化退火后，再进行一定加工率的拉伸，使制品在变形后的性能达到要求，并能获得较好的表面质量。为了消除半硬制品中的内应力，往往在成品拉伸后再进行低温退火。

（2）制品在拉伸到完全硬化直到所需要的尺寸以后，再进行不完全软化的退火。制品的性能由退火温度和保温时间来控制。

4.10.3.3 硬制品质量的控制

很多有色金属与合金（如铜和大部分的铜合金、纯铝等）属于热处理不强化的合金，即不能用淬火时效的方法提高它们的强度。这种合金的硬制品完全是通过拉伸产生加工硬化而得到的。为了得到合格的性能，成品前拉伸的变形程度要足够大，其数值可根据生产经验或参考有关的硬化曲线来确定。成品要进行消除内应力的低温退火。

某些合金，如铍青铜、钛青铜和大多数的铝合金，则采用热处理强化的方法来获得所需要的性能。为了得到更高的强度，要进行一定程度的拉伸来控制强度。对管材制品应减少空拉道次，成品道次要尽可能采用芯头拉伸，采用硬质合金芯头与拉模。拉伸中应使用良好的润滑剂，并保持其清洁。热加工后或退火后的坯料要经过良好的酸水洗。

4.10.4 制品的质量缺陷

4.10.4.1 尺寸超差缺陷

拉伸工序中常见的尺寸超差缺陷产生原因及防止措施见表4-27。

表4-27 尺寸超差缺陷产生的原因及防止措施

缺陷名称	原 因	措 施
外径超差、内径超差、壁厚超差	（1）拉伸外模直径偏大或偏小，定径带过短易超正差，空拉减径量过大易超负差； （2）芯头直径偏大或偏小，厚壁管空拉减径量过大或过小，芯头位置过前或过后； （3）拉伸外模及芯头定径带直径偏大或偏小，减壁量过大，衬拉有空拉段，坯料偏心过大	（1）重新选择外模，根据不同的模具形式合理加长定径带长度，上杆控制超负差； （2）重新选择芯头，衬牢芯杆防止不到位； （3）合理选择拉模和芯头，控制好尺寸余量，对坯料采取整径纠偏，合理地调节衬拉时芯头位置，避免空拉段
异形管尺寸不合	（1）过渡形状尺寸或管坯尺寸确定不当； （2）模具设计不当； （3）工艺设计不当； （4）加工方式选择不当	（1）合理确定管坯形状尺寸及特性； （2）合理设计模具； （3）合理设计拉伸工序； （4）选择正确拉伸方式
弯曲过大	（1）拉床中心线不一致； （2）拉模形状不正确； （3）管坯壁厚偏心； （4）大管拉伸时未装导向芯头	（1）调整拉伸床头球心模座； （2）更换模套和拉模； （3）调整拉伸设备； （4）安装导向芯头或衬拉

缺陷名称	原　因	措　施
拉　断	(1)拉伸芯头超前; (2)局部拉伸力过大,碾头过细或夹头不实; (3)芯头进入空拉段,加工率或减径量过大; (4)退火不均或坯料内部组织有问题	(1)调整芯头位置; (2)调整小车拉力,碾头或夹头要圆滑过渡并作实; (3)操作时实施控杆,防止芯头进入空拉段; (4)适当减小加工率或减径量
制品扭拧	(1)拉模安放不当或设计不合理; (2)制头不良,管坯壁厚不均; (3)加工率小,拉伸制品过长出现甩摆	(1)合理设计拉模,外模与芯头配合要合理; (2)调整拉伸设备,制头能够圆滑过渡; (3)加大加工率,利用拉伸机夹衬板防止制品抖动

4.10.4.2　表面缺陷

拉伸工序中常见的表面缺陷产生原因及防止措施见表4-28。

表4-28　表面缺陷产生的原因及防止措施

缺陷名称	原　因	措　施
横向或纵向裂纹、龟裂、橘皮	(1)拉伸润滑不良,润滑剂选择不当,没能起到有效的作用; (2)模具设计不合理,主要模角偏大、外模内表面粗、有损伤、裂纹、粘铜等; (3)工艺设计不合理,退火间总延伸系数过大或减径量与减壁量配合不良; (4)坯料偏硬或表面有裂纹、夹杂、夹灰等; (5)黄铜和锡磷青铜,冷加工过大或退火温度过低; (6)挤压或中间退火温度过高,退火保温时间过长,使晶粒粗大,晶界氧化,拉伸后制品表面沿晶界开裂的龟裂; (7)紫铜厚壁管拉伸加工率过大,拉伸后制品表面形成粗糙的橘皮状; (8)拉伸速度过快,而润滑跟不上,产生龟裂	(1)合理地选择润滑剂,及时更换或过滤,改善拉伸过程中的润滑条件; (2)合理设计和制作拉伸模具,正确选择和使用; (3)合理分配延伸系数,对坯料均匀化退火; (4)改善坯料质量,消除表面裂纹、夹杂、夹灰等缺陷; (5)减小加工率,提高退火温度和保温时间; (6)严格挤压和退火工艺,降低挤压铸锭加热温度,降低退火温度,确保合理的保温时间以消除表面龟裂、橘皮; (7)合理分配加工率,消除拉伸形成的橘皮; (8)加大润滑、降低拉伸速度
跳车环扒皮痕	(1)拉伸工艺不合理,减径量和减壁量不匹配,拉伸芯杆过于靠前或靠后; (2)拉伸速度过快,而润滑跟不上; (3)加工率过小,拉伸时也会出现跳车环; (4)冷轧时坯料竹节、环状痕或扒皮环过大; (5)扒皮模设计不合理,如刃角、模角等; (6)来料软硬不均或过硬,扒皮余量过小或过大; (7)扒皮小车速度过慢或拉伸力不够断续停车等	(1)合理设计拉伸工艺,尤其是确定道次的减径和减壁量; (2)拉伸前和拉伸过程中及时调整芯杆的前后位置,必要时降低拉伸速度; (3)合理设计扒皮模角和刃角; (4)控制好扒皮余量,坯料不宜过软或过硬; (5)提高拉伸小车速度,调整拉伸设备; (6)安放固牢扒皮模,避免拉伸小车抖动

缺陷名称	原　　因	措　　施
夹灰、夹杂、麻点、起皮	(1)熔铸、挤压时带入杂物,挤压温度高,氧化严重,挤压过程中氧化皮、夹杂、夹灰、小的疏松、气孔、起皮,润滑残留物等缺陷; (2)拉伸制品表面有油泥、杂物、灰尘拉伸时形成粗拉道; (3)拉伸模及芯头破碎,润滑液不干净; (4)制品表面粗糙,拉伸后起皮; (5)中间退火温度高,酸洗不净等	(1)加强熔铸和挤压的质量控制; (2)加强拉伸前制品的质量检验; (3)拉伸时经常检查模具的使用情况,及时更换有破损的拉模及芯头; (4)调整退火工艺,严格控制退火温度和保温时间; (5)酸洗充分,洗后用清水泡洗和冲洗干净
划伤、碰伤、粗拉道	(1)沿制品轴向通长道的划沟,是拉模、芯头脱落粘铜,或者使用的润滑油夹带的金属杂物黏附在拉模或芯头上引起的; (2)制品在转序、吊装、运输等过程中防护不当产生磕碰伤; (3)坯料表面粗糙,加工率大;拉模或芯头表面不光滑,润滑不好	(1)应及时更换拉模及芯头,或者经抛光后再用,若是润滑油脏,应换上新的; (2)加强对制品转序、吊装、运输、存放过程中的防护,防止被硬物划伤; (3)加强拉伸前制品的质量检验; (4)降低加工率,拉伸时经常检查模具的使用情况,及时抛光

4.10.4.3　力学性能不合格

拉制品的力学性能主要是指抗拉强度、伸长率、硬度、内应力、电导率等,针对不同的产品要求各不相同。造成抗拉强度低的原因是由于成品道次加工率小或由于退火温度过高。延伸率低在压扁、扩口时产生裂纹,一般是由于退火温度低或保温时间不够。消除的方法是加大加工率或调整退火温度和保温时间。内应力不合格主要是由于加工率大或没有合理地消除内应力退火。

4.11　管棒材拉伸机

在实际生产中,常用拉伸设备的形式很多,一般按拉伸机结构可分类如下:

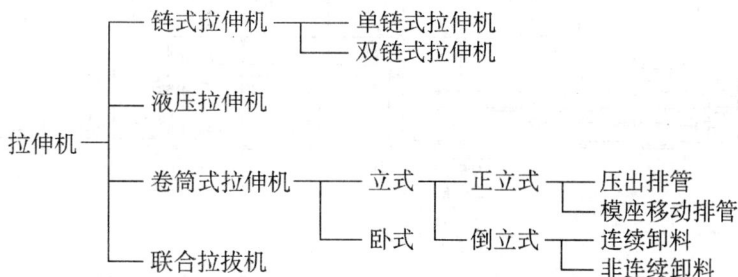

4.11.1　链式拉伸机

4.11.1.1　单链式拉伸机

单链式拉伸机是中小型工厂普遍使用的一种拉伸机,如图4-49所示。这种拉伸机既可以拉伸管材又可以拉伸棒材,它的结构比较简单。配有润滑液循环系统,床头上有放置拉模的床头板和链条的张紧轮。床身的另一端固定着主动链轮,主动链轮的作用是把电动机和减速箱的转动变为链条的运动。床身的导轨上有拉伸小车,拉伸小车的一端有咬住制品夹头的板牙,另一端是

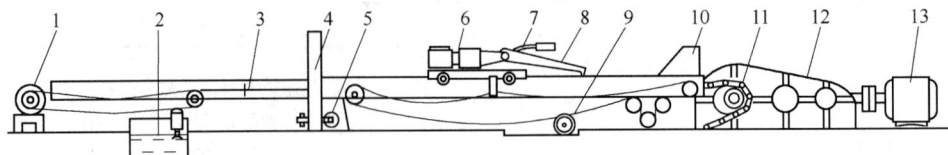

图 4-49　单链式拉伸机结构示意图

1—芯杆驱动;2—润滑液槽;3—芯杆;4—拉伸床头;5—链条调节;6—拉伸小车;7—重锤;8—挂钩;
9—小车返回卷扬;10—脱钩挡板;11—链条;12—减速箱;13—主电机

挂钩。挂钩在重锤的协助下,可以挂入链条中的任一环节上实现拉伸。

在床身的一侧每隔一定距离设有一个拨料杆,当拉伸小车拉着制品通过这个拨料杆的位置时,拨料杆自动回转 90°与制品呈垂直位置,并置于制品的下方。当制品全部拉伸完毕后,制品即落到上面,拨料杆把制品拨到配制在床身旁边的料篮里,然后自动转回原位。当被拉制品全部通过拉模以后,小车的运动由于惯性突然加速,在加速的瞬间,小车上的挂钩在重锤的作用下自动抬起,脱离了链条。然后小车由返回的卷扬机驱动,返回原始位置,以便进行下一次拉伸。

如果采用固定短芯头拉管,则在床头的另一侧装一套上芯杆的装置,芯杆的往返运动借助于电机驱动齿轮摩擦离合器和链条来完成。

4.11.1.2　双链拉伸机

双链拉伸机在结构上与单链拉伸机有很大的差异,它的床身是由一系列的 C 形工作架组成,在 C 形工作架内装有两条水平横梁,横梁底面上支撑着链条和小车,横梁内侧面装有小车导轨。两根链条从两侧连接到拉伸小车上。小车的拉伸和返回全由主电机经链条带动。双链拉伸机的结构如图 4-50 所示。

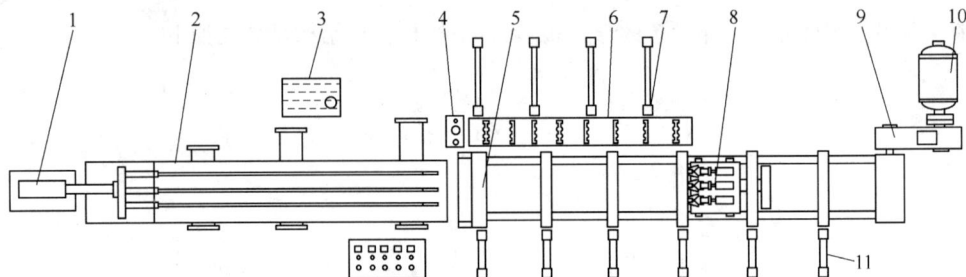

图 4-50　双链拉伸机示意图

1—上杆气缸;2—摆料床;3—润滑液槽;4—夹送辊;5—床头;6—上料装置;
7—料架;8—拉伸小车;9—减速箱;10—主电机;11—下料筐

拉伸小车有夹钳式和板牙式两种,多线拉伸机的小车大都是板牙式。为了咬夹头可靠,在小车上装有推动板牙咬住管坯夹头的气动压紧装置,其压紧动作借助于设置在床头旁边的压缩空气管道中的气体来完成。

与普通的单链拉伸机相比,双链拉伸机具有如下优点:

(1)采用双链拖动拉伸小车,借助于平衡杆把拉伸小车和两根链条连接在一起,拉伸小车在两横梁之间运行,且有滑板限位,能保持拉伸中心线与拉伸机的中心线重合。这样使拉伸能够平稳进行,拉制的管材尺寸精确,表面质量好,平直度高。

(2)拉伸后的管材从两根链条之间的空挡落下,经 C 形工作架下部的滑板落到料筐里,不用拨料杆,卸料又快又方便。

(3)在拉伸小车上设有缓冲装置,可以吸收、减小拉模结束瞬间管材向前的冲击力,避免了拉伸后管材头部的弯曲。

(4)在 C 形工作机架之间有两套闸衬机构。当拉伸小车通过闸衬后气缸推动活塞杆,使下闸板上升,上闸板下降,因此,上下两闸板合拢通过它们给予管材以摩擦力,避免了管材抖动,确保拉伸顺利进行,拉伸完毕,上下闸板恢复原位,管材由下闸板向下被托送到倾斜的滑板上,防止了落料过程中管材的摔伤、划伤。

4.11.2 液压拉伸机

液压拉伸机主要供大规格管材进行长芯杆拉伸、长芯杆扩径、短芯头扩径以及空推成形使用。200 t 液压拉伸机的结构如图 4-51 所示。

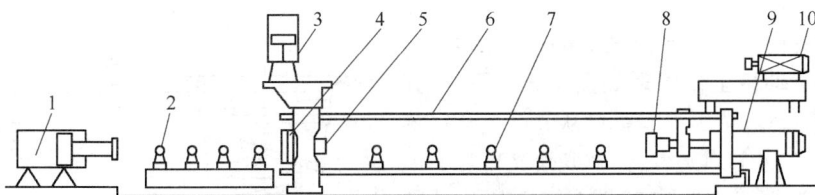

图 4-51 200 t 液压拉伸机示意图
1—后挡板气缸;2—左升降辊道;3—卸料气缸;4—卸料挡板;5—横座;6—张力柱;
7—右升降辊道;8—主柱塞;9—主液压缸;10—液压系统

设备的主要技术特性如下:

液压机的额定能力	200 t
返回行程额定能力	100 t
滑架的行程	5000 mm

滑架移动速度:

空行程 5 m/min;返回行程 10 m/min;工作行程 5 m/min

工作液体压强	19.6 MPa
加工管坯直径	60 ~ 420 mm

加工前后管坯最大允许长度:拉伸时,管材的最大长度为 4000 mm;扩径时,管坯的最大长度为 2000 mm。

液压传动装置,径向柱塞泵 Hnp-200am 3 台;电机 AO93-6,55 kW,3 台。

液压系统用油:200 号机油。

4.11.3 卷筒拉伸机

卷筒式拉伸机又称圆盘拉伸机,是生产管棒材的重要设备。过去多用它拉伸棒材和空拉管材。由于游动芯头的广泛应用,卷筒拉伸机已应用于拉伸各种规格的管材。在所有的拉伸机中,卷筒拉伸机具有最高的生产效率,并且最能发挥游动芯头拉管工艺的优越性。卷筒拉伸机一般分为两种:立式卷筒拉伸机和卧式卷筒拉伸机。

4.11.3.1　立式卷筒拉伸机

　　立式卷筒拉伸机的特点是卷筒轴线与地平面垂直,主传动机构安装在卷筒之下的称为正立式,其工作原理如图4-52所示。它的结构简单,但卸料不方便。

　　正立式卷筒拉伸机有两种排管方式:

　　(1)压出排管。拉伸模座固定不动,拉伸卷筒带有一定的锥度,在拉伸中利用后一匹管材推挤前一匹管材而实现排管。拉伸时采用夹钳通过钢丝绳或链条把管材夹头与卷筒相连开始拉伸时,夹钳贴着卷筒之前易使管材扭转,造成附加弯曲,易使管端拉断,因此宜采用较大直径的卷筒。

图 4-52　正立式卷筒拉伸机工作原理图
1—放线架;2—拉伸模;3—卷筒

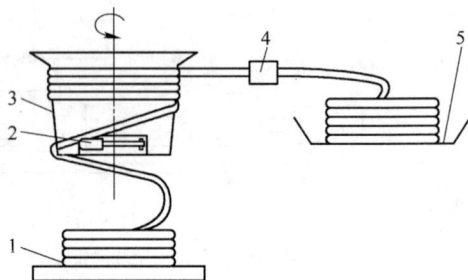

　　(2)模座移动排管。拉伸机的放线架与模座一起平行于卷筒轴而均匀移动,以实现拉伸时的均匀排管。

　　主传动机构安装在卷筒之上的称为倒立式,倒立式卷筒拉伸机工作原理如图4-53所示。其特点是拉伸后盘卷依靠自身重量从卷筒上自行落下,不需要专门的卸料装置,卸料既快又可靠。但是在卷筒上部空间难以配置能力很大的传动装置。

　　倒立式卷筒拉伸机有连续卸料式和非连续卸料式两种:

　　(1)连续卸料式如图4-54所示,这类拉伸机的卷筒比较短,卷筒下部有一个与之同速转动的受料盘,可一边拉伸一边卸料,因此,拉伸管材长度不受卷筒尺寸限制,能高速拉伸长达数千米以上的管材。

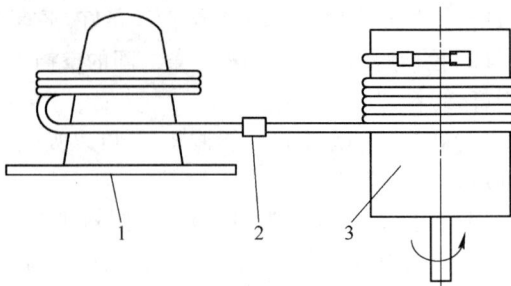

图 4-53　倒立式卷筒拉伸机工作原理图
1—受料盘;2—排管器;3—卷筒;
4—拉伸模;5—放线架

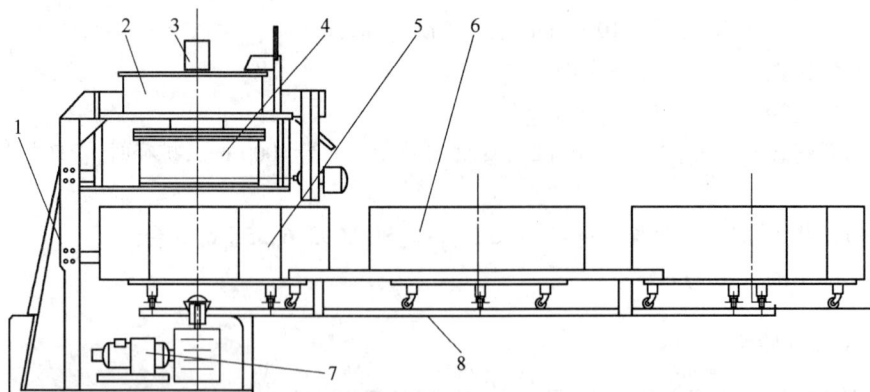

图 4-54　倒立式卷筒拉伸机(连续卸料式)结构示意图
1—主机架;2—主减速箱;3—主电机;4—倒立式拉伸;5—受料筐;
6—循环卷料筐;7—收料系统;8—循环轨道

(2)非连续卸料式,是在整根管材拉完后才实现卸料的。因此管材长度受到卷筒尺寸的限制。拉伸卷筒为圆柱形,有效高度等于卷筒直径。一般来说,由于拉伸后的盘卷会产生较大的回弹力,故容易在卷筒上自行卸下,因此卷筒直径是不变的。只有对小规格的管材拉伸时,由于拉伸后盘卷回弹很弱,不容易从卷筒上卸下来,这时卷筒直径做成可变的。

4.11.3.2 卧式卷筒拉伸机

卧式卷筒拉伸机的特点是卷筒轴线与地平面平行,如图4-55所示。该拉伸机也有非连续卸料和连续卸料两种形式。

(1)非连续卸料,其结构比较简单,占地面积小。但是拉伸速度较低,从卷筒上卸料时间长,小规格制品卸下后容易搅乱。它常配置在挤压机或大型轧管机的后面,采用游动芯头拉伸。这样既可以使直管变成盘管,又能实现管材的减径和减壁。由于管材规格较大,拉伸后的盘卷稳定性较好,卸料时不会搅乱。

(2)连续式卸料,在连续卸料的卧式卷筒拉伸机上,其拉伸卷筒后面配制有18辊双曲面矫直机和重卷机。重卷机上有两个送进辊和3个卷曲辊,可将管材重卷成小直径的圆盘。这种拉伸机收卷结构紧凑,拉伸管材长度不受卷筒尺寸限制,可一面拉伸,一面卸料。重卷后缠绕得整齐紧密的管匝便于运输。

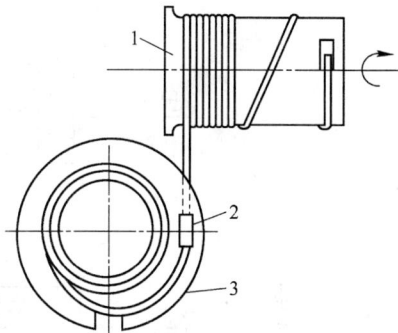

图4-55 卧式卷筒拉伸机原理图
1—放线架;2—拉模;3—卷筒

4.11.4 联合拉拔机

联合拉拔机是把盘状的坯料通过拉伸、矫直、按预定长度切断,经抛光和探伤分选后生产出成品管棒材的多功能高效率的设备。它越来越广泛地用于生产中。在提高管棒材生产效率和质量等方面,它比链式拉伸机、卷筒式拉伸机有较大的优越性。其结构如图4-56所示。

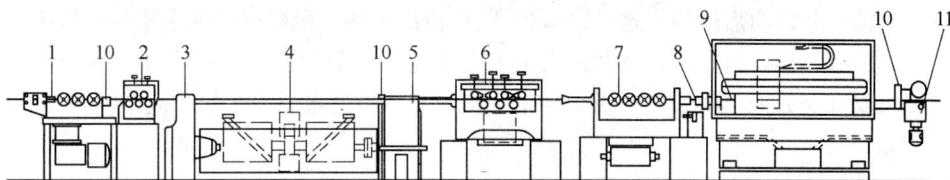

图4-56 联合拉拔机示意图
1—喂料导轮;2—预矫直;3—球心模座和清洗润滑装置;4—连续拉拔机构;5—主电机和减速箱;
6—水平矫直轮;7—精矫直;8—剪切装置;9—抛光机;10—信号发生器;11—受料机构

联合拉拔机由预矫直、拉伸、矫直、剪切和抛光等部分组成。

4.11.4.1 预矫直

该装置位于拉伸模座之前,为便于进入拉模而把圆盘坯料矫直成直线而配备的装置。机座上有3个固定辊和两个可移动的辊子,能适应各种规格的圆盘坯料。

4.11.4.2 连续拉拔机构

从减速机出来的主传动轴上,设有两个端面凸轮,该凸轮形状相同,但在位置上相差180°,

其结构如图4-57所示。

　　当凸轮位于图4-57a的位置时,小车Ⅰ的钳口靠近床头且对准拉模。当主轴开始转动(从左看为顺时针方向)时,带动两个凸轮转动,小车Ⅰ由凸轮Ⅰ带动并夹住制品沿凸轮曲线向右运动,进行拉伸。同时,小车Ⅱ借助弹簧沿凸轮Ⅱ的曲线返回。当主轴转动180°时,凸轮小车位于图4-57b的位置,再继续转动时,小车Ⅰ借助于弹簧沿凸轮Ⅰ的曲线返回,同时,小车Ⅱ由凸轮Ⅱ带动沿其曲线向右运动,进行拉伸。当主轴转到360°时,小车和凸轮又恢复到图4-57a的位置。这样,两个小车不间断地交替拉伸,坯料长度不受床身长度的限制。凸轮转动一圈,小车返往一个行程,其距离等于S。

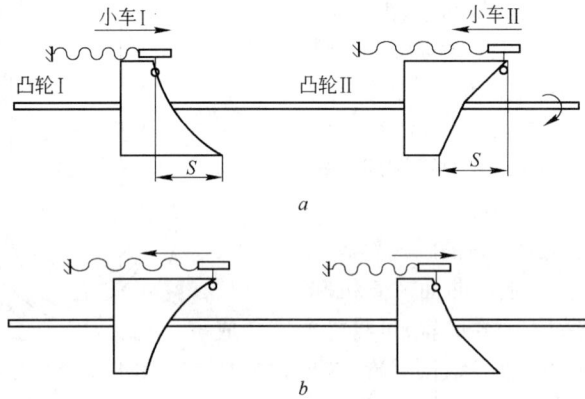

图4-57　联合拉伸机凸轮机构
a—小车拉制状态;b—小车返回状态

4.11.4.3　夹持机构

　　拉伸小车中各装有一对由气缸带动的夹板,小车Ⅰ的前面还带有一个装有板牙的钳口。制品的夹头通过拉模进入该钳口中。当设备启动时,钳口夹住制品向前面运动。当小车Ⅰ达到前面的极限位置时,开始向后返回。这样钳口松开,被拉出去的一段棒材进入小车的夹板中。当小车Ⅰ第二次往返运动时钳口不起作用,而由夹板夹住制品向前运动。小车Ⅰ开始返回时夹板松开,小车Ⅰ可以在制品上自由通过。当小车Ⅰ拉出去的制品进入小车Ⅱ的夹板中以后,就形成了连续拉伸的过程。

4.11.4.4　矫直部分

　　该部分由7个水平辊和6个垂直辊组成,利用减速机传动轴上安装的伞形齿轮传动。水平矫直辊有3个固定辊和4个移动辊,用移动辊来分别高速控制制品的直径和弯曲度。

4.11.4.5　剪切机构

　　在减速机的传动轴上设有多片摩擦电磁离合器和一个端面凸轮,架子上有切断用的刀具,制品达到预定长度时,极限开关才开始动作,电磁离合器也动作,凸轮转动,带动切断机构动作,制品被切断。

4.11.4.6　抛光机构

　　它由两对抛光盘和位于其中的5个矫直喇叭筒组成。抛光盘由单独的电机和减速齿轮传动,制品通过导向板进入第一对抛光盘,然后通过矫直喇叭筒,再进入第二对抛光盘。由于抛光盘带有一定的角度,使制品旋转前进。抛光速度必须大于拉伸和矫直速度,一般抛光速度为拉伸速度的1.4倍。

4.11.5　拉伸机的发展

随着生产和科学技术的发展,许多新型的拉伸设备代替了原有的老式设备,直线拉伸机近年来正在向着长链、高速、多线、自动化的方向发展。现代化的拉伸机可自动供料、自动穿模、自动套芯杆、自动咬料和挂钩、自动调整中心和自动落料。直线拉伸长度由10多米增加到几十米。在拉伸中采用游动芯头已可生产外径300 mm的大型管材。在所有的拉伸设备中,卷筒拉伸机的生产效率最高,采用游动芯头实现盘拉。近几年来我国自行设计制造的倒立式圆盘拉伸机,其速度也可达到1200 m/min,甚至更高达1500 m/min,管材长度可达数千米。可与国际同类先进设备媲美。

英国 Marzshau Richards 公司的 VN114 型倒立式卷筒拉伸机卷筒直径达2896 mm,最大拉伸力18.2 t,最高拉伸速度1220 m/min,最大坯料规格 ϕ76 mm × 4.8 mm,生产的制品尺寸 ϕ32 ~ 12.5 mm。卷筒拉伸机包括坯料准备在内的全部生产工序只需两人操作。

复习思考题

1. 什么是拉伸,它的主要特点是什么?
2. 说明拉伸方法的种类及其特点。
3. 游动芯头拉伸有哪些优、缺点?
4. 空拉分为哪三种,空拉时壁厚变化有何规律?
5. 写出拉伸常见的等壁厚型材管过渡圆计算公式。
6. 写出拉伸管棒材时的延伸系数、加工率计算公式。
7. 写出管坯长度的计算方法,试计算管坯下料长度。
8. 什么是拉伸力、拉伸应力?
9. 说明拉伸变形的特点。影响不均匀变形的因素有哪些?
10. 说出拉伸配模的原则及步骤。制定拉伸工艺时应考虑哪些因素?
11. 熟悉现场金属牌号,不同规格制品的拉伸工艺流程。
12. 拉伸时为什么要进行润滑,对拉伸采用的润滑剂有哪些具体要求?
13. 说出乳液的主要成分。
14. 什么是热处理,随着退火温度的提高,金属的内部组织有何变化?
15. 铜及铜合金管棒材热处理方法有哪几种?
16. 熟悉各种金属牌号的退火制度及退火工艺。
17. 退火工序中常见的废品有哪些,如何防止这些废品的出现?
18. 常用的退火设备有哪几种?
19. 氧化退火后的制品,为什么要进行酸洗?
20. 熟悉不同牌号的酸洗工艺,掌握酸液配比程序。
21. 管棒材制头设备有哪几种?
22. 精整包括哪些工序? 写出350锯切机特点。
23. 说明管棒材矫直原理以及矫直设备的种类。

24. 画图说明拉伸模分成哪几个区,并说出各区的作用。

25. 管材、棒材拉伸模变形区角度是多少?

26. 拉伸模定径带的长短对拉制出的制品名义尺寸有何影响?

27. 画出游动芯头的结构示意图。拉伸工具的材料有哪几种?

28. 拉伸制品残余应力是怎样产生的,如何消除残余应力?

39. 拉伸工序常见缺陷有哪些,如何防止这些缺陷出现?

30. 写出拉伸机种类及主要特点。

5 线材生产

5.1 概述

线材拉伸生产是仅次于锻造的一种压力加工方法。有色金属线材主要用在电线电缆导体，同时在电器、仪表、机械、结构、电光源、电真空、电子元件、日用五金、焊接等方面无不广泛使用。有色金属线材的品种繁多，用途各异。其品种、规格、质量要求、检验方法等均有规定。

5.1.1 基本概念

线材，是指直径在 6 mm 及其以下的卷状实心材，对于较细的线材又称为"丝材"。但个别也有粗的，例如，断面为 85 mm² 的电车线相当于直径为 10.5 mm 的棒。成卷拉制的空心制品称为"盘管"，有时也叫空心导线。故直径大小不是线材的唯一标准。国际标准（ISO1634—74）对线材的定义是："成卷供应的拉制的实心产品。"

金属线材的断面以圆形断面最为广泛，也有其他几何断面的型线，如方线、扁线、梯形线、半圆形线等。一般整个断面为一种金属，但也有双金属组成，如铜包钢线等。

线制品是以金属线为原料制成的物品。有：

(1)钉类。如铆钉、销钉、螺丝、顶杆、焊条等。

(2)编制物类。如网、筛、窗纱、滤布、屏蔽套管和编织线等。

(3)弯型类。如扣件、弹簧等。

(4)绞制类。如绞线、束线等。

(5)其他。如漆包线、塑包线、电镀或热镀的线材等。

5.1.2 线材粗细的表示方法

线材粗细的表示方法有：

(1)直径表示法，以 mm 为单位，是国际通用方法，我国标准采用此方法。也有用英制(in)为单位的。

(2)线号表示方法，也称线规表示法。线号越大，线径越细。我国曾使用过的线规有三种（AWG、SWG 和 BWG），现已很少使用。

(3)重量表示法，用长 200 mm 的线材重量(mg)表示。一般用于螺旋测微计精度不够的超细线。

5.1.3 线材生产方法

线材生产一般分两个步骤：首先是制造线坯，再进行拉伸和热处理等。

线坯的制备方法多样，直接铸造的线坯有上引法、浸渍法、水平连铸法等。另一类方法包括锭坯挤压法、连铸连轧法。线坯直径一般在 8~25 mm。上引法、浸渍法、连铸连轧法适合于单一紫铜线的生产，而连铸连轧法则特别适合大规模单一紫铜线坯的生产。挤压法特别适合多种铜合金线坯的生产。

5.1.4 线材拉伸及其特点

对线材施以拉力，使其通过断面逐渐减小的模孔，以获得与模孔尺寸和断面相同的制品的压

力加工方法称为线材拉伸。拉伸过程如图 5-1
所示。拉伸时用来实现金属或合金线坯塑性变
形而改变其断面尺寸、形状的工具称为线材拉
伸模,简称模子。金属在模孔中发生塑性变形,
其原因是受到外力的作用。

图 5-1　线材拉伸过程简图
1—模子;2—拉伸坯料;3—拉伸模孔

　　线材拉伸主要有以下特点:

　　(1)拉伸的线材有较精确的尺寸,表面光
洁,断面形状多样。用拉伸方法生产能够获得
其他压力加工方法不能达到的尺寸精确、横断
面规整、表面光洁、力学性能好的线材。如线材的表面粗糙度可达 $Ra = 0.16$ μm 以上,尺寸的精
确度为正负百分之几毫米到千分之几毫米。

　　(2)用拉伸方法生产线材所用的设备、工具简单,维修方便。在一台设备上可以生产多种规
格的线材,并且生产效率高。如多模、连续拉伸,能拉伸长度较长和各种规格的线材,生产效率
高。

　　(3)线材在拉伸过程中,始终要有拉伸力和摩擦力的作用,后者在一般情况下要占拉伸生产
消耗总能量的 60% 以上,但由于超声波、辊式拉模、旋转拉模、振动拉模、强迫润滑等技术的出
现,由摩擦而产生的能量消耗已有所下降。

　　尽管现代化的静液挤压法、摩擦挤压法、微型串连轧机轧制法等可以生产优质的线材,但拉
伸方法仍是当今线材生产中最主要和普遍被采用的压力加工方法。

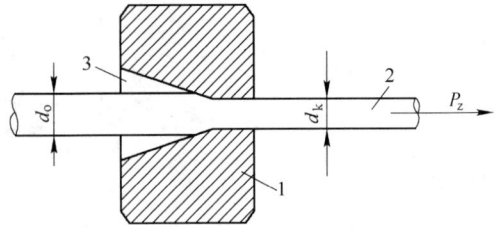

5.2　线坯生产

5.2.1　连铸线坯法

　　通过铸造直接制成线坯,可免去轧制或挤压及相关工序,缩短了生产流程,减少了生产设备
和场地,降低了投资和生产成本,产品的成品率大大提高。主要形式有:上引连铸线坯、浸渍法、
水平连铸线坯。

5.2.1.1　上引连铸线坯

　　上引连铸法是根据虹吸原理,利用真空压力将熔体吸入结晶器,通过结晶器及其二次冷却而
凝固成线坯,同时通过牵引机构将铸坯从结晶器中拉出的一种连铸方法。采用多头铸造,可通过
改变上引杆的头数灵活增减上引机的产量。卷重一般在 2 t 左右。

　　一般上引连铸线坯生产的规格范围在 $\phi 8 \sim 25$ mm。紫铜系列常见的规格为 $\phi 8$ mm、
$\phi 14.4$ mm、$\phi 16$ mm、$\phi 17$ mm、$\phi 20$ mm、$\phi 25$ mm。一般来说规格越大,要求系统(主要指结晶器能
力)的冷却能力越强。

　　对于紫铜而言,上引 $\phi 8$ mm 铜杆可直接用拉丝机拉制到 $\phi 2 \sim 3.5$ mm,上引 $\phi 8$ mm 以上的铜
杆则用轧机或巨拉机加工到 $\phi 8$ mm,再用拉丝机拉伸。

　　上引黄铜杆一般是采用拉丝机拉伸加工,为保证成品线的表面质量和物理性能,上引线坯的
总加工率必须达到 70% 以上。

5.2.1.2　浸渍法

　　浸渍成形铸造,亦称浸涂成形铸造,是利用冷铜杆的吸热能力,用一根较细的铜芯杆(种子
杆),在液体中浸渍而凝固成形的一种特殊铸造方法。浸渍成形铸造技术是由美国通用电气公

司(GE)开发的,简称 DEP。

5.2.1.3　水平连铸线坯

炉内熔化了的金属及其合金液体,连续通过卧式铸造结晶器、引线机、卷曲装置等获得的线坯。规格在 φ8 ~ 12 mm 之间。目前主要用于黄铜、青铜和某些白铜线坯的生产。与上引法同样采用多头铸造,可提供大卷重线坯。

5.2.2　连铸连轧线坯法

连铸连轧法为光亮铜线坯的主要生产方法。典型的连铸连轧机由竖式熔炼炉、保温炉、轮带式或双带式连铸机、连轧机、冷却清洗、卷取、包装等装置组成。阴极铜连续加入竖炉,依次经熔炼、保温、连铸、连轧、冷却清洗及卷取等工序,即为 φ8 mm 光亮线坯盘卷。连铸连轧线坯法的生产能力很大,小时产量 5 ~ 60 t,目前全世界 80% 以上的铜导线是采用连铸连轧铜线坯生产。

5.2.3　挤压制坯法

挤压法生产线坯是将圆柱形锭坯经加热后放入挤压筒内,在压力作用下通过模孔成形线坯,经在线卷取成盘卷,待冷却后收入集线架。一般挤压圆线坯的规格为 φ8 ~ 16 mm,还可以挤压成断面比较复杂的异形线坯。挤压能得到很好的坯料组织,有利于后序拉伸加工。挤压生产灵活性大,适于合金牌号多、批量小的铜合金线材生产。其主要缺点是由于存在压余,所以成品率低,另外在一根线坯上前后的性能很不均匀,设备投资较大。

5.2.4　孔型轧制制坯法

孔型轧制法是相对平辊轧制而言,在轧辊的圆周上刻有沟槽,称之为轧槽。两个或三个轧辊上的轧槽拼成一几何图形,称之为孔型。孔型轧制法是指横列式轧制。该法使用平铸的 85 ~ 130 kg 船形线锭,加热后经横列式轧机轧得 φ7.2 mm"黑铜杆"。该法生产的线坯精度低、表面质量差、质量不均一、卷重小、劳动强度大、生产效率低、能耗高,在铜线杆生产中已基本被连铸连轧法和上引法所取代。黄铜等合金的塑性较低,用轧制法生产时,线坯上易形成裂纹,目前绝大多数合金线材已不采用孔型轧制法制坯。

5.2.5　粉末冶金法

粉末冶金法是由金属粉末经压块、烧结、旋锻而制成线坯,该法用于难熔金属或合金如钨、钼等,另外用于具有特殊要求的合金线坯生产,如弥散铜线坯生产。

5.3　线材拉伸时金属的变形

5.3.1　线材拉伸时的变形和应力状态

5.3.1.1　线材拉伸时的变形力

在线材拉伸时,作用在被拉金属线上的外力,可以分为作用力、反作用力和接触摩擦力,如图 5-2 所示。

作用力是由作用于被拉金属出口端的拉伸力所产生的,在变形金属中引起主拉应力 σ_1;反作用力 d_N 是由于模孔壁限制金属流动而产生的,它的方向垂直于模壁表面,它在金属变形中引

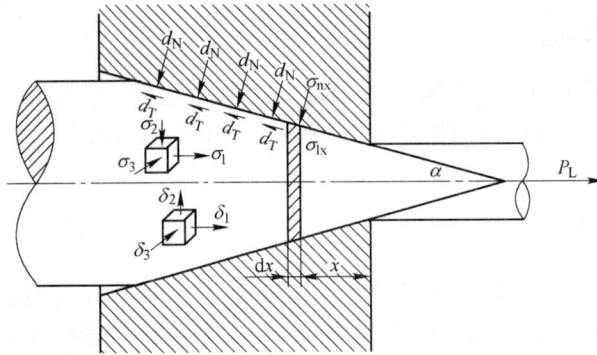

图 5-2　线材拉伸过程变形力学图

P_L—拉伸力；d_N—反作用力；d_T—摩擦力；α—拉伸模角；σ_1—主拉应力；

σ_2, σ_3—主压应力；δ_1—延伸主变形；δ_2, δ_3—压缩主变形

起主应力 σ_2 和 σ_3。

当金属在模孔中流动时，变形区以及定径带的接触面上还会产生与金属流动方向相反的摩擦力 d_T，其数值大小可以由摩擦定律来确定：

$$d_T = \mu d_N \qquad\qquad (5-1)$$

式中　　d_T——摩擦力；

　　　　μ——摩擦系数；

　　　　d_N——反作用力。

线材拉伸时由于作用力和反作用力的作用，在被拉金属中造成三向应力状态，其中绝大部分表现为一个主拉应力（σ_1）、两个主压应力（σ_2 和 σ_3）状态，并由于轴对称，所以

$$\sigma_2 = \sigma_3 \qquad\qquad (5-2)$$

主应力在变形金属中引起相应的三向主变形，如图 5-2 所示，该图表明拉伸线材，在轴向得到延伸，在径向及周向受到压缩，即金属的长度增加，横断面积减少。

5.3.1.2　金属变形区内应力状态

如前所述，由于拉伸力和正压力的作用，使在变形区内的金属处于体应力状态，单元体上的应力如图 5-3 所示。拉应力 σ_L 方向朝模子出口，周向压应力 σ_θ' 方向与图面垂直，径向压应力 σ_r' 方向与模孔轴线垂直，切应力作用于与 σ_L、σ_θ'、σ_r' 方向垂直的平面上，当 σ_L、σ_θ'、σ_r' 的方向与主应力方向一致时，它们即为主应力，此时切应力为零。

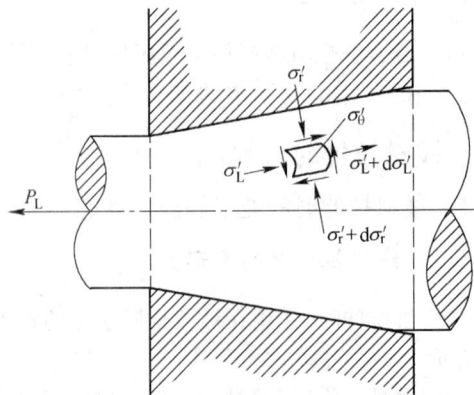

　A　沿轴向分布的应力

轴向应力是由变形区入口到出口逐渐增大的，即 $\sigma_{L出} > \sigma_{L入}$。轴相应力的这种分布规律是由于在拉伸过程中，变形区内的每一个横断面上指向出口端的拉应力，都承担着对

图 5-3　拉伸时作用在金属变形区内单元体上的应力

其后金属的变形和克服金属与模壁之间摩擦力的作用,很明显,越接近出口端的横断面,其应承担其后面的金属变形和此种摩擦力的作用就越大,而且此横断面由入口到出口越来越小。因此轴向应力分布必然是如上所述。

周向应力 σ_θ' 和径向应力 σ_r' 则是从变形区入口端到出口端逐渐减小的,即:$\sigma_{\theta入}' > \sigma_{\theta出}'$,$\sigma_\lambda' > \sigma_{r出}'$。

B 沿径向分布的应力

径向应力 σ_r' 和周向应力 σ_θ' 由表层向中心逐渐减小,即 $\sigma_{r外}' > \sigma_{r内}'$,$\sigma_{\theta外}' > \sigma_{\theta内}'$,而轴向应力 σ_L 的分布正好与上述相反,中心轴向应力大,表层轴向应力小,即 $\sigma_{L内} > \sigma_{L外}$。

C 反拉力及其对变形和应力的影响

在线材拉伸生产中反拉力是经常存在的。所谓反拉力就是在线材进模口的一端施以与金属运动方向相反的拉力 P_g。由于反拉力 P_g 的存在,金属在入模孔以前即产生弹性变形,使其直径变小,并使其拉伸应力 σ_L 有所增加,这就必然引起径向应力 σ_r 的减小,因而金属与模壁之间的摩擦力也必将减小。这就是说,反拉力的存在可使拉模的磨损、发热引起线材自退火以及不均匀变形等有所减小,还能减小以至消除拉模入口端三向压应力区。但是,反拉力也易使线材拉伸的抗拉强度下降,这是因为反拉力过大时,在线材内部容易出现晶格缺陷,减弱了线材的强度。一般应控制反拉力不超过线材入口前的屈服强度。

5.3.1.3 拉伸线材制品的残余应力

A 残余应力的分布

在热加工时,线材的残余应力一般很小,但是在温拉伸或冷拉伸后,由于变形不均匀而在线材中产生的残余应力则是不能忽视的。图5-4是线材冷拉伸后在轴向、径向和周向上残余应力的分布情况示意图。

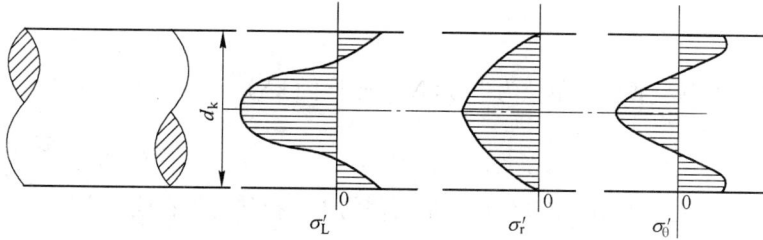

图5-4 冷拉伸后线材残余应力分布

在拉伸过程中,在轴向上外层金属变形比中心大,拉伸后由于弹性恢复作用,外层金属缩短较多,但物体的整体性对这种自由变形起阻碍作用,因此,在线材的外层必然产生拉应力,中心层出现与其平衡的压应力。

在径向上,同样由于弹性恢复作用,线材横断面上所有的同心环形薄层都有增大其直径的趋势,但由于相邻层的阻碍作用而不能自由增大,所以在径向上产生压应力。中心处圆环直径增大时所受阻力最大,而外层圆环不受任何阻力,因此,中心处产生的压力最大,而外层为零。

拉伸时,在周向上线材断面上的各同心环所受到的变形也不相同,中心处变形大,表面层变形小,因此,拉伸后中心层的圆环直径弹性胀大量大于外层。但由于受到外层的阻碍作用,使在中心层产生压应力,从而在外层相应地产生拉应力。

在型线拉伸时,除具有拉伸圆线时的不均匀变形特点外,还要加上型材断面各处所受到的不同延伸引起的应力,拉伸型线中的残余应力分布规律一般与圆线基本相同,但是对表面有凹槽形状的一类型线,在凹槽表面处的周向应力只能是压应力。因为在弹性恢复的作用下,凹槽处表面会缩小,从而产生周向残余压应力。

B　残余应力的消除

拉伸线材中残余应力,尤其是拉应力的存在是极为有害的,它不仅使拉伸机的能耗增加,更为严重的是它能使一些金属产生应力腐蚀和裂纹,导致产品的报废。在现场生产中,黄铜线坯拉伸后,常因在车间内存放时间较长,未及时退火,在含有氨气和汞盐、二氧化碳等介质的作用下,线材会产生裂纹。因此,黄铜线在制料或成品在拉伸后24 h之内必须予以退火,目的是消除残余应力、避免裂纹产生。

带有残余应力的线材,在进行力学性能实验时会降低其抗拉强度值,使检验结果产生偏差,造成线材不合格的假象,因此残余应力必须消除。消除残余应力的办法有以下几种:

(1)减少不均匀变形。拉伸时尽量减少分散变形。加强润滑,减小线材和拉模间的摩擦系数,采用合理的模角,使线材与拉模的轴线尽量重合,拉圆线时采用旋转模拉伸等,都可以减小不均匀变形。

(2)低温退火。低温退火又叫消除残余应力(内应力)退火,这是线材生产中最常用的消除残余应力的方法。此方法是把线材置于再结晶温度退火并保温一定时间,使金属组织发生一定范围内的变化,从而消除宏观和晶粒间的残余应力。

5.3.2　金属在变形区内的流动

在外力作用下,变形区内的金属大部分处于两向压缩、一向拉伸应力状态,因此也相应地引起两向压缩、一向延伸的变形状态。其金属流动情况在一定程度上与挤压有相似之处,远不如挤压复杂,其变形不均匀性也要小得多。

具体见4.3.4节和4.3.5节。

5.4　拉伸力

拉伸力为拉伸三要素之一,单位为牛顿(N),或千牛(kN)。

5.4.1　概念

拉伸力是将线材拉过模孔,实现塑性变形所需的力。拉伸力加在线材变形区出口的外端,方向朝前。

确定拉伸力的方法大体上分两种,即实验测定法和理论计算法。

实验测定法由于十分接近拉伸过程的实际情况,测得的数值比较准确。但要求有一套测量设备,所以在实际工作中不常用。

理论计算法尽管数学运算复杂,并有一定误差,但应用起来比较方便,不需要投资,所以在实际设计中常被广泛使用。

为了合理地制定拉伸工艺,选择设备以及校核强度,需要确定拉伸力的大小。拉伸力等于被拉金属线材出口端的拉伸应力与其断面积的乘积,即:

$$P_{\mathrm{L}} = \sigma_{\mathrm{L}} F \tag{5-3}$$

计算拉伸力的公式很多,下面根据使用简便、计算结果较为准确的原则,介绍一个常用公式,彼得洛夫公式

$$P_{\mathrm{L}} = \sigma F \ln \lambda (1 + \mu \cot \alpha) \tag{5-4}$$

式中　P_{L}——拉伸力,kg;

σ ——变形抗力，一般采用变形前、后抗拉强度的平均值，MPa。根据不同金属或合金及
变形程度，可查加工图册；

F ——拉伸后线材断面积，mm^2；

$\ln\lambda$ ——延伸系数的自然对数；

μ ——摩擦系数，见表 5-1；

α ——拉伸模角，$(°)$。

表 5-1　拉伸线材时的平均摩擦系数

金属与合金	状　态	拉　模　材　料		
		钢	硬质合金	钻　石
紫铜、黄铜	退　火	0.08	0.07	0.06
	冷　硬	0.07	0.06	0.05
青铜、镍及合金、白铜	退　火	0.07	0.06	0.05
	冷　硬	0.06	0.05	0.04
锌及锌合金	加　工	0.11	0.10	—
铅	加　工	0.15	0.12	—

拉伸力计算举例：

[例 5-1]　已知 H62 黄铜直径为 8.0 mm 不退火线坯，在 1/55 圆盘拉伸机上一次拉到
6.5 mm，试计算拉伸力。

解：已知　　　　　　$\varepsilon = (F_0 - F)/F_0 = (8^2 - 6.5^2)/8^2 \times 100\% = 34\%$

$\lambda = d_0^2/d^2 = 8^2/6.5^2 \approx 1.51$

设　　　　　　　　$\mu = 0.11, \alpha = 7°$

查加工图册得　　　$\sigma = (32.5 + 54.5)/2 = 43.5(kg/mm^2) = 435(MPa)$

$F = \pi d^2/4 = 33.2\ mm^2$

$\ln\lambda = \ln 1.51 = 0.412$　　　$\cot 7° = 8.15$

用彼得洛夫公式计算：

$$P_L = \sigma F \ln\lambda (1 + \mu\cot\alpha)$$

将上述数据代入式中：$P_L = 43.5 \times 33.2 \times 0.412 \times (1 + 0.11 \times 8.15) = 11284(N) = 11.28(kg)$

5.4.2　影响拉伸力的因素

影响拉伸力的因素包括以下几方面：

(1)被拉金属或合金的力学性能。实验表明，对于中等强度的金属和合金，拉伸力与极限强
度成线性关系，即拉伸力随着金属或合金的极限强度的增加呈近似直线的增加，对于强度低的合
金来说，如纯铝、铅锌及其合金等，由于再结晶温度低，在拉伸过程中，加工硬化小或不产生加工
硬化，所以安全系数是降低的，在拉伸时容易断线。

(2)变形程度。从感性认识，变形量大时要用更大的拉力。拉伸力与变形程度存在着近似
的线性关系，随着道次延伸系数的增加，拉伸力增大。

(3)拉伸速度。在速度不高的情况下，拉伸力随着拉伸速度的增加而有所增加，继续增加拉
伸速度对拉伸力影响不大。因为，虽然金属的变形拉力随着变形速度增加而升高，但变形热将使
变形区内的金属变形抗力减小，同时，速度增加还有利于润滑剂带入模孔，增强润滑效果，从而减
小拉伸力。

　　(4)反拉力。随着反拉力的增加,拉力所受到的压力直线下降,而拉伸力逐渐增加,但反拉力处于临界范围时,对拉伸力没有影响。临界反拉力和临界反拉应力值的大小主要与被拉金属材料的弹性极限和拉伸前的预先变形程度有关,而与该道次的加工率无关,弹性极限和预先变形程度愈大,临界反拉应力也愈大。利用这一现象,将反拉应力控制在临界反拉应力值的范围内,可以在不增大拉伸应力和减小道次加工率的情况下,减小拉模入口处金属对模壁的压力和磨损,从而提高拉模的使用寿命。

　　(5)拉伸模孔的几何形状。拉模锥角 α 和定径带长度对拉伸力均有影响。对于不同的加工率、摩擦系数、拉模材质、被拉金属与合金的力学性能等因素来说,随着 α 角的增大,拉伸应力和极限强度的比值都有一最小值,与此相对应的模角称为合理模角。由实际生产可知,随着变形程度的增加,合理模角 α 的值也逐渐增大。分析和实践证明,模角在 6° ~ 12° 范围内,拉力最小。对软材料(如铝)用 12°,硬材料(如钢)用 6°,中等硬度材料(如铜)用 8°。

　　定径带的长度对拉伸力也有影响。当加工率较小时(8% ~ 16%),被拉伸金属的实际尺寸与定径带的直径相等,在定径带的整个长度上,都存在金属与拉模的摩擦,定径带愈长,摩擦力愈大,所以拉伸应力也愈大。当加工率较大时,线材的实际尺寸比定径带的直径稍小,摩擦力损失不大,拉伸应力较小,此情况对于弹性变形大的金属或合金尤为明显。

　　(6)线材形状的影响。线材截面越复杂,拉力越大。当制品截面积相同时,形状越复杂截面周长越长。圆最短,六角形次之,正方较长,矩形更长,而异形者尤甚。这不但增加了不均匀变形产生,还增大了制品与模子的接触面积。正压力和摩擦力的增大,导致拉伸力的增大。

　　在拉型线时,通常先用同截面积的圆来估算拉伸力,再乘以同面积的周长比进行修整。

　　(7)摩擦与润滑。在拉伸过程中,摩擦条件对拉伸力的影响是很大的。在线材生产时,用于克服摩擦阻力而消耗的能量占总能量的 60% 以上。

　　润滑剂的性质、润滑方式、模具材质和形状,以及模具与被拉伸材料的表面性质和状态等对摩擦力的大小都有影响。

　　模孔对制品的摩擦力,是制品向前运动的阻力,故摩擦力将增大拉伸力。所以拉伸时必须加适当的润滑剂,要采用硬而不易磨损的模具,且将模孔抛光成镜面,有时要对制品表面进行处理,以便有更好的润滑能力。表 5-2 为不同润滑剂和拉模材质对拉伸力的影响。

表 5-2　润滑剂和拉模材质对拉伸力的影响

金属与合金	坯料直径/mm	加工率/%	拉模材料	润滑剂	拉伸力/N
黄　铜	2.0	20.1	碳化钨钢	固体肥皂	200 320
磷青铜	0.65	18.5	碳化钨	固体肥皂	150
			碳化钨	植物油	260
B20	1.12	20.0	碳化钨	固体肥皂	160
			碳化钨	植物油	200
			钻　石	固体肥皂	150
			钻　石	植物油	160

　　由此可见,在其他条件相同的情况下,钻石模的拉伸力最小,硬质合金模次之,钢模的拉伸力最大,这是因为模具材料愈硬,抛得愈光,金属愈不黏结工具。

　　被拉伸材料的表面状态,一般表面愈光滑,拉伸力愈小。对酸洗后的材料,通常由于酸洗不彻底,制品表面带有残酸,则会破坏润滑剂的润滑性能而使拉伸力增大。但如果水洗良好,制品表面微小的凹凸不平有利于润滑剂的贮存,不但不会增大拉伸力,反而会减小拉伸力。

一般根据拉伸条件,特别是模角 α 和加工率不同,摩擦系数会在一个较大的范围内波动。同时,拉伸时在变形区内接触面积各处的摩擦系数也不一样,所以求得的摩擦系数只能是平均值。表5-1是部分摩擦系数值,可供计算和评价润滑剂的润滑性能使用。

(8)振动。在拉伸的同时,振动拉伸模会使拉伸力降低,然而随拉线速度的升高,此效应逐步减弱,最终消失,故适合于低速拉线。此外,对于振动的频率和振幅、模子与制品的放置等都有要求,才能有良好的效果。

5.5 线材拉伸方法

线材拉伸可分为一次只通过一个模子的单模拉伸和连续通过断面逐渐减小的多个模子的多模拉伸,多模拉伸又分为带滑动多模拉伸和无滑动多模拉伸。

线材的单模拉伸如图5-5所示,多模拉伸的一般拉伸过程如图5-6所示。

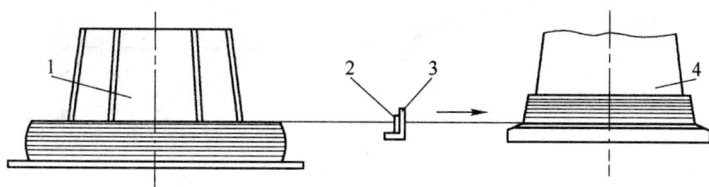

图5-5　立式单模拉伸示意图
1—放线架;2—模子;3—模座;4—拉伸绞盘

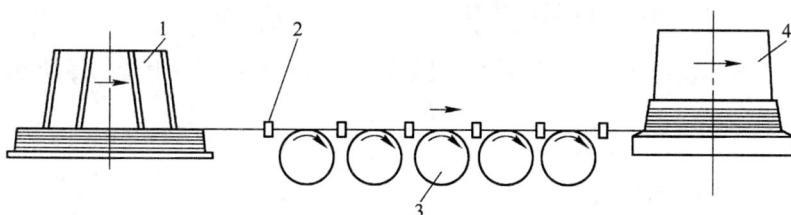

图5-6　多模拉伸过程示意图
1—放线架;2—模子;3—中间绞盘;4—积线绞盘

单模拉伸一般用于线径在4.5 mm以上的线坯或成品拉伸,在某些情况下(如拉制某些合金的半硬线时),也拉伸较小规格的线材。单模拉伸由于每次拉伸的加工率不大,所以拉伸速度不高,若速度过高,放线就很困难,易造成乱线停车。单模拉伸时线材和绞盘之间没有滑动,即属于无滑动拉伸。

多模拉伸一般用于较细线材的生产,线径愈细所选的拉伸机级数也应愈高,采用多模拉伸可以提高拉伸速度和生产效率,并减少中间工序,多模拉伸法现在也已用于较大线径和成品生产,特别是由于现代技术的进步,许多新式拉伸机的出现和拉伸工艺的改进,粗线的多模拉伸机日益普遍起来,线径为10 mm的线材多模拉伸方法已经产生了。表5-3给出了拉伸线径和拉伸机的级别,供选用和设计拉伸机时参考。

5.5.1　带滑动的连续式多模拉伸

带滑动的多模拉伸过程如图5-7所示。在这种拉伸机上一般有2~23个模子,每个模子的后面都有一个相应的拉伸绞盘,绞盘的直径可以是相同的或不同的,在拉伸过程中各绞盘的线速度是不能随意改动的,只有在停车后才能调整,但不能改变各绞盘之间的速度比值。

表 5-3　拉伸线径和拉伸机的级别

拉伸机级别名称	级　别	拉伸线材直径/mm
重拉机	I	20.0 ~ 4.5
粗拉机	II	<4.5 ~ 1.0
中拉机	III	<1.0 ~ 0.4
细拉机	IV	<0.4 ~ 0.2
细拉机	V	<0.2 ~ 0.1
最细拉机	VI	<0.1 ~ 0.05
最细拉机	VII	<0.05 ~ 0.03
最细拉机	VIII	<0.03 ~ 0.01

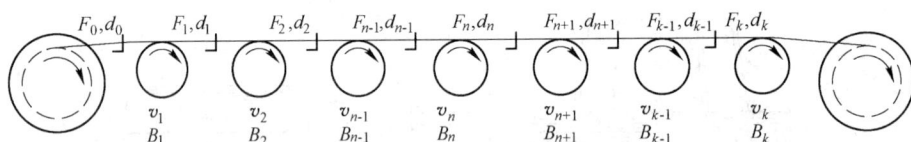

图 5-7　带滑动的多模拉伸示意图

F—面积；d—线材直径；v—线材速度；B—绞盘线速度

5.5.1.1　实现多模滑动拉伸过程的条件

为了实现多模滑动拉伸过程，就必须使绞盘的线速度大于线材在其上的运动速度，即：

$$B_n > v_n \tag{5-5}$$
$$(B_n - v_n)/B_n > 0$$

$(B_n - v_n)/B_n$ 称为相对滑动率，用 R_n 表示，即：

$$R_n = (B_n - v_n) \times 100\%/B_n \tag{5-6}$$

在带滑动的多模拉伸过程中，每个中间绞盘上缠绕的线材圈数是不变的，所以线材通过每个模孔的金属体积必须相等，即：

$$v_0 F_0 = v_1 F_1 = v_2 F_2 = v_n F_n = v_k F_k \tag{5-7}$$

或
$$v_n = v_k F_k / F_n \tag{5-8}$$

由此可见，在正常拉伸情况下，由于任何一个模孔出来的线材速度只取决于成品的断面积、中间模孔的断面积及收线盘的速度，与中间绞盘的速度无关。

带滑动的多模连续拉伸机两相邻中间绞盘之速度比通常在 1.10 ~ 1.35 之间，而最后两个绞盘的速度比愈小，则拉伸机适应的范围愈广。目前，国产的带滑动多模连续拉伸机以速度比大的居多，这对塑性高的金属和合金线生产无疑是有利的，但对于那些塑性中等或较低的金属就不适用了。

5.5.1.2　带滑动多模连续拉伸配模条件

理论推导和生产实践证明，在带滑动多模连续拉伸机上正确而可靠的配模应当遵守如下条件：

（1）$\lambda_n > \gamma_n$，即第 n 道次模子上的延伸系数 λ_n 应大于第 n 个绞盘的线速度 B_n 与其前相邻绞盘的线速度 B_{n-1} 之比 γ_n。

（2）$R_1 > R_2 > \cdots R_{n-1} > R_n > R_{n+1} > R_{k-1} > R_k$，即线材在各绞盘上的相对滑动率应逐渐减小。

（3）道次延伸系数和总延伸系应不超出被拉伸金属及合金所允许的范围。

（4）考虑设备能力。

线材与绞盘之间由于存在滑动摩擦，对工艺过程、产品质量和设备带来了不利影响。第一，由于摩擦造成能耗增加；第二，由于摩擦使线材表面造成擦伤或划伤；第三，由于线材与绞盘之间的摩擦，使绞盘表面很快磨损，出现沟痕，以至拉线过程难以进行。因此，拉伸机虽然是滑动的，但仍应尽量减少滑动。一般滑动率数值可选在 1.015 ~ 1.04 之间。只有出线前一个线模磨损比较严重，滑动率较大，可取为 1.07。

5.5.2　无滑动多模拉伸

拉伸时线材与绞盘之间的滑动是不利的，特别是在拉伸强度较低的金属及合金时，滑动的存在是极为有害的，所以这类金属或合金要用无滑动拉伸法。

实现无滑动拉伸的方法为：使线材速度和绞盘的线速度完全一致，即无滑动多模连续拉伸，这种方法是通过绞盘自动调速来实现的。

这种方法需要一套自动调速设备，投资较大，但它有明显的优点：首先由于线材与绞盘之间无相对滑动，使其间的相互错动摩擦几乎为零，因此消耗的能量得以减少；其次，由于摩擦小，所以绞盘的寿命能获得提高，线材的表面擦伤和划伤得到了避免；第三，用此法拉伸，线材没有扭转，拉伸速度也可以加快，有利于提高产品质量和生产效率。

无滑动多模连续拉伸过程如图 5-8 所示。拉伸时，线材运动速度与绞盘的线速度相等，其间相对滑动几乎为零。在中间各绞盘上线材缠绕 7 ~ 10 圈。

在实际生产中，绞盘的线速度与线材的速度不可能保证严格相等，因为随着拉伸时间的延长，拉模磨损，直径变大，同时拉伸机的绞盘也在磨损，且大多数绞盘都呈一定角度的锥形，以便向上串线。拉伸机本身的传动系统也有一些影响速度变化的因素等。因此在无滑动连续拉伸的过程中，绞盘的线速度要靠自动调速装置随时迅速准确地进行调整。

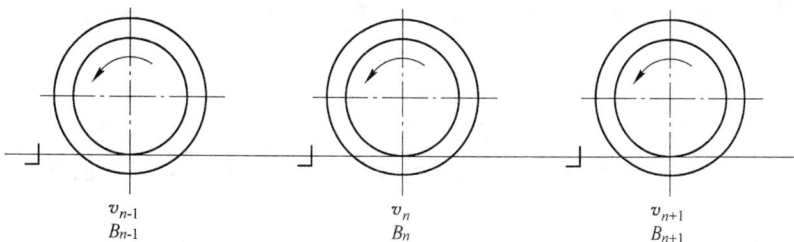

图 5-8　无滑动连续式多模拉伸示意图

5.5.3　无滑动积蓄式多模拉伸

无滑动积蓄式多模拉伸时，线材与绞盘之间不发生滑动。在这种拉伸机上生产线材时，其每个中间绞盘都应积蓄 20 圈以上的线材，每个绞盘都可以单独停车或起车，而不致于立即影响其他绞盘的工作，离开某一绞盘的线材速度和绕线速度可以不相等，无滑动积蓄式多模拉伸过程如图 5-9 所示。

由于是无滑动的，所以绞盘的线速度和绕于其上的被拉伸线材速度相等，对于第 $(n-1)$ 个绞盘来说：$B_{n-1} = v_n$。

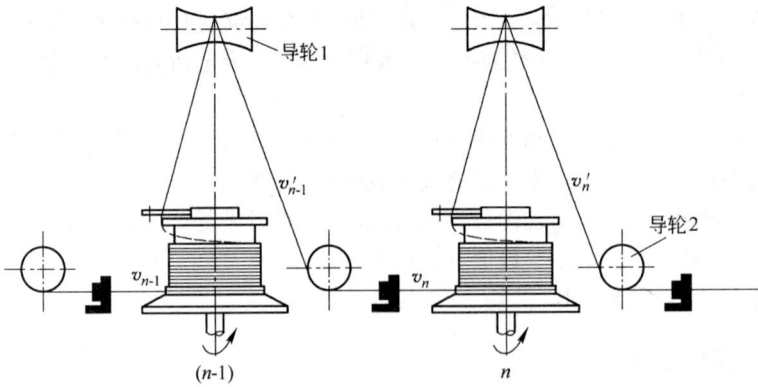

图 5-9　无滑动积蓄式多模拉伸过程示意图

离开绞盘的线的速度(v'_{n-1})为：

$$v'_{n-1} = v_n/\lambda_n = B_n/\lambda_n \tag{5-9}$$

有三种情况：

(1)当 $v_{n-1} > v'_{n-1}$ 时，则在第($n-1$)绞盘上将积蓄愈来愈多的线材，v_{n-1} 与 v'_{n-1} 差值愈大，离开此绞盘的线材扭转越厉害，甚至使线材被扭断。

(2)当 $v_{n-1} < v'_{n-1}$ 时，与上述情况正好相反，此时在第($n-1$)绞盘上的线材逐渐减小，离开该绞盘的线材也要发生扭转，而且 v_{n-1} 与 v'_{n-1} 差值愈大，扭转愈厉害，严重时也将会被扭断，只是扭转的方向与(1)的情况相反。

(3)当 $v_{n-1} = v'_{n-1}$ 时，在第($n-1$)绞盘上的线材圈数保持不变，离开绞盘的线材也不发生扭转。

当绞盘上线材的圈数少于 12~15 圈时，因线材与绞盘之间的摩擦力小，则有可能产生滑动现象，而使线材和绞盘的速度不等。

为了使拉伸过程顺利进行，在配模和新设计此拉伸机时，应符合下列条件：

(1)在任何一个中间绞盘($n-1$)上要有足够的线材积蓄，所以必须满足

$$F_{n-1}v_{n-1} > F_n v_n \qquad 或 \quad F_{n-1}/F_n > v_n/v_{n-1}$$

即
$$\lambda_n > \gamma_n \tag{5-10}$$

由以上得出，第 n 道的延伸系数 λ_n 应大于第 n 道绞盘和第 $n-1$ 道绞盘线速度的比值 γ_n，所以无滑动积蓄式多模拉伸机的配模与一次拉伸配模相同，并且遵守 $\lambda_n > \gamma_n$ 的条件，只做一般安全系数校核即可。

(2)相对前滑系数值(即 $\lambda_n/\gamma_n = \tau_n$ 的取值范围)应在 1.02~1.05 之间，在接近成品时，其值应近于1，这样方能使各中间绞盘上积蓄合理数量的线材，以保证最少的停车次数，并减少线材扭转。

无滑动积蓄式多模拉伸机在使用时应注意以下几点：

首先，由于线材可能产生扭转，所以不能用于非圆断面型线的拉伸。

其次，由于线材由一个模子到另一个模子的中间路程较复杂，所以拉伸速度不高，一般不超过 8 m/s。

由于无滑动，所以该拉伸法适用于较软的金属及合金线材生产。

再次，由于线材由一个模子到另一个模子的时间长，可使线材充分冷却，这对于使用稠的润滑剂拉伸硬的合金材料有较大的优越性。

5.6 线材拉伸工艺

常用的铜及铜合金拉伸生产工艺流程是:线坯—轧头—拉伸—扒皮—拉伸—退火—对焊—拉伸—(成品退火)—成品线材。

5.6.1 实现拉伸的基本条件

为实现拉伸过程,并使所拉出的线材符合有关标准要求,必须使拉伸应力小于模孔出口端金属线的屈服强度,即:

$$\sigma_L < \sigma_s \tag{5-11}$$

式中 σ_s ——被拉金属出口端的屈服强度,Pa;

σ_L ——拉伸应力,Pa。

因为只有当 $\sigma_L < \sigma_s$ 时,才能防止线材被拉断或产生拉细废品;由于一般有色金属的屈服强度难于准确测定,并且在拉伸硬化后的金属屈服强度又与其抗拉强度数值 σ_b 相近,所以上式也可表示为:

$$\sigma_L < \sigma_b \tag{5-12}$$

式中 σ_b ——被拉金属出口抗拉强度,Pa。

被拉金属出口抗拉强度 σ_b 与拉伸应力 σ_L 之比值叫做安全系数。即:

$$K = \frac{\sigma_b}{\sigma_L} \tag{5-13}$$

很明显,实现拉伸过程的基本条件是 $K > 1$。

应当指出,安全系数与设备能力、被拉金属的断面形状、尺寸、状态、变形条件(如温度、速度、变形程度、反拉力等)以及金属或合金的性能(如金属或合金所具有的抗拉强度的高低、再结晶温度的高低等)有关。一般取 $K = 1.4 \sim 2.0$,即 $\sigma_L = (0.7 \sim 0.5)\sigma_b$(如果用线材的出口屈服强度 σ_s 代替 σ_b,则 $K \geqslant 1.1 \sim 1.2$)。当 $K < 1.4$,则由于加工率过大,可能使线材出现被拉断、拉细现象;当 $K > 2.0$ 时,则说明道次加工率不够大,金属或合金的塑性未被充分利用。一般规律是线材的横断面积越小,K 值应当越大;横断面积相等时,其边长之和大的,K 值应取大些。这是因为随着线材横断面积的逐渐缩小,被拉金属线的各种缺陷相继出现,以及由于设备的振动、变速的骤变等因素对降低金属强度的影响增大,容易造成断线。另外,当线材的横断面积相等时,横断面的边长之和愈长,所需要的拉伸应力 σ_L 也愈大。在屈服强度相同的情况下,$\frac{\sigma_b}{\sigma_L}$ 之值是极小的,所以在横断面积相等时,横断面边长之和比较长的线材在拉伸时 K 值应取大些。

圆断面线材直径与安全系数的关系见表5-4。

表5-4 圆断面线材直径与安全系数的关系

线材直径/mm	粗型线和粗圆线	>1.0	1.0 ~ 0.4	<0.4 ~ 0.1	<0.1 ~ 0.05	<0.05
安全系数 K	≥1.35 ~ 1.4	≥1.4	≥1.5	≥1.6	≥1.8	≥2.0

5.6.2 变形指数

下面将分别介绍几个变形指数:

(1)加工率。拉伸前、后线坯与制品横断面积之差再与拉伸前线坯横断面积之比的百分数称为加工率。拉伸前横断面积为 F_0,拉伸后横断面积为 F,加工率常用 ε 表示,则

$$\varepsilon = \frac{F_0 - F}{F_0} \times 100\% \tag{5-14}$$

（2）延伸系数。拉伸前线坯横断面积 F_0 和拉伸后制品横断面积 F 的比值，或拉伸后长度 L 与拉伸前长度 L_0 的比值。延伸系数以 λ 表示，则

$$\lambda = \frac{F_0}{F} = \frac{L}{L_0} \tag{5-15}$$

（3）伸长率。线材拉伸后长度和拉伸前长度之差与拉伸前长度之比的百分数。伸长率以 δ 表示，则

$$\delta = \frac{L - L_0}{L_0} \times 100\% \tag{5-16}$$

（4）断面缩减系数。线材拉伸后制品横断面积和拉伸前坯料横断面积的比值。断面缩减系数以 ψ 表示，则

$$\psi = \frac{F}{F_0} \tag{5-17}$$

（5）拉伸力。在拉伸过程中，作用于模孔出口断线材上的拉力，以 P_L 表示。

（6）拉伸应力。在拉伸过程中，作用于模孔出口断线材单位面积上的拉伸力，以 σ_L 表示。

$$\sigma_L = \frac{P_L}{F} \tag{5-18}$$

（7）反拉力。作用于线材拉伸时入模端的力，其方向与线材拉伸力方向相反，以 P_q 表示。

（8）反拉应力。作用于线材拉伸时入模端的单位面积上的反拉力，以 σ_q 表示。

$$\sigma_q = \frac{P_q}{F_0} \tag{5-19}$$

（9）临界反拉力。使总拉伸力有显著增加时的最小反拉力，以 P_{qc} 表示。

（10）临界反拉应力。使总拉伸力有显著增加时的单位面积上的最小反拉力，以 σ_{qc} 表示，

$$\sigma_{qc} = \frac{P_{qc}}{F_0} \tag{5-20}$$

各拉伸变形指数间相互关系见表 5-5。

表 5-5　各拉伸变形指数间的关系

指　数	符号	由下列数值表示指数值						
		F_0, F	d_0, d	L_0, L	ε	λ	δ	ψ
加工率	ε	$\dfrac{F_0 - F}{F_0}$	$\dfrac{d_0^2 - d^2}{d_0^2}$	$\dfrac{L - L_0}{L_0}$	ε	$\dfrac{\lambda - 1}{\lambda}$	$\dfrac{\delta}{1 + \delta}$	$1 - \psi$
延伸系数	λ	$\dfrac{F_0}{F}$	$\dfrac{d_0^2}{d^2}$	$\dfrac{L}{L_0}$	$\dfrac{1}{1 - \varepsilon}$	λ	$1 + \delta$	$\dfrac{1}{\psi}$
伸长率	δ	$\dfrac{F_0 - F}{F}$	$\dfrac{d_0^2 - d^2}{d^2}$	$\dfrac{L - L_0}{L_0}$	$\dfrac{\varepsilon}{1 - \varepsilon}$	$\lambda - 1$	δ	$\dfrac{1 + \psi}{\psi}$
断面缩减系数	ψ	$\dfrac{F}{F_0}$	$\dfrac{d^2}{d_0^2}$	$\dfrac{L_0}{L}$	$1 - \varepsilon$	$\dfrac{1}{\lambda}$	$\dfrac{1}{1 + \delta}$	ψ

注：d_0—圆线拉伸前的直径；d—圆线拉伸后的直径。

5.6.3　拉伸前准备

5.6.3.1　线材产品的技术条件及工艺流程

重有色金属及合金线材广泛地应用于国民经济各个部门，这些线材产品是根据用户的要求

或产品的技术条件来生产的,其中铜及合金线材产品的技术条件列于表5-6中。

表5-6 铜及铜合金线材标准举例

标准代号	标准名称	线材直径/mm	主要用途
GB/T 14953—1994	纯铜线	0.02 ~ 6.0	机械、化工、电子工业
GB/T 14954—1994	黄铜线	0.05 ~ 6.0	焊料、零件等
GB/T 14955—1994	青铜线	0.1 ~ 6.0	弹性元件、织网
GB/T 14956—1994	专用铜及铜合金线	<6.0	各工业
GB/T 3114—1994	铜及铜合金扁线	(0.5 ~ 6.0) × (0.5 ~ 12.0)	各工业
GB/T 3125—1994	白铜线	0.1 ~ 6.0	弹性元件和电阻材料以及一般工业
GB/T 3134—1982	铍青铜线	0.03 ~ 6.0	精密弹簧

线材生产工艺流程就是从线坯起始到生产出成品线材的所有工序的总和,生产工艺流程是根据设备条件、产品的技术条件、所生产的金属及合金的特点,以及尽量提高生产效率、节约能源、降低原辅材料消耗等综合指标来考虑的。

线材生产工艺流程中,铸造锭坯和锭坯一般均应经过加热后才进行挤压和轧制,只有那些不可热轧的合金才以冷轧的形式供坯。

5.6.3.2 对线坯的要求

为了保证产品质量,对轧制、挤压、连铸和粉末冶金制得的线坯有如下要求:

(1)线坯的规格及尺寸公差应符合要求,椭圆度不应超出公差要求的范围。

(2)线坯的内在质量应保证组织致密无夹灰、夹杂、缩尾等缺陷,化学成分应符合有关标准的规定或符合用户提出的技术要求。

(3)线坯表面应平整、光洁,不应有裂纹、划伤、耳子、折痕、毛刺、金属压入、夹杂、夹灰,粉末冶金线坯不应有掉沫等缺陷,允许存在深度不超过允许公差的局部碰伤、划伤等缺陷,允许线坯表面的氧化色存在。

(4)线坯应做扭转试验,沿轴线左转720°后应不发生裂纹。如果连铸线坯,应做弯曲试验,弯曲两次后弯曲处应无裂纹。

(5)线坯一般应以软态或热轧、热挤压状态(R状态)供货。

(6)线坯的重量应根据生产条件确定,一般应尽量供应重量较大的线坯。

5.6.3.3 拉伸前线坯的准备

线坯拉伸前应对其表面进行适当处理,如某些轧制线坯要进行酸洗,以便除掉氧化层,某些连铸线坯要进行均匀化处理等。也有一些线坯可以直接进行拉伸,拉伸前线坯应进行切头尾、对焊、除焊渣、碾头等准备工作。

A 对焊

为了提高生产效率,拉伸前线坯采用对头接焊,增加线坯的长度,对焊前应剪去线坯头尾,正常情况下头尾各剪去100 ~ 150 mm,如果发现内部缺陷应一直剪到缺陷消除为止,剪切后把待焊的两条线坯端部分别夹在对焊机的两个钳口上,把两个线头对正靠紧,用限位开关调整好焊接距离,然后送电焊接。在整个焊接过程中,应对被焊接线坯施加压力,焊好后立即停电,以免将焊好的线坯烧断。待焊接处冷却后,用歪嘴钳(或砂轮)除掉焊渣,使焊接处尽量平整。焊接处经反复弯曲两次不断,就可以拉伸了。对于某些不易焊接的合金,在焊完后可在焊接机上进行退火处理,以减少在焊接处的断线次数。在焊接细线(直径 3 mm 以下)时,可采用 304 号铜-银-锌焊料,此焊料为片状,厚度为 0.12 ~ 0.18 mm,焊接时将两线的接头对正,接触好,然后送电加热,以硼砂做焊剂,焊完冷却后用锉刀将焊口锉平。

B　碾头

为了使被拉伸的线材端头穿过模孔,必须碾头,使线材的端头直径略小于要通过的模孔的直径,在碾头机上碾头时,应将要碾的线材端头按着碾头机孔型大小顺序不同,依次送入每个适当的孔型,每碾一次应将线材翻转一个 90°,碾头后线材端头应呈圆形且无压扁、无耳子,碾头的长度应为 100 ~ 150 mm 左右。直径较小的线材,如直径在 1.5 mm 以下的线材,碾头比较困难,可用锉刀锉头、砂轮磨头,也可以在对焊机上送电加热拽头。直径在 0.5 mm 以下的线材除用上述方法制头外,还可采用电化腐蚀的方法。

C　线坯扒皮

为了除掉某些轧制或连铸线坯表面的氧化皮、起刺、凹坑、夹灰、金属压入、停拉造成的环状痕迹等缺陷,或为了获得高质量的成品线材,应在拉伸前用扒皮模将线坯表面的缺陷扒掉。为确保扒皮质量,提高扒皮的成品率,在扒皮前应经过一道加工率为 12% ~ 40% 的拉伸,然后再进行扒皮。扒皮前的拉伸主要是为了使线坯在整圆断面上扒皮均匀,容易进行,如果不能绝大部分除掉线坯表面缺陷时,应重复扒皮,或剪掉个别缺陷部分,然后再焊接起来。

连铸线坯如果表面质量好就可以不扒皮,而挤压线坯则不必扒皮。

每次的扒皮量参考值列于表 5-7 中。

表 5-7　扒皮量参考值　　　　　　　　　　　　　　(mm)

名　称	紫　铜	黄　铜	青　铜	铜镍合金	镍及镍合金	铅、锌
每次扒皮量	0.3 ~ 0.5	0.25 ~ 0.4	0.2 ~ 0.4	0.2 ~ 0.4	0.1 ~ 0.2	0.2 ~ 0.5

5.6.3.4　加工率的确定

A　两次退火间总加工率的确定原则和方法

确定线材拉伸总加工率的主要原则是考虑金属合金的塑性好坏、生产效率和变形条件,其他如设备能力、模具质量、原辅材料消耗等也应考虑。对于中间在制料拉伸,只要线材的塑性好,不影响其后的成品质量和性能,生产效率高,则总加工率愈大愈好。如果是用最后拉伸的总加工率来控制线材的各项性能,就要按总加工率与各项性能关系曲线来确定该总加工率的范围。

对于新牌号合金线,则应进行一系列试验,绘制出不同的退火温度与该温度相应的强度、伸长率、晶粒度、电导率等指标的关系曲线。其所用的试样直径最好为 3.0 ~ 5.0 mm,预先的加工率为 30% ~ 60%,保温时间为 60 min,个别合金还要随炉冷却、随炉升温、阶梯式升温、淬火、时效等。根据关系曲线找到最好的拉伸前的中间退火温度范围,在此温度范围内退火,可获得最大的伸长率,即获得该合金的最佳塑性。依此,就可以得到两次退火间最大的总加工率,另外,需要进行不降低或少降低抗拉强度的消除内应力退火,其需要的温度范围也可以在这里找到。

除上述的关系曲线外,还应绘出变形程度(即加工率)与其相应的电导率、抗拉强度、伸长率、硬度等指标的关系曲线,还应试验线材不同的总加工率与线材的弯曲次数、扭转次数及冲压和缠绕等性能的关系。试验时试样直径最好为 6.0 ~ 9.0 mm,并经最佳退火(个别合金需要淬火)。工艺退火后的软线,如果线材的各项性能需要用最后的总加工率来控制,就要按照标准或用户要求的性能数据范围,来规定最后拉伸的总加工率范围。

B　道次加工率的确定原则

道次加工率的确定,同样要根据金属或合金的性质、设备的允许条件、工艺方法、模具质量等因素来综合考虑。在设备能力和金属或合金塑性许可的情况下,应尽量采用较大的道次加工率,焊接线坯,由于焊接处强度较低,因此第一道加工率应小些。对于同一金属或合金,大规格的采用中下限,小规格的采用中上限,单次拉伸道次加工率大,无滑动积蓄式多模拉伸的道次加工率比单次拉伸略小,带滑动多模拉伸的道次加工率就更小些。一般塑性较好并具有中等抗拉强度的金属或合金道次加工率可大些;塑性差的加工率应小些;而塑性虽好,但抗拉强度高,其道次加工率也应小些。

规定的各种金属及合金加工率列于表 5-8 中。

表 5-8 一些金属及合金加工率的规定

合金牌号	两次退火间总加工率/%	成品直径/mm	成品加工率/%		
			软	半硬	硬
T2,T3,Tu1,Tu2,TuP,TuMn	30~99 以上	0.02~6.0	30~99 以上	—	60~99
T2 铆钉	30~99 以上	1.0~1.5	—	6.5~10	—
		>1.5~6.0	—	9~13	
H96,H90	25~95	0.1~0.6	25~95	—	50~70
H80,H70	25~95	0.1~0.6	25~95	—	45~55
H68,H68A	25~95	0.05~0.25	25~95	退火控制	60~64
		>0.25~1.0		6~12	58~62.5
		>1.0~2.0		8~12.3	45~48
	25~85	>2.0~4.0	25~85	9~14	44~47
		>4.0~6.0		9~15	43~46
H62 铆钉	25~85	1.0~2.0	—	9~11	—
		>2.0~3.5		11~12	
		>3.5~6.0		12~13	
H62	25~95	0.05~0.25	25~95	退火控制	64~72
		>0.25~1.0		14~17	61~69.5
		>1.0~2.0		12~14.5	52~59
	25~85	>2.0~4.0	25~85	14~19.5	48~56
		>4.0~6.0		13~21	43~54
HPb59-1	20~90	0.5~2.0	25~85	17~31	34~48
		>2.0~4.0		17.5~30	29~40
		>4.0~6.0		16~28	27~30
HPb63-3	20~70	0.5~2.0	20~70	20~39	40~60
		>2.0~4.0		20~39	40~60
		>4.0~6.0		20~39	40~60
QSn4-3	35~96	0.1~1.0	—	—	95~97
		>1.0~2.0			93~94
		>2.0~4.0			90~94
		>4.0~6.0			88~90

合金牌号	两次退火间总加工率/%	成品直径/mm	成品加工率/%		
			软	半　硬	硬
QSn6.5-0.1	25~80	0.1~1.0	—	—	65~72
		>1.0~2.0			63~70
		>2.0~4.0			61~70
		>4.0~6.0			60~67
QSi3-1	15~60	0.1~0.5	—	—	67~78
		>0.5~2.5			67~76
		>2.5~4.0			64~68
		>4.0~6.0			58~63
BZn15-20	30~95	0.1~0.2	30~95	—	75~90
		>0.2~0.5		36~46	75~80
		>0.5~2.0		30~40	68~75
		>2.0~6.0		30~40	62~70
B10	30~95	0.1~0.5	30~90	—	76~86
		>0.5~6.0			70~80
B30	30~95	0.1~0.5	30~95	—	78~88
		>0.5~6.0			63~80
BMn40-1.5	30~95	0.05~0.20	35~98	—	68~90
		>0.2~0.5			67~85
		>0.5~6.0			62~78
NCu28-2.5-1.5	30~95	0.05~0.5	30~95	—	46~70
		>0.5~4.0			38~58
		>4.0~6.0			35~55
Pb2,Pb3	25~99	0.5~6.0	—	—	25~99
Zn2,Zn3	55~99	0.5~6.0	—	—	55~99
AgCu7.5,AgCu20	40~99	0.1~6.0	—	—	40~99
H1Sn,Pb50	30~99	0.5~6.0	—	—	30~99

注:1. 表中软线的加工率是为了最大限度地减径,以经过很少的中间退火和酸洗次数达到成品尺寸,其性能控制是依靠热处理来完成的。

    2. 半硬线的加工率,是为了控制半硬制品各项性能,在此加工率范围内基本可满足相关标准对线材性能的要求,硬态线材的加工率范围制定与半硬线一致。

5.6.4　拉伸配模

在线材生产中拉伸配模是非常重要的,为了获得标准或技术条件所要求的尺寸、横断面几何形状、力学性能和表面质量良好的线材制品,一般要把线坯进行数次拉伸才能完成,拉伸配模是否合理,对于充分利用金属或合金的塑性、减少拉模的不均匀磨损、提高生产效率等都有重要意义。

拉伸配模的目的的在于确定每道次拉伸前后线材断面尺寸和几何形状,也就是确定每道次拉伸所需要的拉模尺寸和形状。

线材一次拉伸是在拉伸机上只通过一个模子;多次拉伸时,线材要同时通过分布在拉伸机绞盘与绞盘之间的数个或数十个拉模,除最后一个拉模外,线材被拉过模子是借助于发生在线材与牵引绞盘表面之间的摩擦力来实现的。

5.6.4.1 拉伸配模的原则

在制订拉伸方案时,必须考虑下列原则:

(1)最佳的拉伸道次。为了提高生产效率,降低能耗,充分利用金属的塑性,减少不均匀变形程度,尽量减少穿模数目,需要正确的理论计算和长期的实践才能达到。

(2)最少的断线次数。尽可能地减少断线次数,可以缩短非生产时间,并可以提高成品率,减轻劳动强度。

(3)最佳的表面质量和精确的尺寸及几何形状。合理的配模将会保证线材的质量,提高成品率,为此要合理地分配每道次的延伸系数,正确地设计和选用模孔形状及尺寸。

(4)合格的力学、物理性能,保证用户对线材性能的需要,提高成品率,合理制定工艺规程。

(5)配模要与现有设备参数(如模数、拉模速度等)、设备能力(如额定拉伸力、拉制的规格范围等)相适应,保证经济、合理又可行。

5.6.4.2 拉伸配模的步骤

拉伸配模设计应按下列步骤进行:

(1)根据用户要求和国家标准、企业标准的规定,确定保证制品力学性能的方法,如对软制品,其力学性能要求是用退火方法达到的,所以坯料的尺寸和总加工率的选择比较宽广,只要保证制品有良好的表面质量并大于临界加工率(经此加工率拉伸和正常退火后产生粗大晶粒)就可以了。因此,坯料尺寸和总加工率可按现场生产坯料的能力选取,现场剩余的同牌号坯料在制料时也可利用。对半硬线的力学性能可以通过对冷硬制品的成品退火、利用控制成品前退火后的总加工率(也称控制加工率)来获得。

(2)查阅金属和合金的力学性能与加工率的关系曲线,确定满足制品力学性能所需要的最后一次中间退火后的总加工率,有时需要留出酸洗余量。根据总加工率和成品尺寸计算出坯料尺寸。

(3)根据现场设备的生产能力或所提供的坯料系列以及金属及合金的塑性,选择或确定坯料尺寸。

(4)根据成品尺寸及坯料尺寸确定总延伸系数。

$$\lambda_\Sigma = \frac{F_0}{F} \qquad (5\text{-}21)$$

式中　λ_Σ——总延伸系数;

　　F_0——坯料横断面积,mm^2;

　　F——制品横断面积,mm^2。

(5)根据总延伸系数,即两次退火间的总延伸系数和道次平均延伸系数,初步确定拉伸道次。

$$n = \lg\lambda_\Sigma / \lg\bar{\lambda} \qquad (5\text{-}22)$$

式中　n——拉伸道次;

λ_Σ——两次退火间总延伸系数；

$\overline{\lambda}$——道次平均延伸系数。

对于不同的金属和合金,其道次平均延伸系数是根据现场实践经验选择的。

(6)预分道次延伸系数(或道次加工率)。道次延伸系数的大小与拉伸方法、金属和合金的性质(如塑性、黏着性、硬化速度、原始组织、表面状态等)、拉伸润滑的效果、拉模的材质和几何形状、坯料和成品尺寸与几何形状等因素有关。这都是在分配道次延伸系数时应予以考虑的。一般有两种分配方法:

方法一,适用于铜、镍、白铜及某些青铜一类塑性好、冷硬慢的材料,对这些金属和合金,可充分利用其较好的塑性给予中间拉伸道较大的延伸系数。由于坯料的尺寸偏差较大、退火后表面质量较差、焊接处强度较低等原因,最后一道延伸系数较小有利于精确地控制成品的尺寸偏差。但对拉伸细线时,一般由于模具与拉伸中心线不能很好地统一,线材拉伸后会产生弯曲,细线的盘圆容易成"8"字形,所以仍采用适当大一些的延伸系数。

方法二,对拉伸黄铜、铅黄铜、锡黄铜及一些青铜、白铜、镍合金比较适合。这类合金的特点是冷硬速率快,稍加冷变形,强度就急剧上升,使继续拉伸难于进行。因此,必须在退火后的前几道冷加工中,尽可能采用大的变形程度,随后逐渐减小。

一般中间道次的延伸系数应在 1.2 ~ 1.55 之间,而最后一道次的延伸系数大约在 1.05 ~ 1.15 之间。

(7)计算拉伸力并校核各道次的安全系数。计算的结果,如果安全系数过大,说明金属和合金的塑性未能充分利用,配模过多,生产效率低。如果安全系数过小,则会引起断头、断线等,使拉伸过程难以实现,最终导致辅助时间加长、生产效率低、废品增加,遇到上述情况就必须进行重新分配,计算和修正,直至合理为止。

各种不同的金属和合金的道次延伸系数列于表5-9中,以供参考。

表5-9　拉伸不同金属和合金的道次延伸系数

线材规格/mm	紫　铜	黄　铜	青　铜	铜镍合金	纯　镍	镍合金
6.0 ~ 4.5	1.33 ~ 1.50	1.30 ~ 1.45	1.26 ~ 1.40	1.20 ~ 1.30	1.20 ~ 1.30	1.20 ~ 1.30
<4.5 ~ 1.0	1.33 ~ 1.50	1.30 ~ 1.45	1.26 ~ 1.40	1.20 ~ 1.30	1.20 ~ 1.30	1.20 ~ 1.30
<1.0 ~ 0.4	1.26 ~ 1.40	1.16 ~ 1.24	1.16 ~ 1.24	1.16 ~ 1.24	1.16 ~ 1.24	1.16 ~ 1.24
<0.4 ~ 0.1	1.20 ~ 1.30	1.13 ~ 1.20	1.13 ~ 1.20	1.13 ~ 1.20	1.13 ~ 1.20	1.13 ~ 1.20
<0.1 ~ 0.01	1.1 ~ 1.15	1.08 ~ 1.12	1.08 ~ 1.12	1.08 ~ 1.12	1.08 ~ 1.12	1.08 ~ 1.12

随着现代技术水平的大大提高,新型的设备、工艺的不断涌现,有些企业在线材生产时,中间各道次延伸系数已超出上表给出的范围。

5.6.4.3　线材拉伸的配模

A　圆线拉伸配模

圆线材拉伸配模设计一般有如下几种情况:

（1）已经给出了成品尺寸和坯料尺寸，要求计算各道次的模子直径。

（2）给定了成品尺寸，并要求成品线材有一定的力学性能或其他性能，求坯料尺寸。

（3）只要求成品尺寸。

对于（1）和（2）的情况，可按拉伸配模设计步骤进行配模设计，对于最后一种情况（包括简单断面的型材，如六角、矩形等线材），在保证制品表面质量和充分利用金属塑性、设备条件允许的条件下，应把线坯尺寸选得大些。

对于拉制铜、镍及其合金线材，延伸系数可参考表5-7的数据。

关于圆线（包括如扁线、方线、六角线等）的多次拉伸配模，由于受到金属或合金的塑性、用户（或标准）对产品的各项要求及设备的能力限制之外，还需考虑被拉伸的线材与绞盘的速度关系。

B　型线拉伸配模

拉伸法可以生产许多异形线材，如三角形、椭圆形、矩形、滴形、梯形以及一些非对称断面的型线等。

与轧制和挤压一样，型线拉伸的主要问题是不均匀变形，因此，设计型线拉伸模的关键在于正确地选择原始坯料的断面形状，使之与成品型线断面形状相似或接近相似，这样，拉伸过程就会很顺利地进行，制品的不均匀变形程度也会减小。

一般供型线拉伸的线坯是由挤压、型材轧制和卧式连铸生产的。

常用的挤压机虽然可以获得与成品型线相似的断面，但要得到断面积很小而长度很长的坯料是困难的。用型轧法和卧式连铸法可以得到断面积较小、长度很长的型线坯料，但只能生产出断面形状简单的品种，如矩形母线、梯形铜排等型线坯。因此，一般型线生产的坯料大部分是以圆线坯或矩形线坯供应的，采用圆线坯或矩形线坯的优点是生产容易、成品率高，但是，此时的型线与坯料失去了相似性，金属的不均匀变形会更加突出，为了使拉伸顺利进行、尽量减少不均匀变形，在选择坯料和设计型模时还应注意以下几点：

（1）由于实现拉伸变形的条件首先是拉伸力，坯料的断面积在被拉伸变形过程中，即使在某一方向受到很大的压缩，其余方向也不会有尺寸增加，因此，成品型线的外形必须包括在坯料外形之中，例如，不可能用一个直径小于椭圆长轴的圆形坯料拉制出此椭圆形断面的型线。

（2）为了使金属变形趋于均匀，坯料的各部分应尽可能地受到相等的延伸变形（见图5-10a），或者保持断面的各部分在变形前后面积的比相等（见图5-10b）：$S_{ABCD}/S_{abcd} = S_{EFGH}/S_{efgh}$。

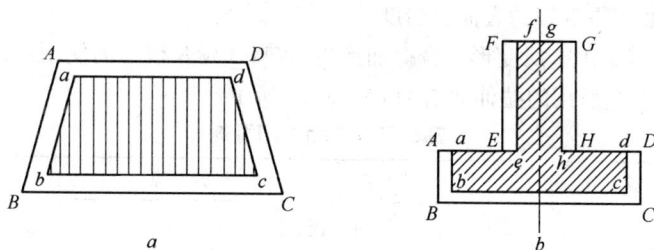

图5-10　型线的配模设计

a—梯形；b—⊥形

在生产某些扁而宽的型线，矩形、梯形线材时，往往只对其中的某一对平面的精度和光洁度要求高，在此种情况下，则要对要求精度和光洁度高的面给予较大的变形。

（3）型线拉伸时，要求坯料与模孔各部分能同时接触，不然，由于未被压缩部分（即未与模壁接触的部分)的强迫延伸,会引起成品形状、尺寸的不精确,例如,在用圆形坯料拉制六角形线材时,由于模孔棱角部分较平面后接触,造成角部的材料强迫延伸,其结果导致成品棱角变圆。为了使坯料进模孔后能同时变形,各部分的模角是不应一样的,模角一般不宜过大,一般 $\alpha \leqslant 7°$。

(4)对带有锐角的型线,只能在拉伸过程中逐渐减小到所要求的角度,不允许中间道次中带有锐角,更不得由锐角转变成钝角,这是因为拉伸型线时,特别是复杂断面的型线,一般在两次退火间的拉伸道次较多,而延伸系数不大,在此情况下,将导致金属塑性降低,在模角处应力集中而出现裂纹。

C 多模拉伸配模

对于单模拉伸来说,配模要求并不十分严格,主要是考虑充分利用金属和合金的塑性,保证产品质量和拉伸安全系数的要求,在满足上述几点的情况下,应尽量采用大的加工率以提高生产效率。

对于多模拉伸配模来说,与单模拉伸配模基本上是一致的,方法和步骤也基本相同,所不同的是要考虑线材和绞盘的速度关系。

多模拉伸配模有两种情况,第一是非滑动多模拉伸配模;第二是滑动多模拉伸配模。后者要求比较严格,受一定的滑动率的限制。

5.6.5 拉伸润滑

在重有色金属及合金线的拉伸中,润滑很重要,在整个拉伸过程中,没有润滑拉线是无法进行的。首先,无润滑在拉伸模壁与金属之间形成干摩擦,造成金属与模壁黏结,使拉伸力过大,致使断线现象不断发生,即使采用很小的加工率,这种断线也是难免的;其次,由于模壁粘金属,使线材表面严重破坏,无法拉出高质量线材,同时,模子也因磨损严重而报废。由于摩擦力的成倍增加,能量消耗也十分大,因此,在任何条件下拉制重有色金属及合金线材,润滑都是必要的工艺条件。

5.6.5.1 润滑目的

拉伸润滑剂主要有以下作用:

(1)润滑剂在拉伸时能够在拉模和被拉金属之间形成一层能承受高压而不被破坏的薄膜,使模壁与金属之间成液膜润滑,大大降低变形区和定径区的摩擦力。

(2)使线材表面获得良好的表面粗糙度。

(3)冷却作用,带走因金属变形和摩擦而产生的热量,延长模子的使用寿命。

重有色金属及合金所用的拉伸润滑剂如表 5-10 所示。

表 5-10 常用的润滑剂

组织状态	成 分	优 点	缺 点	使 用 范 围
乳液状	皂片 + 水	方便、使用广泛、容易取得、冷却好	润滑性能不太好	多次中、细拉伸、成品拉伸用
乳液状	肥皂 1.3% + 机油 4.0% + 水 肥皂1% + 机油 3.0% + 水	冷却性能好,便宜、使用广泛	润滑性能不好,使用温度不应超过 70℃	多次拉伸各种金属材料
液体状	机油	具有中等润滑和冷却性能	脏,使用时间短	单次拉伸各种金属材料

组织状态	成 分	优 点	缺 点	使用范围
乳液状	三乙醇氨4.5% + 肥皂4% + 油酸7.5% + 煤油44% + 水	比较便宜,表面光亮	需专门配置	紫、黄、青铜及铜镍合金
液体状	菜籽油、豆油	表面光亮,润滑性能好	不易得	黄铜类
半液体状	石墨10% + 硫磺 + 余量机油	润滑性能好	冷却差,线材表面脏	镍及镍合金,铍青铜
半液体状	洗衣粉2% + 水胶3% + 石墨乳液35% + 水	加工率大,表面光亮	脏	热电偶用
半液体状	胶体石墨	耐高温	脏	钨、钼等高温拉伸
固体粉末	肥皂粉	便宜	冷却性能差	镍及镍合金
固体粉末	二硫化钼3% ~ 5% + 肥皂粉	效果好,使用时间长	表面容易出沟道	铜镍合金及镍合金
固体粉末	十二硫磺酸钠100%	效果好	价格贵、脏	镍铬合金
固体薄膜状	镀铜	牢固、可靠	不经济	镍及镍合金

5.6.5.2 对润滑剂的要求

润滑剂是拉伸过程中不可缺少的,为了保证拉伸效果良好,产品质量高,生产经济、节约,要求润滑剂必须有优良的润滑效果,使拉伸容易进行。润滑剂的化学稳定性要好,在长期使用和存放中不变质、不分层、不与金属及模子起不良反应,不形成妨碍润滑剂进入模孔的凝固性结块。退火时,不因高温与金属起反应、产生损害金属表面和酸洗不净的残留物。在真空或保护性气体退火时能全部挥发,且不沾污金属表面。对人体应无害,且来源广泛,价格便宜,使用安全。

5.6.6 热处理

在线材拉伸变形的过程中,绝大多数金属或合金产生加工硬化,使线材的继续拉伸难以进行。某些连铸线坯、金属或合金的内部组织不佳(如偏析等),使拉伸生产不能进行。其次为了获得标准规定或用户要求的各项性能,消除或减小由于拉伸形成的线材内部的残余应力等等,都必须采用不同的热处理方法来克服或完成。

线材的热处理按目的的不同可以分为:均匀化处理、中间退火、成品退火、淬火和时效等。

5.6.6.1 均匀化处理

为了改变连铸线坯内部的组织和性能,以利于其后的拉伸生产,对某些连铸合金线坯要进行均匀化处理,使合金内部的结晶组织得到改善,铸造应力得以消除,偏析减少。

均匀化处理的温度,一般要高于该合金的中间退火温度,保温时间也比较长。例如,采用卧式连铸生产的 HPb59-1 铅黄铜线坯,需要在 710~760℃的温度下,保温 4~8 h。

5.6.6.2　中间退火

为了使被加工硬化了的线材恢复其再结晶的组织,使金属软化,以利于再拉伸的顺利进行,大部分金属和合金需要在加工硬化后进行中间退火,这种退火的温度应该在再结晶温度以上进行,有些金属和合金在施行这种退火时,还应注意控制晶粒度,因为这对产品的加工性能有利,中间退火的工艺参数如表 5-11 所示。

表 5-11　中间退火工艺参数

牌　号	规格/mm	退火温度/℃	保温时间/min	备　注
T2　TU1　TU2 TUP　TUMn	<3.5 ≥3.5	530~570 560~600	60~90	
H96　H90　H80	<3.5 ≥3.5	560~620 600~640	70~90	
H70　H68	<3.5 ≥3.5	550~560		对成品前退火为:450~480℃, 保温 150~180 min,以免晶粒过大
H62	<3.5 ≥3.5	580~600 600~620	90~120	
HPb59-1 HPb63-3	<3.5 ≥3.5	590~610 600~640	90~120	
QSn4-3 QSn6.5-0.1	<3.5 ≥3.5	570~600 590~630	90~120	
QSi3-1	<3.5 ≥3.5	650~700 700~750	70~80	
QBe1.7　QBe1.9 QBe2.0　QBe2.15 QBe2.5	<3.5 ≥3.5	760~780 780~790	30~45 25~30	此工艺是淬火工艺,其中保温时间应尽量缩短,退火工艺为 550~560℃,保温时间 4~5 h,拉伸中,淬火和退火交替进行较好,淬火速度要快,最好不超过 10 s
BZn15-20	<3.5 ≥3.5	670~700 700~740	120~150	
BMn40-1.5	<3.5 ≥3.5	680~730 730~770	120~150	
B19	<3.5 ≥3.5	670~710 710~750	100~120	
B30	<3.5 ≥3.5	700~740 740~770	100~120	
NCu28-2.5-1.5 NCu40-2-1	<3.5 ≥3.5	790~820 820~850	120~150	该合金不易酸洗,保温时间应尽量短,如有条件最好真空充气退火

在退火时,为了使金属或合金线的温度尽量达到均匀一致,当温度升到规定的温度后,应该保持一段时间,保温时间的长短要根据每炉装料量的多少、线材规格的大小、传热程度的难易等因素来确定,成品退火时间长短的确定与此相同。

5.6.6.3 成品退火

成品退火的目的是为了使软状态制品和用温度控制性能的某些半硬制品的各项性能达到标准或用户提出的要求,消除以加工率控制性能的半硬制品的内应力。

在成品退火时,对某些易于氧化并造成线材表面污染的金属或合金,需要进行真空退火或抽真空后再充入保护性气体的退火,为了使线材退火后的性能均匀,在充保护性气体退火的情况下,利用强大的风机强迫气体对流换热,使退火温度均匀是十分必要的,这样退火的成品,性能均匀,成品率高,时间也可以缩短。

成品退火的另一个目的是消除或尽量减少线材的内应力,对某些金属或合金来讲,消除或尽量减少内应力是必要的,如黄铜硬线或以加工率控制性能的半硬线,其他如一些青铜、含锌白铜线等。如不退火,将在大气中的某些介质作用下产生严重裂纹或断裂。不经消除内应力退火的黄铜硬线、半硬线遇到氨或汞时就会产生严重裂纹。这种以消除内应力为目的的成品退火,通常是采用低于金属或合金再结晶温度进行的退火,退火后的制品,仍然可以保持或稍许降低其力学性能。成品退火的工艺参数列于表 5-12 中。

表 5-12 成品退火工艺参数

牌 号	状 态	成品规格/mm	退火温度/℃	保温时间/min
T2 TU1 TU2 TUP TUMn	软	0.1 ~ 0.3 >0.3 ~ 2.5 >2.5 ~ 6.0	340 ~ 360 340 ~ 360 360 ~ 370	180 ~ 210
H96	软	0.1 ~ 6.0	390 ~ 410	110 ~ 130
H90 H80 H70	硬 软	0.1 ~ 6.0	160 ~ 180 390 ~ 410	90 ~ 100 110 ~ 130
H62	硬 半硬 半硬	0.05 ~ 6.0 0.05 ~ 6.0 0.5 ~ 1.5	200 ~ 240 200 ~ 240 260 ~ 280	100 ~ 120 100 ~ 120 80 ~ 90
H68	硬 半硬 半硬 软 软	0.05 ~ 6.0 0.5 ~ 6.0 1.5 ~ 6.0 0.05 ~ 1.5 >1.5 ~ 6.0	200 ~ 260 200 ~ 240 350 ~ 370 410 ~ 430 430 ~ 450	120 ~ 150 120 ~ 150 90 ~ 100 90 ~ 100 90 ~ 100
HPb59-1	硬 半硬 软	0.5 ~ 6.0	180 ~ 220 180 ~ 220 340 ~ 360	100 ~ 120 100 ~ 120 90 ~ 100
HPb63-3	硬 半硬 软	0.5 ~ 6.0	200 ~ 220 200 ~ 220 390 ~ 410	100 ~ 120 100 ~ 120 90 ~ 100

牌　号	状　态	成品规格/mm	退火温度/℃	保温时间/min
QBe1.7 QBe1.9 QBe2.0 QBe2.15 QBe2.5	硬 半硬 软	0.03 ~ 6.0	315 ± 15	60 120 180
BZn15-20	硬 半硬 软	0.1 ~ 6.0	280 ~ 340 280 ~ 340 600 ~ 620	90 ~ 100 90 ~ 100 110 ~ 140
BMn40-1.5	软	0.05 ~ 6.0	680 ~ 730	110 ~ 140
B30 B19	软	0.1 ~ 6.0	500 ~ 600	70 ~ 80
NCu28-2.5-1.5 NCu40-2-1	软	0.5 ~ 6.0	680 ~ 700	110 ~ 140

退火工序还应注意以下几个问题:

(1)退火温度是指料温,保温时间指料温达到规定退火温度后应保持的时间。

(2)真空退火的紫铜类线材冷却到常温才能开启炉胆出炉,黄铜要冷却到100℃以下才可出炉。

在条件允许的情况下,H68、H62黄铜最好使用抽真空后充入纯氮气或25%的氢气和75%的氮气的混合气体,进行保护退火。装料前在真空炉胆内温度最高的底部放适量的锌块,每吨料放400 g左右。

(3)铅黄铜、铝黄铜在250 ~ 350℃时搬动,易脆断,应予以注意。

(4)拉伸后的黄铜线材应在20 h内退火,不然容易产生裂纹。

(5)有些青铜,如QSi3-1、QSn6.5-0.1等或某些白铜硬线最好能增加低温消除内应力退火,以防止裂纹。

5.6.6.4　淬火和时效

少数合金,如铍青铜、钛青铜、铬锆镁青铜等,为了改善内部组织,提高制品的某些性能,需要淬火。淬火是使合金中的某些元素或化合物等由于温度的骤然下降,来不及从基体溶体中析出而保持高温时的溶解量。一般的淬火剂是冷水,为了提高此类合金的性能,在淬火后要给予一定量的加工率(也有不再拉伸的),然后在适当的温度下进行时效(保温一段时间),以保证溶解于基体金属中的那种元素(或化合物等)沿晶界有适当的析出,这样就可以得到具有良好性能的合金线材了。这类合金的特点是合金中作为溶质的元素(或化合物等),在高温下溶解在基体金属(溶剂)中的溶解量大,在低温下溶解量小,而且随着温度的降低不发生分解并能很快析出。

5.6.7　酸洗

热挤压、热轧或氧化退火后的线材,表面大多有一层氧化物,应在拉伸之前通过酸洗去掉,以利于以后的拉伸生产和保证线材表面质量。但也有些合金的氧化物可当固体润滑剂用,此时就暂不酸洗。另外也有些金属或合金不易酸洗,需要在酸洗前拉伸1 ~ 2道次,使氧化皮碎裂之后再进行酸洗。

酸洗工序由酸洗、中和、冷水洗、热水洗、烘干等步骤组成。

酸洗就是把带有氧化皮的金属或合金浸入具有一定化学成分和浓度的酸洗液中,让这些氧化物与酸洗液中的某些成分进行化学反应,去掉氧化物,显示出金属本色。为了从线材表面消除残酸及附着在其上的金属粉末,要用冷水冲洗,一般是采用高压冷水喷射刚酸洗完的线材,为了较彻底地除掉线材上的残酸,并使其很快干燥,保证拉伸前不致变色,水洗后要把线材浸入 90 ~ 95℃的含有 1% ~2% 肥皂水的溶液里中和,然后吊出,有时还需要通热风或用电炉来烘干,再送去拉伸。

酸洗的工艺参数见表 5-13。

表 5-13 酸洗工艺参数

牌 号	酸液成分和浓度/%	酸液温度/℃	酸洗时间/min
T2 TU1 TU2 TUP TUMn	12% ~18% H_2SO_4 + 水	常 温	洗净氧化皮为止
H96 H90 H80 H70 H68 H65 H62 HPb63-3 HPb59-1	25% ~30% H_2SO_4 + 水	常 温	洗净氧化皮为止
QSn4-3 QSn6.5-0.1 QSi3-1 QBe1.7 QBe1.9 QBe2.0 QBe2.15 QBe2.5 BZn15-20 B19 B30	16% ~22% H_2SO_4 + 水 12% ~16% HCl + 水	常 温	洗净氧化皮为止
NCu28-2.5-1.5 NCu40-2-1 BMn40-1.5	12% ~16% HNO_3 + 水 6% ~8% H_2SO_4 + 水	常 温	洗净氧化皮为止

酸洗紫铜的硫酸溶液中,铜含量超过 50 g/L 时,应重新换酸。酸洗黄铜时,硫酸溶液中含铜量超过 25 g/L、含锌量超过 50 g/L,应重新更换酸液。当含铜量、含锌量不超过规定值,只是酸的浓度低时,可补充些新酸,使浓度达到规定值后继续使用。

配置酸液时,应先向酸洗槽内注入水,然后再缓缓注入一定比例的酸,顺序倒置将会引起爆炸灼伤人体。

铍青铜在热处理后最好在含有 20% ~25% 的苛性钠溶液中进行除油处理,时间 10 ~15 min,再用水洗净,然后再进行酸洗,可得到光亮的合金表面。预先拉伸,破碎氧化皮后再酸洗也可得到同样的效果。

酸洗操作注意事项可参见 4.7.4 节。

5.7 线材拉伸的废品

在重有色金属及合金线材生产中,废品的出现是难免的,总的来说,这些废品有的是可以避免的,有的则不可能避免,但能尽量减少。如果用真空或保护性气体退火,可以减少氧化,这样就减少了烧损和避免了酸洗中的损失。减少切头尾、碾头、扒皮的长度,可以减少几何损失。正确地制定工艺,尽量采用先进的工艺和设备,精心按工艺要求操作,就可以减少工艺废品。

线材废品的种类、特征、产生原因见表 5-14。

表 5-14 线材废品种类、特征及产生原因

废品种类	废品特征	废品产生原因
尺寸不正确	尺寸超差	模子磨损,用错了模子
椭 圆	横断面各方向直径不等	模孔不圆,模子的中心线与绞盘的切线不一致
裂 纹	表面有纵向或横向开裂现象	线材有裂纹或皮下气泡、夹杂物;拉伸加工率过大;退火温度过低或保温时间太长;线材椭圆度太大,变形不均;退火过热或过烧产生横裂,没有及时退火产生应力裂纹

废品种类	废品特征	废品产生原因
拉 痕	表面沿纵向局部或全长呈现拉道	酸洗不彻底,润滑剂质量不好或供应不足,模子抛光不好或粘金属,加工率过大
起 刺	表面呈现局部纵向的尖而薄的飞刺	线坯表面有毛刺,内部有夹杂、气泡等缺陷,轧制和挤压线坯有裂纹、压折,拉伸后表现为毛刺;扒皮不净或扒皮。 模不锋利;模具裂;机械碰伤;线材与绞盘摩擦大;模子变形区短
折 叠	线材断面存在金属分层现象	轧制线坯有折叠
断面不致密	横断面上有气孔、夹杂、缩尾等	线坯的缺陷,挤压、轧制造成的缺陷,铸造缺陷
表面腐蚀	表面局部出现腐蚀、生锈、颜色与金属本色不同,有的出现腐蚀凹坑	酸、碱、盐等腐蚀介质腐蚀表面造成
氧化色	线材表面失去光泽、发生氧化现象	退火时造成的氧化;酸水洗不彻底;变形量大,使料变热;线材放置时间过长
划 伤	线材表面呈现沟状划痕	表面划沟太深;拉伸时润滑油刮料;润滑剂不清洁;绞盘表面不光和不串线;模子光洁度不够或粘有金属;绞盘挂链孔棱角刮料
"8"字形	线材从绞盘上取下呈现紊乱,扭成 8 字形	模子中心线与绞盘的切线不一致;线材弹性过大或绞盘直径过大;加工率过大;模子定径区太短;模子放偏
竹 节	线材表面沿轴线方向出现竹节状环形痕,使线材直径粗细不均	加工率过大;拉伸机振动大;润滑不良,拉模角度大;拉模定径区不合适;拉模表面粗糙度差,提高了收线绞盘对牵引绞盘的速度;拉模粘有脏物
起 皮	线材表面呈"毛刺"或"鱼鳞"状的翘起薄片	线材表面有缺陷,扒皮不净;锭坯皮下气孔,夹杂等经过加工后破裂
压 坑	线材表面呈现局部点状或块状凹陷	线材表面粘有金属或非金属痕或压入物脱落后造成;线材退火时装料过多或没有分层装料
麻 面	表面出现小麻坑,面粗糙,有时连成片	退火温度过高或时间过长;过酸洗;表面不光或加工率过小;线材晶粒粗大

废品种类	废品特征	废品产生原因
过热	指黄铜线材成品退火不合格,具有比正常情况下低的抗拉强度和伸长率	成品退火温度过高,时间过长,工艺制度不合理
黑斑点	退火后表面出现碳化物的痕迹	线材表面有润滑剂或脏物退火后留在表面上,成品退火时因阀门漏气,使真空泵油进入炉胆内,喷到线上加热分解后,线材表面出现碳化物
紫铜氢脆(氢气病)	紫铜退火后,拉伸脆断	紫铜在氢气或含有氢气的还原性气氛中退火时,氢渗入铜中与氧化亚铜作用,产生水蒸气造成晶间破裂
黄铜脱锌	退火后表面出现白灰(氧化锌)经酸洗呈不同深度的麻面	退火温度过高,时间过长,锌大量挥发造成
水迹	表面出现局部酸水洗痕迹	线材酸水洗不干净,线材未烘干
力学性能不合	线材性能达不到标准要求	加工率不合适或没按合理加工率拉伸,退火温度不合适
力学性能不均	退火后,同一炉线性能不一致	炉温不均或仪表不准,炉盖不严,保温性不好,料装得过多或没分层装料
打钉不合	铆钉线打钉时开裂	线坯扒皮不净,质量不好,加工率不合适
反复扭转或弯曲不合	弯曲次数达不到规定值,扭转后开裂	线坯有压折缺陷,成品加工率过大,线材头尾切除过短,成品前退火温度不合适
缠绕不合	指青铜于线材两倍直径的圆柱上绕10圈,有开裂现象	线坯有压折,成品加工率过大,线坯表面氧化皮没洗净,成品前退火不好,线材头尾切除过短
电器性能不合	指作电气性能试验时,结果不合标准规定	线材化学成分不合格,加工率不适合

5.8 拉伸工具

线材拉伸的主要工具是拉模。它的结构、尺寸、表面质量和材质对线材拉伸制品的质量、拉伸力、模子寿命、能耗、生产效率等都有极大的影响,因此,正确地设计、加工制造模具和合理选择模具材料对拉伸生产是很重要的。

5.8.1 拉伸模的结构及参数

常用的拉伸模结构如图 5-11 所示,模孔分为四个部分,各部分的作用和尺寸的确定简述如下。

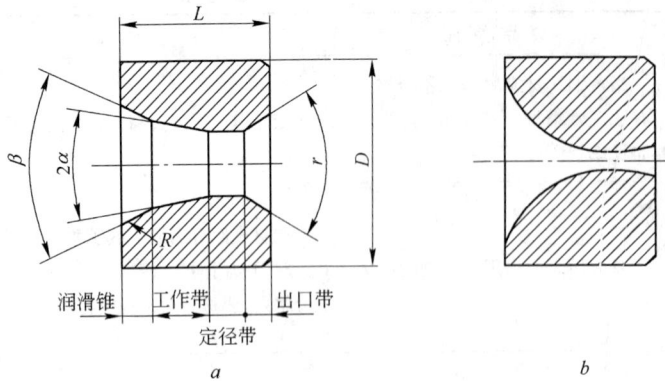

图 5-11　拉伸模结构图
a—锥形模；b—弧线形模

5.8.1.1　润滑锥

润滑锥也叫润滑区、入口喇叭、润滑带，它的作用是在拉伸时便于润滑剂进入模孔，保证模孔得到充足的润滑，以减少摩擦和带走一部分热量，并且也为了避免坯料轴线和模孔轴线不重合时划伤金属。

润滑锥角度和长度的选择对线材拉伸十分重要，角度过大润滑剂不易储存，造成润滑效果不良；角度过小，使拉伸过程中的金属屑、粉末不易随润滑剂流掉而堆积在模孔中，导致制品表面划伤，出现拉道、断线、缩丝。对于线材拉模，润滑锥角 β 取 40°～45°，并且在入口处带有圆角 R，R 取 1.5～3.5 mm，长度取 0.7～1.8 倍的制品直径，润滑锥的长度太短将削弱润滑能力，太长则容易隐藏润滑剂中的脏物破坏润滑效果。

5.8.1.2　工作带

工作带又叫工作锥、变形区、压缩区、变形锥，它的作用是使金属在此处进行塑性变形，获得所需要的形状和尺寸。工作带的形状除锥形外还可以是弧线形的，也称为流线形的，如图 5-11b。弧线形工作带对大加工率（如 45%）、小加工率（如 10%）都适合，在这两种情况下，都具有足够的接触面积。锥形工作带适合于大加工率，当采用小加工率时，金属和模子的接触面积不够大，从而使模孔很快磨损。从拉伸力的角度看，两者无明显差别。尽管弧线形工作带有上述优点，但它主要用于拉伸直径小于 1.0 mm 的线材上，因为在用振动的金属针磨光、抛光模孔时很容易得到此种形状。对于拉伸大、中直径的线材制品所用的模子，由于制成弧线形工作带困难，故多为锥形工作带。

工作带的锥角（又称模角）α 和工作带的长度是拉伸模的重要参数。α 角过小和工作带过长将使线坯和模壁的接触面积增大，α 角过大也不好，将使金属在变形区中的流线急骤转弯，因此，附加剪切变形增大，继而导致拉伸力和非接触变形增加；其次，模角 α 越大，单位正压力也越大，润滑剂很容易从模孔中被挤出来，而使润滑条件恶化。实际上模角 α 值存在一个合理的区间，在此区间范围内拉伸时拉伸力最小。工作带太短，线材拉伸时其变形的一部分将不得不在润滑锥区域内进行，而润滑锥角度大又将造成润滑恶化、拉伸力增加。

根据实验知，在重有色金属及合金线材拉伸中，α 角合理区间为 6°～9°，此合理区间随着不同的条件将改变其数值。例如增大加工率，合理模角数值增大；随着材料抗张强度的增加，合理模角将变小。

合理模角也与摩擦系数有关,随着后者的增加,合理模角数值增大,因此,对不同的金属和合金,合理的模角也不同,一般软金属的摩擦系数较大,故合理模角值也大;硬金属摩擦系数小,所以合理模角值也小。模具材料本身对摩擦系数也有影响,对钻石模而言,合理的模角:铝一类低强度合金 $\alpha = 8° \sim 12°$;紫铜 $\alpha = 6° \sim 8°$;黄铜、青铜 $\alpha = 5° \sim 6°$;钢 $\alpha = 3° \sim 6°$。

5.8.1.3 定径带

定径带的作用是使制品进一步获得和稳定精确的形状和尺寸。定径带的合理形状是柱形,对生产细线用的拉模,由于在加工时必须用带 $0.5° \sim 2°$ 锥的磨针进行修磨,所以使定径带也具有与此相同的锥度。

拉伸时选用模孔直径 d,应考虑制品的允许偏差和弹性变形,对同一规格的制品,拉制青铜线的模孔要比紫铜的小一些,而黄铜介于两者之间。

定径带长度的确定应保证模子耐磨、拉伸断线次数少和拉伸能耗低。金属制品由工作带进入定径带后,由于某些合金的弹性变形较大,定径区将受到一定的压力,因此,在金属与定径带表面之间产生摩擦力,显然定径带长度增加,拉伸力也将增加,但这仅是在延伸系数不大的情况下才如此,当延伸系数较大时,由于拉伸应力增大,使金属在定径带中的直径逐渐变小而不与模壁接触,随着定径带长度的增加,拉伸力增加甚微,对拉伸高强度材料的拉模来讲,定径带长度也不应达到定径带直径的 1.5 倍,因为这样会使摩擦力显著增加;定径带过短,则将使模子定径带很快磨损,造成线材直径超差。

定径带的长度与制品直径和金属性质有关,制品直径大和材料强度高时,定径带长度应长些,反之应短些。

拉伸有色金属及合金线材时,模子定径带长度应取为:

当模孔直径小于 1.0 mm 时,定径带长度为模孔直径的 0.85 ~ 1.0 倍;

当模孔直径为 1.0 ~ 2.0 mm 时,定径带长度为模孔直径的 0.75 倍;

当模孔直径为 2.0 ~ 3.0 mm 时,定径带长度为模孔直径的 0.6 ~ 0.7 倍;

当模孔直径大于 3.0 mm 时,定径带长度为模孔直径的 0.4 ~ 0.5 倍。

5.8.1.4 出口带

出口带也叫出口区、出口喇叭、出口锥,出口带的作用是防止金属出模孔时被划伤和模子出口端因受力而引起剥落,出口带一般为锥形,角度为 $2\gamma = 60°$。拉制细线时,模子出口带为凹球面状;出口带长度根据规格、材料取为模孔直径的 0.2 ~ 0.5 倍,一般可取为 1 ~ 3 mm,出口带与定径带交接处应研磨十分光滑,以防止制品通过定径带后由于弹性恢复或拉伸方向不正而刮伤线材表面,其他各带连接处也应以圆角光滑过渡。

5.8.1.5 拉模的厚度

拉模的厚度也称为拉模的高度,以 L 表示,如图 5-12 所示。

$$L = l_1 + l_2 + l_3 + l_4$$

式中　l_1 ——润滑锥长度,mm;

　　　l_2 ——工作带长度,mm;

　　　l_3 ——定径带长度,mm;

　　　l_4 ——出口带长度,mm。

5.8.1.6　拉模结构尺寸实测

在生产中,拉伸线材用拉模的材质一般为硬质合金、钻石(即金刚石)、人造聚晶石,除此之外还有钢及陶瓷等。硬质合金模常用于直径 0.5 mm 以上的线材生产;金刚石模常用于直径 1.0 mm 以下的线材生产;人造聚晶石用于直径 0.5 ~ 6.0 mm 范围内的线材拉伸。

从结构上看,人造聚晶模的模孔形状与金刚石模最接近,硬质合金模的结构如图 5-12 和表 5-15 所示,金刚石模模孔形状和结构如图 5-13 和表 5-16 所示。

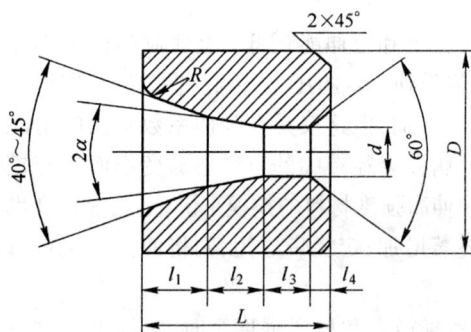

图 5-12　线材拉伸用硬质合金模　　　　　　　图 5-13　金刚石模模孔形状

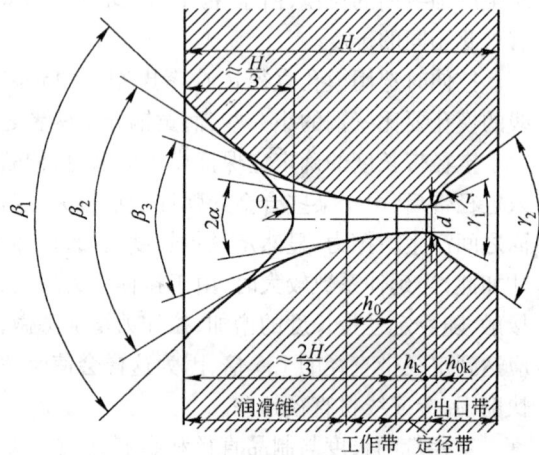

表 5-15　常用硬质合金模尺寸

型　号	基本尺寸/mm							$2\alpha/(°)$	$2\beta/(°)$	$2\gamma/(°)$
	D	L	d	l_3	l_4	l_2	R			
B08. 8-0. 4	8.00	4.00	0.40	0.40	1.10	0.80				
B08-0. 8			0.80	0.60						
B10-0. 4	10.00	8.00	0.40	0.40	1.60	3.50				
B10-0. 6			0.80	0.60	1.80					
B10-0. 8			1.00	0.60						
B12-0. 4	12.00	10.00	0.40	0.40	2.00	5.00	1.50	14	90	90
B12-0. 6			0.60	0.40						
B12-0. 8			0.80	0.60						
B12-1. 0			1.00	0.60						
B12-1. 3			1.30	0.80						
B12-1. 6			1.60	0.90						
B12-1. 8			1.80	0.90	1.80	4.80				
B12-2. 0			2.00	1.00						
B12-2. 3			2.30	1.00						

型 号	基本尺寸/mm							2α/(°)	2β/(°)	2γ/(°)
	D	L	d	l_3	l_4	l_2	R			
B14-0.6	14.00	12.00	0.60	0.40	2.00	5.00	1.50	14		
B14-0.8			0.80	0.60						
B14-1.0			1.00	0.60						
B14-1.3			1.30	0.80						
B14-1.8			1.80	0.90						
B14-2.3			2.30	1.00						
B14-2.6			2.60	1.00				16		
B14-2.8			2.80	1.20						
B16-0.8	16.00	13.00	0.80	0.60	3.00	4.80	2.50	14		
B16-1.3			1.30	0.80						
B16-1.8			1.80	0.90						
B16-2.3			2.30	1.00						
B16-2.8			2.80	1.20		4.60				
B16-3.1			3.10	1.20						
B16-3.3			3.30	1.40						
B20-1.8	20.00	17.00	1.80	0.90	3.00	7.50	3.70		60	75
B20-2.3			2.30	1.00						
B20-2.8			2.80	1.20						
B20-3.3			3.30							
B20-3.5			3.50					16		
B20-3.8			3.80							
B20-4.0			4.00							
B20-4.2			4.20			7.00				
B20-4.7			4.70	1.40						
B20-5.2			5.20							
B20-5.4			5.40							
B20-5.7			5.70							
B20-6.2			6.20							
B25-3.8	25.00	20.00	3.80	1.40	4.00	8.50	4.00	18		
B25-4.2			4.20	1.40						
B25-4.7			4.70	1.60						
B25-5.2			5.20	1.60						
B25-5.7			5.70	1.90						
B25-6.0			6.00	1.90		7.80				60
B25-6.2			6.20	1.90						

续表 5-15

型　号	基本尺寸/mm							$2\alpha/(°)$	$2\beta/(°)$	$2\gamma/(°)$
	D	L	d	l_3	l_4	l_2	R			
B25-6.5			6.50	2.10						
B25-6.7	25.00	20.00	6.70	2.10	4.00	7.80	4.00			
B25-7.0			7.00	2.10						
B25-7.2			7.20	2.10						
B30-5.7			5.70	1.90						
B30-6.2			6.20	1.90		8.50				
B30-6.7			6.70	2.10						
B30-7.2			7.20	2.10				18	60	60
B30-7.7	30.00	24.00	7.70	2.20	5.00		5.00			
B30-8.2			8.20	2.20						
B30-8.7			8.70	2.40		9.50				
B30-9.2			9.20	2.40						
B30-9.7			9.70	2.40						
B30-10			10.00	2.60						

表 5-16　常用金刚石模模孔各部位尺寸

各区名称	尺寸名称	用　途			
		铝	铜	黄铜和青铜	铜镍合金及镍合金
润滑锥	锥角 $\beta_1/(°)$	90	90	90	90
	锥角 $\beta_2/(°)$	60	60	60	60
	锥角 $\beta_3/(°)$	35	35	35	35
	润滑锥总长/mm	$\frac{2}{3}H-h_0$	$\frac{2}{3}H-h_0$	$\frac{2}{3}H-h_0$	$\frac{2}{3}H-h_0$
工作带	锥角 $2\alpha/(°)$	24	16	1.2	10
	工作锥长度 h_0/mm	$1.0d$	$1.5d$	$1.5d$	$1.5d$
定径带	直径 d/mm	D	D	D	D
	长度 h_k/mm	$0.3d$	$0.4d$	$0.5d$	$0.6d$
出口带	倒锥角 $\gamma_1/(°)$	45	45	45	45
	倒锥长度 h_{0k}/mm	$0.1d$	$0.1d$	$0.1d$	$0.1d$
	圆角半径 r/mm	0.2	0.2	0.2	0.2
	出口锥角 $\gamma_2/(°)$	70	70	70	70
	出口带长度/mm	$\frac{3}{H}-h_k$	$\frac{3}{H}-h_k$	$\frac{3}{H}-h_k$	$\frac{3}{H}-h_k$

注:H 为金刚石模厚度。

5.8.2　拉伸模加工步骤和研磨

5.8.2.1　硬质合金模加工步骤和研磨方法

硬质合金模加工步骤如下：

选择模坯—镶外套—粗磨内孔各区—精磨内孔各区—抛光内孔各区—测量尺寸和打号—清擦—分放。

模坯是由硬质合金厂供应的,根据生产具体情况确定所选的模芯,一般拉线模用 YG8 牌号的 12 型模芯。

镶外套是为了保护模芯,防止在拉伸过程中模芯被胀碎或损伤,另外在研磨模芯时也可以卡得牢固。模套材料可用 A3、45 号圆钢等材料,模套形状如图 5-14 所示。生产中根据硬质合金模芯大小,推荐模套尺寸列于表 5-17 中。

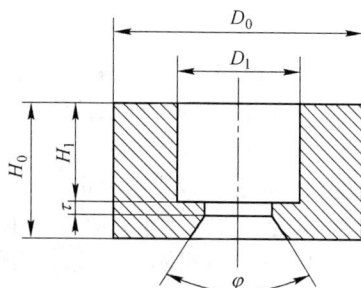

图 5-14　硬质合金模套

表 5-17　硬质合金模套尺寸　　　　　　　　（mm）

硬质合金模坯尺寸		模 套 尺 寸			
D	H	D_0	H_0	H_1	φ
6	4	25	10	$H+2$	60°~70°
8	6	25	11	$H+2$	60°~70°
13	8~10	25	13~14.5	$H+1.2$	60°~70°
16	14	30	20	$H+1.5$	60°~70°
20~26	12~16	45	24	$H+0.5$	60°~70°

镶套的方法一般有两种:一种是热镶,一种是冷镶,其中热镶比较常用。车模套时应注意 D_1 的尺寸,D 为 6 mm 和 8 mm 时,D_1 应为 $D-(0.03~0.05)$ mm;当 D 为 13 mm 和 16 mm 时,D_1 应为 $D-(0.05~0.07)$ mm;当 D 为 20 mm、22 mm、26 mm 时,D_1 应为 $D-(0.09~0.12)$ mm;镶套前把模套加热到 750~800℃,温度达到后即把模芯放在模套上(要放正),然后用压力机缓缓将模芯压入模套内,待自然冷却后送去粗磨。

粗磨是为了把模孔各部磨到要求的形状和角度,尺寸也要相当接近成品模的尺寸,各区连接处要磨出光滑连接的圆角。

粗磨大模子和小模子都用 M_{20} 的碳化硼磨料。将模孔各部磨到规定的尺寸和角度,各区达到圆滑连接,表面无划沟等缺陷。磨料是用机油和锭子油调和的,磨完后应用汽油彻底清洗,研磨工具采用紫、黄铜圆棒或软钢棒制成,精磨后也可用钢丝抛光研磨。

粗磨、清洗后即可抛光了,抛光可用 $M_5~M_7$ 的人造金刚石抛光膏进行抛光,工具为车制的桦木、柳木杆,抛光后模子各部位尺寸都应正确,表面光洁如镜。

粗磨和精磨可在立式或卧式磨模机上完成,抛光在卧式抛光机上进行。

目前,磨模已较为广泛地采用电解加工法,此法生产效率高,劳动强度小,其原理是将模芯作阳极,磨针作阴极,电解液在模孔和磨针之间均匀流过,通直流电后产生电化学反应,从而使阳极金属析出,达到扩孔和修模的目的。

电解液的成分是根据圆模、型模适当调配的,一般配方如下:

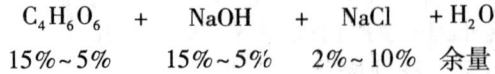

$$C_4H_6O_6 \quad + \quad NaOH \quad + \quad NaCl \quad + H_2O$$
$$15\% \sim 5\% \quad\quad 15\% \sim 5\% \quad\quad 2\% \sim 10\% \quad 余量$$

硬质合金模的旧模磨损后可以重新修理,重磨的方法与上述基本相同,只是旧模回收后要彻底用汽油清洗,擦净脏物,然后进行粗磨,擦掉凹印、粘着的金属、椭圆形状等。当模孔直径超差时,可以改变模孔尺寸,磨成大一些直径的尺寸,继续使用,直到模芯壁减到引起裂纹或各部尺寸、角度和形状已符合要求为止。

模子抛光后进行尺寸测量,检查内孔形状。测量尺寸可采用样棒法或用砸扁的铜、铝丝插入模孔,拉出后用千分尺测量被拉过变形部分的尺寸即可,也有用铜、铝(稍大于模孔直径)拉出模孔后测量线材直径。变形区和定径带的形状,可用拉伸、酸腐蚀法观察和测量,模孔大一些的模子可用灌蜡法测量和观察。

型模加工所用磨料和加工步骤与上述基本相同,电解加工法也同样适用于型模的加工和修理,此外,型模加工还广泛采用电火花加工,它主要用于形状复杂的异型线材模。电火花加工型模的关键是制备电极棒。电极棒有三种:(1)进口区电极棒,其角度为60°;(2)变形区电极棒,其角度为12°～16°,大部为14°;(3)定径区电极棒,其角度为1°～2°。电火花加工型模的顺序是先打定径带,后打出口区,经电火花加工后进一步用人造钻石什锦锉刀加工过渡区,手工研磨模孔成形。

5.8.2.2　金刚石模加工方法和研磨

金刚石模的加工有两种方法:一种是把金刚石镶套工序放在大部分工序之后,以便利于金刚石的透明性观察开孔过程,用此法要磨去大量金刚石,浪费工时和材料,而且要增加工序和设备。但由于加工小直径模孔时,需要通过观察面检查各部位的形状,故都采用此法;第二种方法是把金刚石选好,装入模套内,用烧结办法固定金刚石,烧结时,把金刚石放在特殊的挤压模内,四周用铜粉或其他粉末填盖,并且用压力挤成圆柱形团块,将团块烧结并压装在模套中,然后进行各道工序的加工,在这种情况下,不需要磨两个支撑面和观察面。用同样大小的金刚石,要比按第一种方法开孔时少磨去2/3～4/5,并在所有工序中定中心容易,操作方便,在加工直径较大的模孔时应用此法。

按照第一种方法金刚石模加工步骤如下:

(1)验收金刚石。检查未加工的金刚石内部有无缺陷,选择尺寸及确定模孔的位置,金刚石模尺寸、质量选择见表5-18。

表5-18　金刚石模尺寸、质量选择表

模孔直径/mm	磨面前的金刚石块		磨面后最小厚度/mm
	质量/g·粒$^{-1}$	最小厚度/mm	
0.01～0.029	0.016～0.022	1.4	1.0
0.03～0.0099	0.024～0.04	1.6	1.2
0.1～0.199	0.042～0.06	1.8	1.4
0.2～0.399	0.062～0.12	2.0	1.6
0.4～0.999	0.122～0.28	2.2	1.8

（2）磨平面和观察面。这一工序在磨楞机上进行，首先要磨出两个互相平行的平面，此两面必须平行，否则钻出的孔的中心线不正确，在选择研磨位置时，应选择平行金刚石劈开面的平面，固定金刚石的卡具装在支座内，在高速旋转的铸铁圆盘上涂上金刚石粉磨料，先磨两个互相平行的平面，然后磨观察面，观察面用于检查定心、钻孔等过程，有时还要磨两个互相平行的观察面，观察面应与二平行面互相垂直。

（3）定心。定心是在双头钻床上进行的，在磨好平面的金刚石粒上，确定模孔中心点的位置通常用墨水作标记，定为入口，然后把金刚石粒用漆片固定在一块铜板上，入口面朝外，夹持在机头上，用尖嘴钳夹住金刚石碎片，以其棱刻出金刚石厚度三分之一的锥形坑，锥顶角不小于75°，在刻挖金刚石时，可稍加力，但不可过大。

（4）钻孔。钻孔是最重要的和需要时间最长的工序，在此项工序中要开出润滑锥、工作带、定径带，这个操作是用高速旋转的细锥形钢针尖端部分涂上金刚石粉和橄榄油调好的磨料，在钻孔机上进行钻孔。钻孔机分为立式和卧式两种，立钻速度较快，有条件的可用十头钻孔机钻孔，钻孔通常进行到厚度的三分之一（包括以前定心深度在内），对于小规格的金刚石模，钻孔可用激光机打孔。激光机打孔可在一瞬间完成，当打孔不圆或深度不够时，可采用低压电火花配合进行修正，近年来也有用高频电火花钻孔的，可提高生产效率。

（5）加工出口。加工金刚石模的出口是在双头刨床上进行，为了避免可能在出口端产生大块剥落，并保证定径带和出口区的规定尺寸，加工出口区分两段进行，即在双头钻床上刻出凹孔，一直到出口区与定径带之间壁厚为0.02～0.05 mm时为止，然后在钻孔机上用细钢针加磨料，把孔钻通，有时也在双头钻床上钻通。

（6）研磨。用磨光的方法使各区达到规定尺寸、角度和形状，并使各区圆滑连接；磨光机分立式、卧式两种，模孔直径在0.1～0.03 mm之间，可在立式和卧式研磨机上配合进行。直径在0.03 mm以下时，用卧式研磨机研磨，磨光的次序如下：

从出口端进行出口处的磨光；

从入口端进行工作带的磨光；

从入口端进行定径带的磨光；

从入口端进行润滑锥的磨光；

各区连接面的磨光。

随着技术的发展，现已使用超声波研磨法磨金刚石模了，此法省人力、质量高、速度快，加工效率可提高数十倍之多。

超声波研磨机的工作原理是由超声波发生器产生的超声频率电振荡，通过换能器转化成机械振荡，再由变幅杆将振幅放大并传到焊在变幅杆端部的研磨钢针上，钢针置于需研磨的金刚石模孔内，钢针的超声振荡不断使磨料（金刚石粉＋水）中的金刚石粉微粒以同样的频率打击被研磨的表面，使工作表面材料剥落，由于磨料微粒的数量大、粒度细、打击频率高，结果使被研磨孔很快达到所需要的光洁度，为了保证模孔的圆整度，在研磨时，还应使金刚石模以钢针为中心做低速转动，并用砝码加压装置，加以一定压力，使模具始终以一定压力与钢针接触。

（7）镶套。把已经研磨好的金刚石模镶在模套中，如图5-15所示，模套尺寸应符合表5-19的规定。

（8）验收。验收时要检查模孔尺寸和形状，合格后在模孔入口带端刻上线模型号、直径、工

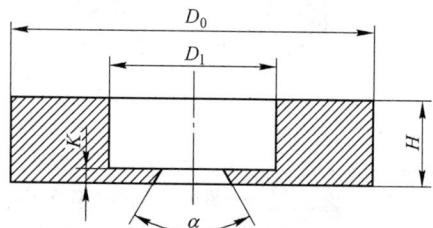

图5-15 金刚石模模套

厂代号等。

表 5-19　金刚石模模套尺寸　　　　　　　　（mm）

模孔直径	模套外径 D_0	模套高度 H	支撑模壁厚度 K
≤0.3		5~6	≥1.2
>0.3~0.5	16 或 25	6.5~7.5	≥1.6
>0.5~1.0		8.5~9.5	≥2.0

　　金刚石模的使用寿命长,内表面光洁度高,拉伸时摩擦系数小,因此,金刚石模是比较理想的线材生产用模,但在长时间使用中也会被磨损并出现小裂纹、粘金属、定径带增大、出现椭圆、内表面不光等缺陷。为了延长使用时间,提高其使用寿命,重新清洗、研磨用旧了的模子是必要的。重新研磨已磨损的模子时,也是先采用粗磨模孔内表面缺陷、脏物,把各部尺寸、角度等磨准确,各区连接处磨成圆滑过渡,经彻底清洗后再进行细磨到需要尺寸、角度和形状,金刚石模重磨后,模子直径扩大了,要写上尺寸以便使用时查看。

　　金刚石模可多次重修再用,一直可用到发生裂纹为止,废旧的金刚石模芯可取出用于制造金刚石粉。

5.8.2.3　扒皮模的加工

　　前已叙述,为了去掉线坯表面缺陷,获得高质量表面的线材,要进行线坯扒皮,扒皮模是扒皮的主要工具。

　　扒皮模镶套方法与硬质合金模相同。

　　除了紫铜扒皮模采用合金工具钢(W18Cr4V)之外(有的也用硬质合金模),其余合金线坯一般都采用 YG8、YG15 硬质合金扒皮模。

　　对不同合金,根据其特性扒皮模结构也不完全相同,扒皮模的主要结构参数是切削刃角 α,如图 5-16a、b 所示,扒皮模的刃角 α 值一般如下:

　　扒紫铜时, $\alpha = 30° \sim 31°$, $\beta = 7°$;

　　扒青铜、铜镍合金时, $\alpha = 46°$, $\beta = 5°$;

　　扒铅黄铜、H62、H65、H68 黄铜时, $\alpha = 0°$, $\beta = 4° \sim 7°$。

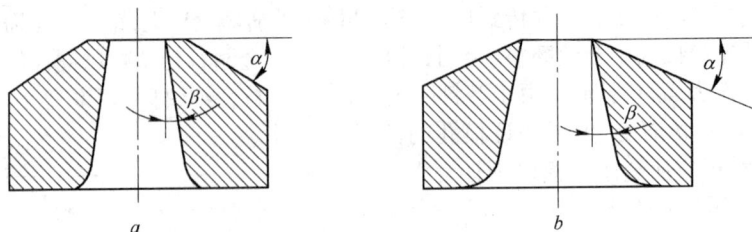

图 5-16　扒皮模的结构
a—铅黄铜棒、H62、H65、H68 扒皮模;*b*—紫铜、青铜、镍铜合金扒皮模

　　制造紫铜扒皮模用的 W18Cr4V 高速钢淬火后硬度 HRC 应为 60~80。

　　扒皮模的刃口应保证锋利无损,用硬质合金为材料的扒皮模,使用时应尽量避免过大的冲击。

5.9　线材拉伸机

线材的拉伸工艺较为简单,只需考虑通过拉伸模对材料进行减径变形,其采用了多道次和盘拉的技术,使盘拉技术的优势得到了充分的发挥。

随着科学技术的进步,大拉伸机采用了双盘连续收线技术;中小拉伸机用齿形带新技术代替了齿轮传动;喷镀硬质合金的高强度、高耐磨的拉线鼓轮(圆盘)逐步推广应用;拉伸后连续退火,再收卷;应用推广的滑动量小、湿拉型(即拉线鼓轮完全浸入式或对模子及鼓轮进行喷射润滑)的铝线生产设备等。这些技术的应用进一步改善了操作条件,提高了线材生产的效率。目前,铜及铜合金采用的大拉伸机的线速度为 40 m/s,中拉伸机的线速度为 40 m/s,小拉伸机的线速度为 50 m/s。

线材拉伸机的主要工作原理如下:待加工的线坯经开卷装置开卷后,进入多个圆盘组合在一起的拉伸机组;在每一个拉伸道次,以一个圆盘对材料施加拉伸力的作用,使材料在圆盘前面的拉伸模内产生减径变形,且通过圆盘结构及受力方向的变化,使材料进入圆盘及出圆盘保持在固定位置,圆盘上始终缠绕有设定圈数的拉伸线材;在每一个拉伸道次之间,通过自动调速的设计使每一拉伸道次速度严格匹配,从而使多次盘拉组合在一起,组合道次视设备所需达到的功能而定,一般可 20 个道次左右组合起来,从而使线坯实现大的变形量;经拉伸机组加工后的成品或半成品线材再通过后续组合装置进行收卷或精整。

一次拉伸机的分类见表 5-20,典型一次拉伸机的技术参数见表 5-21。

表 5-20　一次拉伸机分类表

拉伸机类型		优　点	缺　点	拉伸范围/mm
按收线分	按拉伸形式分			
绞盘收线	卧　式	卸线方便	收线少	16～6
	立　式	绕线整齐	卸线不方便,线材表面质量较差	6～0.8
	倒立式	卸线很方便,卷重大	绕线不整,结构复杂	10～2
线轴收线	直接收线	不用复绕	在较大张力下进行绕线	1～0.1
	经过牵引绞盘收线	不用复绕	占地面积大	<10

表 5-21　典型一次拉伸机的技术参数

设备参数	ϕ650 mm 拉伸机	ϕ550 mm 拉伸机
绞盘直径/mm	650	550
线坯直径/mm	12～7.2	8～3
成品直径/mm	10～6	7～2
电机功率/kW	55	40
最大拉伸力/kN	50	20
拉伸速度/m·s^{-1}	0.9	1.2～1.4
卷重/kg	250	150

多次拉伸机的分类见表 5-22。

表 5-22   多次拉伸机的分类

拉伸方法	优 点	缺 点	拉伸范围/mm
带滑动连续拉伸机	总加工率大, 拉伸速度快	绞盘易磨损, 线材表面质量较差	<16
无滑动连续拉伸机	绞盘磨损小, 线材表面质量优	配模严格, 电器较复杂	6~1.5
无滑动积蓄式拉伸机	可拉伸强度较低的、 抗磨性较差的线材	拉伸速度慢, 不适宜拉特细线	4~0.5

带滑动式多次拉伸机的技术性能见表 5-23 和表 5-24。

表 5-23   带滑动式多次拉伸机的技术性能(一)

名 称		1级5模 拉伸机	1级9模 拉伸机	2级9模 拉伸机	3级13模 拉伸机	3级12模 拉伸机	751型 拉伸机
模子个数/个		5	9	9	13	12	18
阶梯型牵引绞盘数/个		5	8	4	4	4	4
阶梯级数/级		1	1	2	3	3	3×4+1×5
牵引绞盘各阶梯 直径/mm		700	650	211~380	158~244~380	100~144~207	101~304 72~302
收线绞盘直径/mm			450	450	450	180	
线坯直径/mm		17~10	10~7.2	8~7.2	8~7.2	3.2~1.8	3.0~2.0
成品直径/mm		12~5.5	5.5~4.0	4.0~1.6	2.3~1.0	1.0~0.4	1.0~0.35
出线速度 /m·s^{-1}	I	1.0	3.0	8.0	8.0	12.0	8.5
	II	1.6	4.4	10.0	10.0	15.5	12.2
	III	2.9	7.3	15.0	15.0	20.0	16.5
	IV						23.2
线盘收线质量/kg		≤3000	≤400	≤400	≤400	40	100~15
拉伸机电机 功率/kW		100	100	100	100	36	40
转速/r·min^{-1}		1460	1460	1460	1460	1440	1450

表 5-24　带滑动式多次拉伸机的技术性能(二)

名　称		418 型拉伸机	4 级 19 模拉伸机	5 级 21 模拉伸机	771 型拉伸机	6 级 18 模拉伸机	7 ~ 8 级 18 模拉伸机
模子个数/个		18	19	21	18	18	18
阶梯型牵引绞盘数/个		4	4	6	4	4	2
阶梯级数/级		3×4+1×5	2×4+2×5	4×3+2×4	7+2×8+9	2	2×9
牵引绞盘各阶梯直径/mm		106 ~ 304	60 ~ 294		53 ~ 184 ~ 190 ~ 233 ~ 226	40 ~ 141	45 ~ 99
收线绞盘直径/mm		75 ~ 153	180			141	71
线坯直径/mm		2.5 ~ 1.9	2.5 ~ 1.8	1.8 ~ 0.4	1.0 ~ 0.6	0.4 ~ 0.2	0.15 ~ 0.05
成品直径/mm		0.68 ~ 0.32	0.39 ~ 0.2	0.3 ~ 0.1	0.3 ~ 0.1	0.09 ~ 0.05	0.04 ~ 0.01
出线速度/m·s⁻¹	Ⅰ	23.8	13	40	30	9.5	3.5
	Ⅱ		18			18.3	10.0
	Ⅲ		25			30	17.6
线盘收线质量/kg		10	40 ~ 10	≤400			
拉伸机电机功率/kW		22	29	100			
转速/r·min⁻¹		975	1435	1460			

无滑动的连续多次拉伸机的技术性能见表 5-25。

表 5-25　无滑动的连续多次拉伸机的技术性能

名　称	3 ~ 4/φ550mm 拉伸机	6 ~ 7/φ550mm 拉伸机
形　式	直线式	活套式
模子数/个	3 ~ 4	6 ~ 7
绞盘直径/mm	425/550	430/550
绞盘个数/个	3	6
线坯直径/mm	9.2	6.5
成品直径/mm	6 ~ 3	3.2 ~ 1.5
拉伸速度/m·s⁻¹	2.5 ~ 8.5	1.6 ~ 4.8
线卷的最大质量/kg	120 ~ 150	80 ~ 120
拉伸机的电机功率/kW	55×3	40×6

无滑动的积蓄式多次拉伸机的技术性能见表 5-26。

表5-26　无滑动的积蓄式多次拉伸机的技术性能

名　称		拉 伸 机 型 号				
		2/550	4/550	2/450	6/350	8/250
模子数/个		2	4	2	6	8
绞盘直径/mm		550	550	450	350	250
绞盘个数/个		2	4	2	6	8
线坯直径/mm		7.0	5.0	4.8	4.5	2.0
成品直径/mm		4.0	3.5~2.0	4~2	2~1.5	0.8~0.5
拉伸速度 /m·s^{-1}	Ⅰ	1.18	1.23~3.67	1.24	4.93	6.15
	Ⅱ			1.69	6.7	8.31
	Ⅲ			2.50	9.95	12.38
线卷的最大质量/kg		80~150	80~150	80	60~80	40~60
拉伸机的电机功率/kW				7/9/10	7/9/10	2.5/3/3.5

复习思考题

1. 简述线材的概念及线材粗细表示方法。
2. 什么是线材拉伸,其拉伸方法的种类及特点是什么?
3. 线坯的生产方法有哪些,对线坯质量有哪些要求?
4. 实现线材拉伸的基本条件是什么?
5. 拉伸线材制品的残余应力是怎样的,其消除办法有哪些?
6. 写出计算线材拉伸力大小的计算公式,并指出各符号的含义。
7. 影响线材拉伸力大小的因素有哪些?
8. 写出线材拉伸配模原则及配模方法步骤。
9. 拉伸前线坯的准备工作是什么?
10. 写出变形指数及其基本概念。
11. 线材拉伸润滑剂的作用及常用的润滑剂种类有哪些?
12. 线材退火在工艺上有哪些具体要求?
13. 熟悉各牌号不同规格的线材、中间退火及成品退火的工艺要求。
14. 指出不同牌号线材酸洗工艺参数。
15. 线材拉伸生产经常易出现哪些废品,怎样防止产生这些废品?
16. 简述线材拉模的结构及各部分的作用。
17. 简述线材拉伸机的主要工作原理。

6 成品验收

6.1 质量标准

6.1.1 质量概念

6.1.1.1 质量的定义

2000年7月国际标准化组织将质量定义为:一组固有特性满足要求的程序。这一定义说明产品既要符合标准的要求,也要满足顾客的需要。质量概念具有以下特点:

(1)广泛性。质量不单指产品、服务、过程,所有可以单独考虑或描述的事物都包含质量。

(2)综合性。一是质量受多种因素的影响,本身就是一个综合性的指标;二是质量要求在使用性能、外观设计、买卖价格、维性、安全、用后处置等诸多方面能够满足用户的需要。高质量并非要求某一技术特性的性能越高越好,而是要求其综合适用性能优佳。

(3)动态性。质量是一个动态、变化、发展和相对的概念。是随时间、使用对象、环境的变化和人们熟悉上的深化而变化的。

(4)系统性。质量取决于系统的设计、各子系统及其接口的质量,任何一部分有缺陷,都会导致系统的缺陷乃至崩溃。提高质量是一项系统工程。

(5)世界性。随着世界经济一体化进程的加快和《质量治理和质量保证》(ISO9000)系列标准在全球范围内广泛应用,以及质量认证、国际间的互认活动的发展,对质量的追求不但成为世界各国的共同目标,而且使得世界各国关于质量的定义和质量的标准都统一到国际标准上来。

6.1.1.2 质量特性

产品(或服务)满足人们某种需要所具备的属性和特征称为质量物性。用户的要求是多种多样的,质量特性也是多种多样的。它可包括:性能、适用性、可信性(可用性、可靠性、可维护性)、安全性、环境、经济性和美学。质量特性有的是能够测量的,有的是不能够测量的。实际工作中,必须把不可测量的特性转换成可以测量的代用质量特性。

产品质量特性有内在特性,如结构、性能、精度、化学成分等;有外在特性,如外观、外形、色泽、气味、包装等;有经济特性,如成本、价格、使用费用、维护时间和费用等;有商业特性,如交货期、保质期等;还用其他方面的特性,如安全、环保、美观等。质量的通用性就是建立在质量特性基础之上的。

服务质量特性是服务产品所具有的内在的特性。有些服务质量特性是顾客可以直接观察或感觉到的,如服务等待时间的长短、服务设施的完好程度、火车的正误点、服务用语的文明程度、服务中噪声的大小等。还有一些是反映服务业绩的特性,如酒店财务的差错率、报警器的正常工作率等。一般来说,服务特性可以分为服务的时间性、功能性、安全性、经济性、舒适性和文明性六种类型。不同的服务对各种特性要求的侧重点会有所不同。

6.1.1.3 质量特性的形成

质量产生、形成和实现的过程可以由包含若干阶段的质量环来表示。按照这些阶段对质量的主要影响,可以把质量分为:策划质量、设计质量、制造质量、保障质量。从实体的不同属性来分,质量又可以分为:产品(或服务)质量、过程质量、社会质量。

　　产品(或服务)质量由以下四个阶段构成:策划质量,是对所生产的产品的总体设想和设计的依据。设计质量,是把顾客对产品的需要转化成产品的规格和标准。制造质量,是指制造出来的产品是否符合设计要求的质量,表现为对标准的符合性,也称符合性质量。保障质量,是指产品交付顾客使用后,在使用培训、维护服务(包括备件供给)以及技术服务等方面满足顾客需要的能力,包括产品出现故障后很快得到修复的程度,顾客提出的技术服务要求能很快得到满足的程度等。

　　过程质量是用达到要求的整个工作过程的效率来表示的,也称效率质量。过程质量反映提供产品或服务的过程是否经济。在质量产生、形成、实现的整个过程中,假如某个环节发生了问题,要进行处置,以免出现故障,产生不良后果。过程的不良反映在返工、返催、降级、报废、待工、效率低下等资源的浪费上。

　　社会质量指产品或服务的生产、销售和使用给予供给者及顾客以外的第三者,即全社会的影响。社会质量依靠全社会对质量的熟悉,有关质量的法律法规的制定和实施,政府对质量的监督治理,以及新闻媒体对质量的宣传和监督,社会中介对质量的影响,用户和消费者的质量意识等方面来保证。

6.1.2　标准

　　所谓"质量标准",就是用于规范和描述质量的一种规范性文件。所谓"标准",是为了在一定范围内获得最佳秩序,经协商一致制定并由公认机构批准,共同使用和重复使用的一种规范性文件。标准是对重复性事物和概念所作的统一规定,它以科学、技术和实践经验的综合成果为基础,经有关方面协商一致,由主管机构批准,以特定形式发布,作为共同遵守的准则和依据。标准的本质特征是统一,不同级别的标准在不同范围内进行统一,不同类型的标准从不同角度,不同侧面进行统一。制定标准的出发点是建立最佳秩序,取得最佳效益。标准的作用是将社会科学技术和生产实践经验予以规范化,以实现必要的合理统一。根据制定标准的部门和标准适用程度的不同,标准可以分为国际标准、国家标准、行业标准、地方标准、企业标准、专用技术条件和协议等。

6.1.2.1　国际标准

　　国际标准是由国际标准化组织(ISO)制定,供全世界统一使用。

6.1.2.2　国家标准

　　国家标准是由国家标准主管部门或有关部门起草。报请国家标准局或有关部委审批,由国家标准局统一编号发布。国家推荐使用标准的代号由四部分组成:第一部分是由"GB"组成,它是"国标"两个汉字的汉语拼音的第一个字母;第二部分是"/T",表示标准的类别是推荐性质的,"T"是"推"字的汉语拼音的第一个字母;第三部分是个四位数的阿拉伯数字,它是标准的顺序号;第四部分也是个四位数的阿拉伯数字,它是标准的年号。例如 GB/T8890—2008 是:2008 年发布的"热交换器用铜合金无缝管"国家推荐标准。国家强制标准的代号为 GB××××—××××。

　　国家标准是在全国范围内统一的技术要求。国家标准的年限一般为五年,过了年限后,国家标准就要被修订或重新制定。国家标准分为强制性国标和推荐性国标。强制性国标是保障人体健康、人身和财产安全的标准,由法律及行政法规强制执行的国家标准;推荐性国标是指生产、交换、使用等方面,通过经济手段或市场调节而自愿采用的国家标准。但推荐性国标一经接受并采用,或各方商定同意纳入经济合同中,就成为各方必须共同遵守的技术依据,具有法律上的约束性。

6.1.2.3　行业标准

行业标准是由我国各主管部、委(局)批准发布,在该部门范围内统一使用的标准。当同一内容的国家标准公布后,则该内容的行业标准即行废止。某类产品国内在技术上暂时达不到国家标准所要求的质量水平,或暂时不具备全国统一的条件,则按照行业标准生产。行业标准的代号在组成上与国标一样,只是汉语拼音字母不同。如 YS/T451—2007 是:2007 年发布的"塑覆铜管"有色金属行业推荐标准。

6.1.2.4　企业标准

对于没有国家标准、行业标准的,企业可以自行制定标准,但需报标准主管部门备案。由于科学技术的不断发展,要求材料工业不断研制开发新产品。对新产品的质量要求暂时还不能纳入国家标准和行业标准,那么生产和验收这些新产品便按企业标准执行。企业标准由生产厂和用户共同制定。企业标准通常是国家标准和行业标准的前身。

6.1.2.5　企业内控标准

企业内控标准是企业为了保证产品具有较高的质量以更好地满足用户的使用要求,以及为达到提高企业声誉的目的,而由企业自行制订的标准。它的某些技术要求可能比国家标准和行业标准严格,由企业内部掌握而不对外公开。

6.1.2.6　专用技术条件和协议

专用技术条件和协议是供需双方单独商订的质量标准,一般针对的是新材料和新产品的试制,它通常是企业标准的前身。

随着中国加入 WTO,我国的产品不断走入国际市场。美国国家标准的代号是 ASTM,日本国家标准的代号 JIS,德国国家标准的代号是 DIN。

6.1.3　标准的内容

各种质量标准的基本内容通常包括 8 个部分:

(1)范围:描述产品的属性、适用范围和该标准包括的内容。

(2)引用标准:列出所有与本标准有关的标准。

(3)术语:对本标准用到的术语进行定义。

(4)要求:产品分类(产品的牌号、状态和规格),化学成分,尺寸及尺寸允许偏差,力学性能,工艺性能(检验项目及判断方法),表面质量。

(5)试验方法:列出所有与本标准提到的有关化验、检验的实验方法和检查方法的标准。

(6)检验规则:规定检查和验收的责任人,需方的检验期限、组批要求、检验项目、取样位置和取样数量、重复试验和检验结果的判定。

(7)标志、包装、运输和贮存:对产品标记的要求,对包装、运输和贮存的要求,对质量证明书的要求。

(8)订货单内容:产品名称,牌号,状态,规格,数量。

6.2　成品检验的方法

为使出厂的产品符合质量标准,在产品出厂前必须由质量检查机构的专职检查人员,按照相应的质量标准进行检查,即成品检验。它是生产过程的一个重要环节,也是质量管理的重要组成部分。

成品检验是根据被检验产品的相应质量标准进行的,所有的技术要求都达到了标准中规定的指标,产品才是合格的。

6.2.1　肉眼检查

属于肉眼检查的质量要求,主要是产品的表面质量和管棒材的断口(检查缩尾)等。制品表面上的缺陷是否超出允许范围达到报废的程度,要靠检查人员的经验来判断。例如"挤制铜管"的国家标准 GB/T 1528—1997 对表面质量规定:

"管材内外表面应光滑、清洁,不应有分层、针孔、裂纹、起皮、气泡、粗划道、夹杂、绿锈。

允许有轻微的、局部的、不使管材外径和壁厚超出允许偏差的划伤、凹坑、压入物和轻微的矫直痕等缺陷。"

而拉制的"无缝铜水管和铜气管"的国家标准 GB/T 18033—2000 第4.6.2条也规定:

"管材内外表面应光滑、清洁,不应有分层、针孔、裂纹、起皮、气泡、粗划道、夹杂、绿锈等缺陷。断口应无毛刺。

管材表面允许有轻微的、局部的、不使管材外径和壁厚超出允许偏差的划伤、凹坑、压入物和矫直痕等缺陷。轻微的氧化色、发暗水迹等不作报废依据。"

两个标准的文字基本一样,但一个是热加工的挤制品,另一个是冷加工的拉制品,二者的表面状况显然是不会一样的。因此要求检查人员能够通晓产品的生产历程,按照满足使用要求的原则进行判断。

6.2.2　工具测量

标准中规定的尺寸质量指标要用工具来测量。测量壁厚用壁厚千分尺(精确度0.01),测量外径用外径千分尺(精确度0.01)或卡尺(精确度0.02),内径用内径量表(精确度0.01)或卡尺(精确度0.02)测量,长度用米尺(精确度1 mm)测量。

6.2.3　试验检测

产品的力学性能(如抗拉强度、伸长率、硬度等)、工艺性能(压扁、扩口、卷边等)、物理性能(晶粒度、内应力等)以及化学成分(无氧铜的含氧量等)需要通过实验室的检测才能获得。

6.2.4　无损检测

无损检测即对材料进行非破坏性的检测,可以避免破坏性取样检测方法所带来的漏检问题。无损检测分为超声波探伤、涡流探伤、射线探伤、磁粉探伤和渗透探伤五大类。所谓探伤即探测材料中的几何不连续性,也不可避免地探测材料一部分非几何不连续性。在铜管棒材的产品检测中,通常采用超声波探伤和涡流探伤。针对不同的产品缺陷,采用不同的探伤方法。

6.3　超声波探伤

6.3.1　概念

人耳能听到的声音频率是 20～20000 Hz,频率超过这个范围的声波就称为超声波。超声波探伤常用的频率是 500 k～10 MHz。超声波探伤的实质是:将材料被检测部位置于一个超声场内,材料若无不连续分布(即无缺陷),则超声场在介质的分布是正常的;若材料有不连续分布(即有缺陷),则超声波在异质界面上产生反射、折射和透射,使超声场的正常分布受到干扰;使用一定的方法测出这种异常分布的变化,并找出它们之间的变化规律,做出产品判断。超声波探伤仪主要由:发射电路、探头、放大电路、时间电路、示波器、附属电路、旋钮和外壳组成。

6.3.2 原理

将超声波探伤仪产生的高频电脉冲加在探头上,激励探头中的压电晶片振动,使之产生超声波。超声波以一定的速度向工件传播,遇到缺陷时,一部分声波被反射回来,另一部分声波继续向前传播,遇到工件底部后也反射回来。由缺陷和底部反射回来的声波达到探头时,又通过压电晶片将振动变为电脉冲。发射波(T)、缺陷波(F)和底波(B)经过仪器放大后可以在仪器的荧光屏上显示出来。

6.3.3 方法

最常用的超声波探伤方法是缺陷反射法和底面多次反射法。在脉冲反射式超声波探伤中,从示波器显示的探伤图形上得到的重要信息,是反射原的位置和回波的高度。为了顺利得到这两个信息,要按照国家标准的要求,制作同牌号、同规格、长度适当的人工缺陷的试块,来调整探伤仪的测定范围(时间轴:示波器图形的横坐标)和灵敏度(示波器图形的纵坐标),才能正确地判断缺陷。

6.3.4 分类

超声波探伤方法的分类有多种,这里简单介绍按接触方法分类(见表6-1)和振动形式分类(见表6-2)。例如在国内某铜加工厂,就用纵波直接接触法,探测铜棒的缩尾等缺陷。工件表面状态良好时,耦合剂可用机油或水;表面状态不良时,可以用甘油、水玻璃等。

表 6-1 按接触形式分类的超声波探伤方法

接 触 方 法	接触介质及形式
直接接触法	局部涂耦合剂
水浸法	全浸水浸法
	局部水浸法

表 6-2 按振动形式分类的超声波探伤方法及用途

探伤方法	振动形式	主要用途
直探伤法	纵 波	探测铸件、锻件、挤压件、轧制件之类的内部缺陷及测厚
斜探伤法	横 波	探测焊缝、管材等内部缺陷(有时也用纵波)
表面波探伤法	表面波	探测表面缺陷
板波探伤法	板 波	探测薄板缺陷

6.4 涡流探伤

6.4.1 概念

涡流检测是建立在电磁感应原理基础之上的一种无损检测方法,它适用于导电材料。如果把一块导体材料置于交变磁场之中,在导体中就有感应电流——涡流产生。由于导体自身各种因素(如电导率、磁导率、形状、尺寸和缺陷)的变化,会导致涡流的变化。利用这种现象来判断导体性质状态的检测方法,叫做涡流检测方法。涡流探伤仪主要由激励单元(提供激励电流,使被测工件产生涡流)、放大单元(把检测线圈接收到的涡流变化的信号加以放大)、信号处理单元(处理信号,提高信噪比)、显示和报警单元组成。

6.4.2　特点

与其他探伤法相比较,涡流探伤法的特点是:

(1)涡流探伤法只适用于导电材料,而不能用于非导电材料。

(2)涡流探伤特别适用于导电材料的表面和亚表面的探伤。涡流探伤的灵敏度取决于涡流密度。在不引起工件发热的条件下,涡流密度越大,灵敏度越高;激励电流的频率越高,工作表面的涡流密度越大,但同时涡流的穿透深度也越小,工件内部的探伤灵敏度则越低;显然,合理选择激励电流的频率非常重要。由于灵敏度的要求,涡流探伤仅适用于工件表面和亚表面的探伤。这种探伤方法广泛用于薄壁管材、线材和箔材的无损探伤,它对工件表面上的非金属夹杂、凹坑、起皮、裂纹、疏松、针孔和皱褶有良好的检测效果。

(3)涡流探伤是一种非接触检测方法,它不像超声波那样探头与被检测工件之间必须有某种液体介质做耦合剂,因此涡流探伤是很方便的。

(4)涡流探伤的检测速度快,便于实现在线探伤和检测设备的自动化。目前铜线的涡流探伤速度在德国已达 3000m/min;我国黄铜管的探伤速度达到 60m/min。

(5)涡流探伤可用于高温检测。电磁场的传播不受温度的影响,高温涡流探伤也不需要耦合剂,因此它可用于高温探伤。

6.5　常用量具

有色金属压力加工操作人员,必须掌握一定量具的使用方法,从而测量出符合尺寸范围标准的合格产品,以满足用户的要求。在压力加工生产中,常用的量具有钢板尺、钢卷尺、游标卡尺和千分尺等。前两种属于简单量具,后两种属于精密量具。下面着重介绍后两种。

6.5.1　游标卡尺

游标卡尺是应用较广泛的通用量具,具有结构简单,使用方便,测量范围大等特点。它是利用游标和尺身相互配合进行测量和读数的。游标卡尺用来测量制品或工件的内径、外径、宽度、厚度、深度、孔距等。游标卡尺根据结构不同,可分为双面量爪游标卡尺、三用游标卡尺、单面量爪游标卡尺,如图 6-1 所示。

6.5.1.1　游标卡尺的结构和规格

A　结构

如图 6-1a 所示,游标卡尺是由尺身 1、游标 7 和辅助游标 2 组成。当游标卡尺需要移动较大距离时,只需松开螺钉 4 和 3,推动游标即可。如果要使游标做微小调节,可将螺钉 3 紧固松开螺钉 4,用手指转动螺母 8,通过螺杆移动游标,使其得到需要的尺寸。取得尺寸后,应把螺钉 4 加以紧固。游标卡尺上端的量爪,可以测量地处狭小的凸柱、直径或厚度,外侧面(带有圆弧面)用来测量内径、内孔或沟槽。

B　规格

(1)双面量爪游标卡尺,测量范围有 0 ~ 200 mm、0 ~ 300 mm 两种。

(2)三用游标卡尺,测量范围有 0 ~ 125 mm、0 ~ 150 mm 两种。

(3)单面游标卡尺,测量范围较大,可达 1000 mm。

6.5.1.2　游标卡尺的读数原理和读法

游标卡尺按其测量精度不同,可分为 0.1 mm、0.05 mm 和 0.02 mm 三种。这三种游标卡尺的尺身刻度间隔是相同的,即每1小格1 mm,每1大格10 mm。所不同的是游标与尺身相对应的刻线宽度不同。

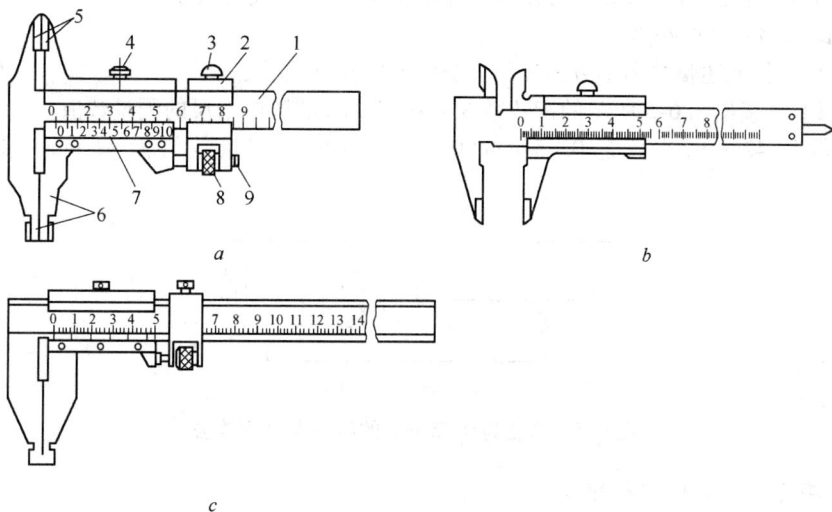

图 6-1 常用游标量具

a—双面量爪游标卡尺;b— 三用游标卡尺;c—单面量爪游标卡尺

1—尺身;2—辅助游标;3,4—螺钉;5—上量爪;6—下量爪;7—游标;8—螺母;9—小螺钉

A 读数原理

(1)精度为0.1 mm 的游标卡尺如图6-2 所示,尺身每小格1 mm,当两测量爪合并时,尺身9 mm 刚好等于游标上10 格,则游标上每格刻线宽度为0.9 mm(9 mm÷10)。尺身与游标每格相差0.1 mm(1 mm－0.9 mm)。数值0.1 mm 即为游标卡尺的读数精度。

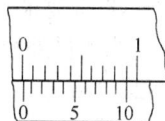

图6-2 精度为0.1mm 的游标卡尺读数原理

(2)精度为0.05 mm 的游标卡尺如图6-3 所示,尺身每小格1mm,当两测量爪合并时,尺身上19mm 刻线的宽度与游标上20 格的宽度相等,则游标上每格刻线宽度为0.95 mm(19 mm÷20),尺身与游标每格相差0.05 mm(1 mm－0.95 mm),所以此种游标卡尺的读数精度为0.05 mm。

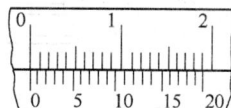

图6-3 精度为0.05 mm 的游标卡尺读数原理

(3)精度为0.02 mm 的游标卡尺如图6-4 所示,尺身每小格1 mm,当两测量爪合并时,尺身上49 mm 刚好等于游标上50 格,则游标每格刻线宽度0.98 mm(49 mm÷50),尺身与游标每格相差0.02 mm(1 mm－0.98 mm),所以此种游标卡尺的读数精度为0.02 mm。

综上所述,游标卡尺三种读数精度(0.1 mm、0.05 mm、0.02 mm)中,0.02 mm 的读数精度最高,实际中应用最多。

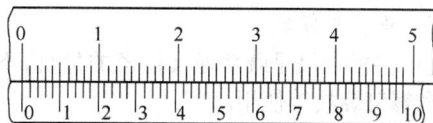

图6-4 精度为0.02 mm 的游标卡尺读数原理

B 读数方法

使用游标卡尺测量制品或工件时,应先弄清游标的精度和测量范围。游标卡尺上的零线是读数的基准,在读数时,要同时看清尺身和游标

的刻线,两者应结合起来读。具体步骤如下:

(1)读整数。在尺身上读出位于游标零线前面最接近的读数,该数是被测件的整数部分。

(2)读小数。在游标上找出与尺身刻线对齐的刻线,将刻线的顺序数乘以游标读数的精度值所得的积,即为被测件的小数部分。

(3)求和。将上述整数和小数相加即为被测件的实际尺寸。

[**例 6-1**]　读出图 6-5 所示的读数精度为 0.05 mm 的游标卡尺的测量数值。

解:整数是 42 mm,小数是 0.45 mm(0.05 mm × 9),测量数值为 42 mm + 0.45 mm = 42.45 mm。

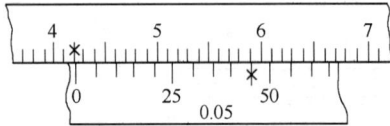

图 6-5　精度为 0.05 mm 的游标卡尺读数法

6.5.1.3　游标卡尺的使用和维护

A　使用

(1)在使用游标卡尺之前,要看清尺子的精度,生产现场多数都选用精度为 0.02 mm 的游标卡尺。

(2)测量前要对游标卡尺进行检查,检查两量爪合并时,游标和尺身的零位能否对齐,若间隙过大不符合要求时,应送去检修而不能使用。

(3)当测量外径和宽度时,游标卡尺的测量爪应与被测表面相接触,要使游标卡尺的测量爪平面与直径垂直或与被测平面平行,如图 6-6 所示。

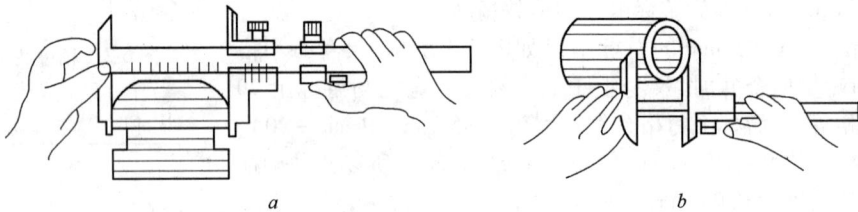

图 6-6　测量外径和宽度的方法

a—量爪平面与被测平面平行;b—量爪平面与被测平面垂直

(4)测量内孔直径时,应使量爪的测量线通过孔心,并轻轻摆动找出最大值。

(5)不能用游标卡尺去测量铸、锻件的毛坯,以避免损坏量具。

B　维护与保养

(1)游标卡尺是既普通又精密的量具,不得随意当作他用,如将游标卡尺的量爪当作画针、圆规和螺钉旋具等使用。

(2)移动游标卡尺的尺框和微动装置时,既不要忘记松开紧固螺钉,也不要松得过量,以免螺钉脱落丢失。

(3)测量结束要将游标卡尺放平,严禁和其他工具混放以造成尺身弯曲变形。

(4)发现游标卡尺受损应及时送计量部门修理,不得自行拆修。

(5)游标卡尺使用完毕,要擦净、涂油、放入盒内,避免生锈或弄脏。

6.5.2 千分尺

千分尺是一种应用广泛的精密量具,其测量精度比游标卡尺高。其结构形式和规格多种多样,都是利用螺旋副传动的原理,把螺杆和旋转运动变成直线位移来测量尺寸。千分尺根据用途可分为外径千分尺、内径千分尺、深度千分尺、螺纹千分尺等。千分尺的测量精度为 0.01 mm。

6.5.2.1 千分尺的结构和规格

A 结构

千分尺的结构如图 6-7 所示,尺架的左端是测沾座,右端是带有刻度的固定套筒,在固定套筒的外面是带有刻度的微分筒。转动测力装置时,可使测微螺杆和微分筒一起转动。当测微螺杆左端接触工件时,测力装置的内部机构打滑发出"吱、吱"的跳动声;当测力装置反向转动时,测微螺杆和微分筒随之转动,使测微螺杆向右移动;当测微螺杆固定不动时,可用锁紧装置锁紧。

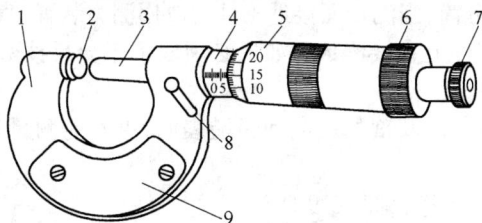

图 6-7 千分尺结构
1—尺架;2—测沾座;3—测微螺杆;4—固定套筒;5—微分筒;6—罩壳;
7—测力装置;8—锁紧装置;9—隔热装置

B 规格

按测量范围划分,测量范围在 500 mm 以内时,每 25 mm 为一档,如 0~25 mm、25~50 mm 等;测量范围在 500~1000 mm 时,每 100 mm 为一档,如 500~600 mm,600~700 mm 等。千分尺按制造精度可分为 0 级和 1 级,0 级最高,1 级次之。

6.5.2.2 千分尺的读数原理和读法

A 读数原理

分筒旋转一圈时,由于测微螺杆的螺距为 0.5 mm,因此它就轴向移动了 0.5 mm;当微分筒旋转一格时,测微螺杆轴向移动距离为 0.01 mm(0.5 mm÷50),因此千分尺的测量精度为 0.01 mm。

B 读数方法

用千分尺进行测量时,读数方法可分如下三步:

(1)读整数。先读出固定套筒上露出刻线的整毫米数和半毫米数,该数值作为整数。

(2)读小数。读出在微分筒上与固定套筒的基准线对齐的刻线数值,即不足半毫米的小数部分。

(3)求和。将上面两次读数值相加,即得被测件的读数值。读数方法如图 6-8 所示。

6.5.2.3 千分尺的使用与保养

A 使用

(1)使用前先将千分尺擦干净,然后检查其各活动部件是否灵活可靠。同时应当校准,使微

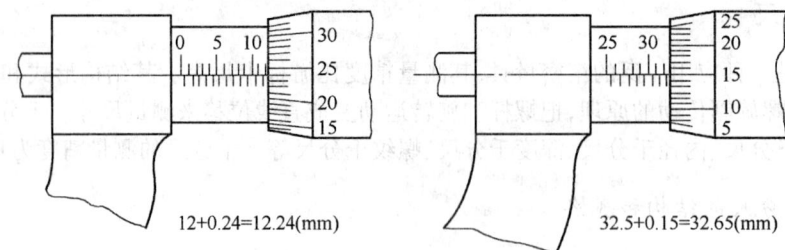

12+0.24=12.24(mm)　　　　　　　32.5+0.15=32.65(mm)

图 6-8　千分尺的读数方法

分筒的零线对准固定套筒的基线。

（2）测量前必须先把工件的被测量面擦干净，以免影响精度。

（3）测量时，要使测微螺杆轴线与工件的被测尺寸方向一致，不要倾斜。

（4）测量时，先转动微分筒，当测量面接近工件时改用测力装置，直到发出"吱、吱"声为止。

（5）读数时最好在被测件上直接读数。如果必须取下千分尺读数时，应用锁紧装置把测微螺杆锁住后再轻轻滑出千分尺。

（6）不能用千分尺测量有研磨剂的表面和粗糙表面，更不能测量运动着的工件。测量中还要注意温度。

测量时可用单手或双手操作，见图 6-9 所示。

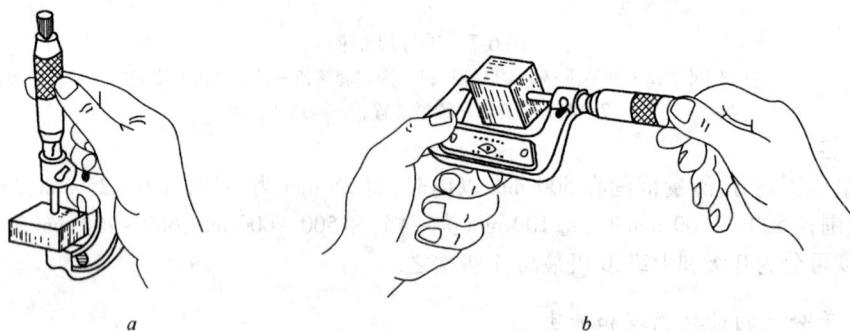

图 6-9　千分尺的使用方法
a—单手测量；b—双手测量

B　维护与保养

（1）测量时不能使劲拧千分尺的微分筒。

（2）不要拧松千分尺的后盖，否则会造成零位改变。若后盖松动，则必须校对零位。

（3）不允许在千分尺的固定套筒和微分筒之间加入酒精、煤油、柴油、凡士林和普通机油等，不准把千分尺浸入上述油类和切削液内。

（4）要经常保持千分尺的清洁，使用完毕后擦干净，同时还应在两测量面上涂一层防锈油，让两测量面上互相离开一些，然后放在专用盒内，保存在干燥的地方。

复习思考题

1. 什么是质量，质量的特点有哪些？

2. 质量特性包含哪些内容?

3. 什么是质量标准,有哪些质量标准?

4. 质量标准的基本内容应包括哪几个部分?

5. 成品检验方法一般有哪几种?

6. 测量制品尺寸一般有哪几种量具,各种量具的精确度是多少?

7. 什么是无损检测,一般有哪几种方法?

8. 超声波探伤的物理基础是什么?

9. 超声波探伤仪主要由哪几部分组成?

10. 简述超声波探伤的基本原理。

11. 简述超声波探伤的分类以及使用范围。

12. 涡流检测的物理基础是什么?

13. 涡流探伤仪主要由哪几部分组成?

14. 简述涡流探伤的基本原理以及使用范围。

15. 涡流探伤的主要特点是什么?

16. 涡流检测方法主要用于哪些产品的探伤?

17. 说明游标卡尺和千分尺的测量精度及其范围。

18. 游标卡尺和千分尺怎样读数?

19. 如何正确使用和维护游标卡尺和千分尺?

参 考 文 献

1　钟卫佳. 铜加工技术实用手册. 北京:冶金工业出版社,2007

2　虞莲莲. 实用有色金属材料手册. 北京:机械工业出版社,2002

3　田荣璋,王祝堂. 铜合金及其加工手册. 长沙:中南大学出版社,2002

4　王碧文. 重有色金属管棒形线材生产. 中国有色金属工业总公司职工教育教材编审办公室,1986

5　刘永亮,李耀群. 铜及铜合金挤压生产技术. 北京:冶金工业出版社,2007

6　马怀宪. 金属塑性加工学——挤压、拉拔与管材冷轧. 北京:冶金工业出版社,1991

7　白星良. 有色金属压力加工. 北京:冶金工业出版社,2004

8　魏军. 金属挤压机. 北京:化学工业出版社,2006

9　王碧文,王涛. 铜合金及其加工技术. 北京:化学工业出版社,2006

10　娄燕雄,黄贵才. 有色金属线材生产. 长沙:中南大学出版社,1987

11　东北工学院《有色金属材料加工学》编写组. 有色金属材料加工学第三分册(上)(内部资料),1978

12　杨守山. 有色金属塑性加工学. 北京:冶金工业出版社,1982

13　何光鉴. 有色金属塑性加工设备. 重庆:科学技术文献出版社重庆分社,1985

14　洛阳铜加工厂. 游动芯头拉伸铜管. 北京:冶金工业出版社,1976

15　谢建新,刘静安. 金属挤压理论与技术. 北京:冶金工业出版社,2001

冶金工业出版社部分图书推荐

书　　名	定价(元)
轧制工程学(本科教材)	32.00
材料成形工艺学(本科教材)	69.00
加热炉(第3版)(本科教材)	32.00
金属塑性成形力学(本科教材)	26.00
金属压力加工概论(第2版)(本科教材)	29.00
材料成形实验技术(本科教材)	16.00
冶金热工基础(本科教材)	30.00
连续铸钢(本科教材)	30.00
塑性加工金属学(本科教材)	25.00
轧钢机械(第3版)(本科教材)	49.00
机械安装与维护(职业技术学院教材)	22.00
金属压力加工理论基础(职业技术学院教材)	37.00
参数检测与自动控制(职业技术学院教材)	39.00
黑色金属压力加工实训(职业技术学院教材)	22.00
铜加工技术实用手册	268.00
铜加工生产技术问答	69.00
铜水(气)管及管接件生产、使用技术	28.00
冷凝管生产技术	29.00
铜及铜合金挤压生产技术	35.00
铜及铜合金熔炼与铸造技术	28.00
铜合金管及不锈钢管	20.00
现代铜盘管生产技术	26.00
高性能铜合金及其加工技术	29.00
铝加工技术实用手册	248.00
铝合金熔铸生产技术问答	49.00
镁合金制备与加工技术	128.00
薄板坯连铸连轧钢的组织性能控制	79.00
彩色涂层钢板生产工艺与装备技术	69.00
铝合金材料的应用与技术开发	48.00
大型铝合金型材挤压技术与工模具优化设计	29.00
连续挤压技术及其应用	26.00
多元渗硼技术及其应用	22.00
铝型材挤压模具设计、制造、使用及维修	43.00